发电厂、变电所电气设备运行与维护

主　编　乌　兰
副主编　李丹洋　卫　翔　包红风
参　编　高聪晋　格日勒

北京理工大学出版社
BEIJING INSTITUTE OF TECHNOLOGY PRESS

图书在版编目（CIP）数据

发电厂、变电所电气设备运行与维护／乌兰主编. —北京：北京理工大学出版社，2017.2（2017.3 重印）

ISBN 978－7－5682－3692－8

Ⅰ.①发…　Ⅱ.①乌…　Ⅲ.①发电厂－电气设备－运行－高等学校－教材②发电厂－电气设备－维修－高等学校－教材③变电所－电气设备－运行－高等学校－教材④变电所－电气设备－维修－高等学校－教材　Ⅳ.①TM62②TM63

中国版本图书馆 CIP 数据核字（2017）第 018411 号

出版发行／北京理工大学出版社有限责任公司
社　　址／北京市海淀区中关村南大街 5 号
邮　　编／100081
电　　话／(010)68914775(总编室)
(010)82562903(教材售后服务热线)
(010)68948351(其他图书服务热线)
网　　址／http://www.bitpress.com.cn
经　　销／全国各地新华书店
印　　刷／北京国马印刷厂
开　　本／787 毫米×1092 毫米　1/16
印　　张／16
字　　数／377 千字
版　　次／2017 年 2 月第 1 版　2017 年 3 月第 2 次印刷
定　　价／39.80 元

责任编辑／李志敏
文案编辑／李志敏
责任校对／周瑞红
责任印制／李志强

图书出现印装质量问题，请拨打售后服务热线，本社负责调换

前　　言

本教材是根据高职高专电气类专业的人才培养方案，以专业对应各岗位群的职责、任务分析为依据，与行业企业结合进行基于工作工程的课程开发与设计，在深入开展课程改革的基础上，编写而成的基于工作过程的教学用书。按照“工学结合、职业导向、能力本位”的理念，实现以就业为导向，以学生岗位能力培养为核心，以真实工作任务为教学实践内容，以真实工作为教学情境的课程开发与设计，充分体现职业性、实践性和开放性的要求。将相关的岗位群所对应的工作过程中的任务分解，结合专业培养目标、职业技能要求，梳理出与本专业内容相关的知识目标、能力目标、素质目标。在教学实施中以岗位真实的工作任务为载体，设计课程教学内容。以工作过程为导向，实施任务驱动、行业标准牵引，理论和实践并进的教学模式。在内容方面，本教材进行了整体的优化，结合学生工作岗位要求，适当降低了理论难度，更注重了学生就业后的岗位应用。

在内容编排上突出“实用、够用”的原则。本教材内容由电力系统的认知、电力变压器的运行与维护、户外高压配电装置的运行与维护、户内配电装置的运行与维护、电气主接线的倒闸操作等 5 个学习情境，发电厂变电所的认知、中性点运行方式、电弧的燃烧与熄灭、电力变压器的运行与监视、电力变压器的停送电操作、电力变压器运行中的故障分析及处理、电力变压器的检修与试验、出线间隔设备的运行与维护、保护间隔设备的运行与维护、高压开关柜的运行与维护、低压配电屏的运行与维护、电气主接线的运行方式、发电厂变电所电气主接线的倒闸操作等 13 个项目单元组成。

本教材由锡林郭勒职业学院电气自动化技术专业教学团队负责人乌兰担任主编，李丹洋、卫翔（企业）、包红风担任副主编，格日勒、高聪晋参编。教材具体编写任务如下：乌兰、卫翔编写学习情境一；乌兰、包红风、高聪晋编写学习情境二；乌兰、李丹洋、格日勒编写学习情境三；乌兰、卫翔、包红风编写学习情境四；乌兰、卫翔编写学习情境五。全书由乌兰负责统稿，锡林郭勒职业学院胡建栋、王华主审。

由于编写人员的水平有限，因此在写作方式和内容上难免有不足之处，希望广大读者不吝赐教，对书中的不足之处给予指正。

目
Contents
录

单元一　发电厂、变电所的认知

学习目标

* 了解目前我国电力系统发展情况。
* 掌握电力系统的重要组成部分。
* 掌握发电厂和变电所的概念、分类及作用。

重点

* 电力系统的重要组成部分。
* 发电厂和变电所的概念、分类及作用。

难点

* 发电厂和变电所的概念、分类及作用。

一、我国电力工业的发展

（一）我国电力工业的发展简况

1882 年 7 月 26 日，上海电气公司在上海成立，安装了一台以蒸汽机带动的直流发电机，并正式发电，从电厂到外滩沿街架线，供给照明用电，这是我国的第一座火电厂。这与世界上第一座火电厂——法国巴黎火车站电厂的建成相距仅 7 年，与美国的第一座火电厂——旧金山实验电厂建成相距 3 年，与英国的第一座火电厂——伦敦霍尔蓬电厂同年建成，说明当年我国电力建设和世界强国差距并不大。

从 1882 年 7 月上海第一台发电机组开始发电到 1949 年新中国成立，这 60 多年，经历了辛亥革命、土地革命、抗日战争和解放战争，这时期电力工业发展迟缓，全国发电设备的总装机容量 184.86 万 kW（当时占世界第 21 位），年发电量仅 43.1 亿 kW · h（当时占世界第 25 位），人均年占有发电量不足 10 kW · h。

新中国成立后，电力工业有了很大的发展，尤其是 1978 年以后，改革开放、发展国民经济的正确决策和综合国力的提高，使电力工业取得了突飞猛进、举世瞩目的辉煌成就。到 1995 年末，全国年发电量已达到 10 000 亿 kW · h，仅次于美国而跃居世界第 2 位；全国发电设备总装机容量达 2.1 亿 kW，当时居世界第 3 位。

截至 2013 年底，全国发电装机容量达到 12.5 亿 kW，首次超越美国位居世界第 1 位。从电力生产情况看，全年发电量达到 5.35 万亿 kW · h，同比增长 7.5%。全国火电机组供电标准煤耗 321 g/（kW · h），提前实现国家节能减排“十二五”规划目标，煤电机组供电标准煤耗继续居世界先进水平。

根据国家能源局公布的数据显示，2015 年风电新增装机容量 3 297 万 kW，新增装机容量再创历史新高。截至 2015 年底，风电累计并网装机容量达到 1.29 亿 kW，占全部发电装机容量的 8.6%。风电发电量 1 863 亿 kW · h，占全部发电量的 3.3%。

1972 年，我国建成了第一条超高压 330 kV 输电线路，从甘肃刘家峡水电厂到陕西关中地区。2005 年 9 月，我国第一个超高压 750 kV 输变电工程（官厅至兰州东）正式投入运行，这是我国电力工业发展史上一个新的里程碑。2006 年 8 月 19 日，我国特高压试验示范工程 1 000 kV 晋东南—南阳—荆门工程正式奠基。

2014 年 7 月，溪洛渡左岸—浙江金华 ±800 kV 特高压直流输电工程正式投运。该工程在世界上首次实现单回直流工程 800 万 kW 连续运行和 840 万 kW 过负荷输电运行，创造了超大容量直流输电的新纪录。

目前，我国最大的火电机组容量为 110 万 kW（新疆农六师煤电有限公司二期工程），最大的水电机组容量为 80 万 kW（向家坝水电站），最大的核电机组容量为 175 万 kW（台山核电站）；最大的火力发电厂装机容量为 540 万 kW（内蒙古托克托电厂，8 ×60 万 +2 ×30 万 kW），最大的水力发电厂装机容量为 2 250 万 kW（三峡电厂，32 × 70 万 +2 × 5 万 kW），最大的核电发电厂装机容量为 651.6 万 kW（秦山一期 30 万 kW，秦山二期 4 × 65 万 kW，秦山三期 2 ×72.8 万 kW，方家山核电 2 ×108 万 kW），最大的抽水蓄能厂装机容量为 240 万 kW（广东抽水蓄能电厂，8 ×30 万 kW）。

为国民经济各部门和人民生活供给充足、可靠、优质、廉价的电能，是电力系统的基本任务。节能减排，“一特四大”，实现高度自动化，西电东送，南北互供，发展联合电力系统，是我国电力工业的发展方向，也是一项全局性的庞大系统工程。要实现这一目标，还有很多事要做。

（二）特高压发展前景

2016 年 8 月 16 日，内蒙古通辽扎鲁特旗—山东潍坊青州 ±800 千伏特高压直流工程获得核准，8 月 25 日，扎鲁特—青州 ±800 千伏特高压直流工程开工动员大会在京召开。此时，特高压已纳入我国“十二五”规划纲要、能源发展“十二五”规划、中长期科技发展规划纲要、大气污染防治行动计划等多项规划和计划，这必将推动特高压建设进入新的黄金发展期。

来自国家电网官网数据显示，截至 2014 年 12 月下旬，国家电网公司已累计建成“三交四直”特高压工程（见图 1 –1），在运在建的特高压输电线路长度超过 1.5 万 km，累计送电超过 2 700 亿 kV · h。在此作如下不完全统计：

图 1 –1　国家电网特高压工程示意图

国家电网公司已投运工程（“三交四直”）：

- 晋东南—南阳—荆门 1 000 kV 高压交流试验示范工程，2009 年 1 月 6 日投运，输电距离 640 km。
- 向家坝—上海 ±800 kV 高压直流输电示范工程，2009 年 11 月 13 日投运，输电距离 1 907.6 km。
- 锦屏—苏南 ±800 kV 高压直流输电工程，2012 年 12 月 12 日投运，线路全长 2 059 km。
- 皖电东送淮南—浙北—上海 1 000 kV 高压交流示范工程，2013 年 9 月 25 日投运，线路全长 2 ×648.7 km。
- 哈密南—郑州 ±800 kV 高压直流输电工程，2014 年 1 月 27 日投运，线路全长 2 210 km。
- 溪洛渡左岸—浙江金华 ±800 kV 高压直流输电工程，2014 年 7 月 3 日投运，线路全长 1 653 km。

- 浙北—福州 1 000 kV 高压交流输变电工程（下称“浙福特高压工程”），于 2014 年 12 月 26 日投运，新建线路 2 ×603 km。

国网公司在建工程：

- 锡盟—山东 1 000 kV 高压交流输变电工程，新建线路 2 ×730 km。
- 淮南—南京—上海 1 000 kV 高压交流输变电工程，新建线路 2 ×780 km。
- 宁夏宁东—浙江绍兴 ±800 kV 高压直流输电工程，线路长 1 720 km。
- 山西晋北—江苏南京 ±800 kV 高压直流输电工程，线路全长 1 119 km。2015 年 6 月开工。
- 酒泉—湖南 ±800 kV 高压直流工程，线路全长 2 383 km。2015 年 6 月开工。
- 锡盟—泰州 ±800 kV 高压直流输电工程，线路全长 1 620 km。2015 年 12 月开工。
- 上海庙—山东 ±800 kV 高压直流输电工程，线路全长 1 238 km。2015 年 12 月开工。
- 准东—皖南 ±1 100 kV 高压直流输电工程，线路全长 3 324 km。该工程是目前世界上电压等级最高、输送容量最大、输送距离最远、技术水平最先进的特高压输电工程。2016 年 1 月开工。
- 内蒙古通辽扎鲁特旗—山东潍坊青州 ±800 kV 高压直流工程，线路全长 1 234 km。2016 年 8 月开工。

南方电网公司已建成的“八交八直”工程：

- 500 kV 天广交流一、二、三、四回。
- 500 kV 贵广交流一、二、三、四回。
- ±500 kV 天广直流Ⅰ回（天生桥—广州北郊）（1 800 MVA）。
- ±500 kV 贵广直流Ⅰ回（安顺—肇庆）（3 000 MVA）。
- ±500 kV 贵广直流Ⅱ回（兴仁—深圳）（3 000 MVA）。
- ±500 kV 三峡—广东直流（三峡—惠州）（3 000 MVA）。
- ±800 kV 云广直流Ⅰ回（楚雄—穗东）（5 000 MVA）。
- ±800 kV 云广特高压直流输电工程。
- 云南普洱至广东江门 ±800 kV 直流输电工程（简称“糯扎渡直流工程”）。
- 溪洛渡右岸电站送电广东双回 ±500 kV 直流输电工程（简称“溪洛渡直流工程”）。

二、电力系统概述

电力系统：由发、输、变、配、用电等环节组成的电能生产和消费系统。

电力系统是由发电厂、电力网和电能用户组成的一个发电、输电、变配电和用电的整体，称为电力系统。

它的功能是将自然界的一次能源通过发电动力装置转化为电能，再经变电、输电、配电将电能供应到各用户。由于电能的生产、输送、分配和消费是在同一时间内完成的，而交流电又不能直接存储，所以各环节必须连接成一整体。

（一）发电厂

发电厂的作用是将自然界的各种能量（煤、石油、天然气、水、地热、潮汐、风、太阳、原子能等）转换为二次能源（电能）的工厂。电能与其他形式的能源相比，其特点有以下几个：

（1）电能可以大规模生产和远距离输送。

（2）电能方便转换且易于控制。

（3）损耗小。

（4）效率高。

（5）电能在使用时没有污染，噪声小。

按一次能源的不同，发电厂可分为：火力发电厂、水力发电厂、核能发电厂、风力发电厂、地热发电厂、太阳能发电厂、潮汐发电厂等。

1. 火力发电厂

1）火电厂的分类

按原动机的不同，火电厂可以分为：凝汽式汽轮机发电厂、燃气轮机发电厂、内燃机发电厂、蒸汽—燃气轮机发电厂等。

按燃料的不同，火电厂可以分为：燃煤发电厂、燃油发电厂、燃气发电厂、余热发电厂等。

按蒸汽压力和温度的不同，火电厂可以分为：

（1）中低压发电厂，其蒸汽压力为3.92 MPa、温度为450℃，单机功率小于25 MW。

（2）高压发电厂，其蒸汽压力一般为9.9 MPa、温度为540℃，单机功率小于100 MW。

（3）超高压发电厂，其蒸汽压力一般为13.83 MPa、温度为540/540℃，单机功率小于200 MW。

（4）亚临界压力发电厂，其蒸汽压力一般为16.77 MPa、温度为540 /540℃，单机功率为300 MW ~1 000 MW。

（5）超临界压力发电厂，其蒸汽压力大于22.11 MPa、温度为550/550℃，机组功率为600 MW或800 MW及以上。

（6）超超临界压力发电厂，其蒸汽压力为26.25 MPa、温度为600/600℃，机组功率为1 000 MW及以上。

2）火电厂的电能生产过程

概括地说，火力发电厂的生产过程是把煤炭中含有的化学能转变为电能的过程，如图1-2所示的凝汽式电厂，整个生产过程可分为三个阶段。

（1）燃烧系统：燃料的化学能在锅炉燃烧中转变为热能，加热锅炉中的水使之变为蒸汽。

燃烧系统由运煤、磨煤、燃烧、风烟、灰渣等环节组成，其流程如图1-3所示。

燃烧系统一般包括的子系统有：运煤系统、磨煤系统、燃烧系统、风烟系统、灰渣系统等。

（2）汽水系统：锅炉产生的蒸汽进入汽轮机，冲击汽轮机的转子旋转，将热能转化为机械能。

汽水系统由锅炉、汽轮机、凝汽器、除氧器、加热器等设备及管道构成，包括给水系统、循环水系统和补充给水系统，如图1-4所示。

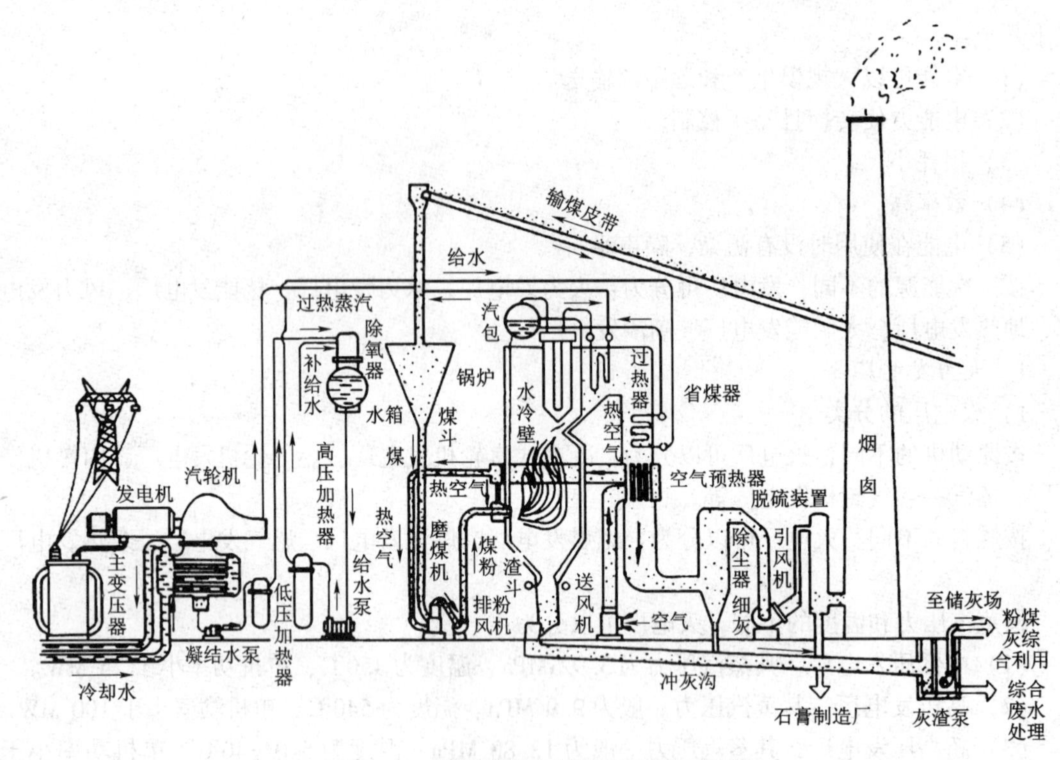

图 1－2　凝汽式发电厂生产过程示意图

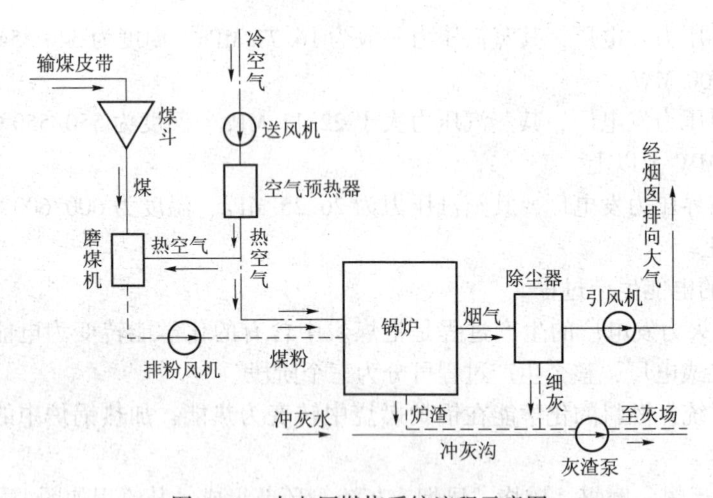

图 1－3　火电厂燃烧系统流程示意图

(3) 电气系统：由汽轮机转子旋转的机械能带动发电机转子旋转，把机械能转化为电能。

发电厂的电气系统，包括发电机、励磁装置、厂用电系统和升压变电站等。

3) 火电厂的特点

(1) 布局灵活，装机容量的大小可按需要决定。

(2) 一次性建造投资少，单位容量的投资仅为同容量水电厂的一半左右。

(3) 耗煤量大。

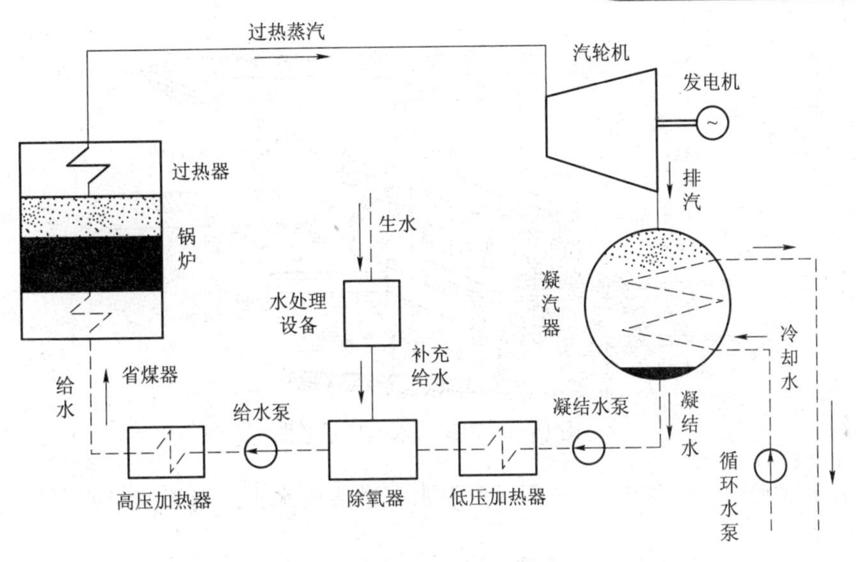

图1－4　火电厂汽水系统流程示意图

(4) 动力设备繁多，发电机组控制操作复杂，厂用电量和运行人员都多于水电厂，运行费用高。

(5) 燃煤发电机组由停机到开机并带满负荷需要几小时到十几小时，并附加耗用大量燃料。

(6) 火电厂担负调峰、调频或事故备用，相应的事故增多，强迫停运率增高，厂用电率增高。

(7) 火电厂的各种排放物（如烟气、灰渣和废水）对环境的污染较大。

2. 水力发电厂

1) 水电厂的分类

水电厂按照水流的集中落差来分，可分为3种。

(1) 堤坝式水电厂。在河流中落差较大的适宜地段拦河建坝，形成水库，将水积蓄起来，抬高上游水位，形成发电水头，这种开发模式称为堤坝式。由于水电厂厂房在水利枢纽中的位置不同，堤坝式水电厂又分为坝后式和河床式两种型式。坝后式水电厂示意图如图1－5所示。河床式水电厂示意图如图1－6所示。

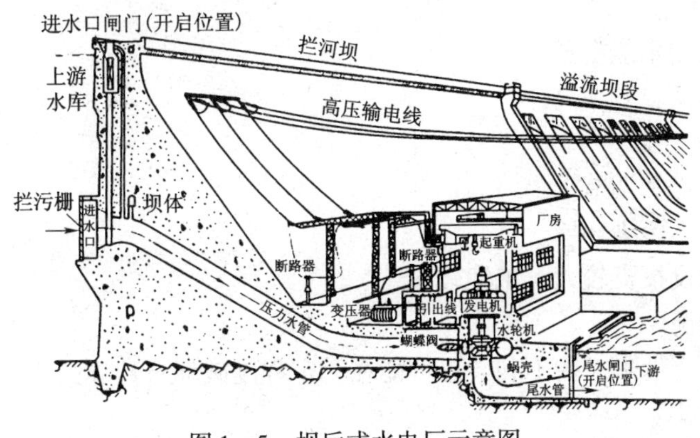

图1－5　坝后式水电厂示意图

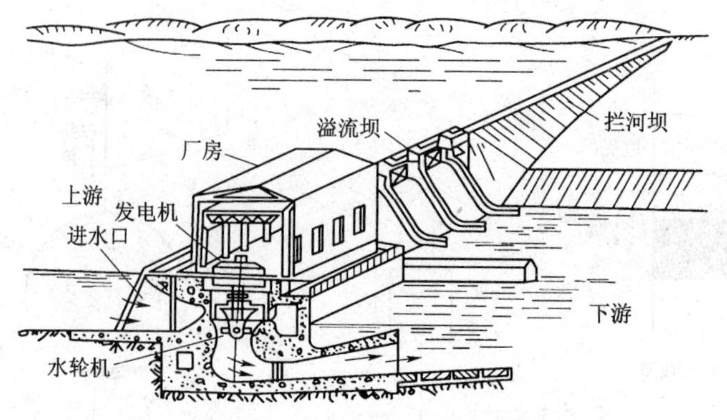

图1－6　河床式水电厂示意图

（2）引水式水电厂，如图1－7所示由引水渠道造成水头，用于河床坡度较大的高水头中小型水电厂。

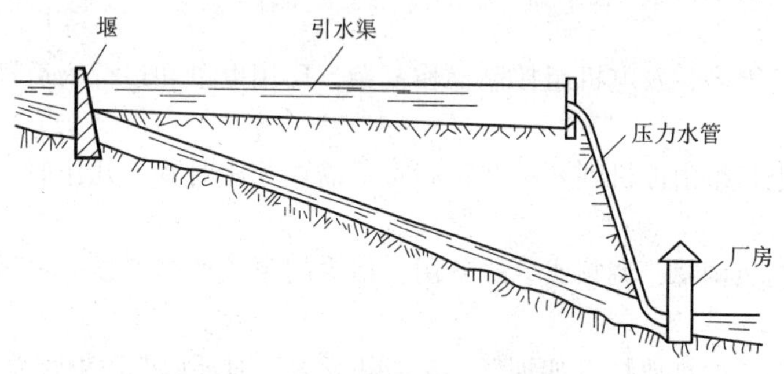

图1－7　引水式水电厂示意图

（3）混合式水电厂。在适宜开发的河段拦河筑坝，坝上游河段的落差由坝集中，坝下游河段的落差由有压力引水道集中，而水电厂的水头则由这两部分落差共同形成，这种集中落差的方式称为混合开发模式，由此而修建的水电厂称为混合式水电厂，它兼有堤坝式和引水式两种水电厂的特点。

按照径流调节的程度来分，水电厂可分为无调节水电厂和有调节水电厂。根据水库对径流的调节程度，又可将水电厂分为：日调节水电厂、年调节水电厂和多年调节水电厂。

2）水电厂的特点

（1）可综合利用水能资源。

（2）发电成本低、效率高。

（3）运行灵活。

（4）水能可储蓄和调节。

（5）水力发电不污染环境。

（6）水电厂建设投资较大，工期较长。

（7）发电不均衡。

（8）给农业生产带来一些不利，还可能在一定程度破坏自然界的生态平衡。

3. 抽水蓄能电厂

如图1－8所示为抽水蓄能电厂示意图，抽水蓄能电厂以一定水量作为能量载体，通

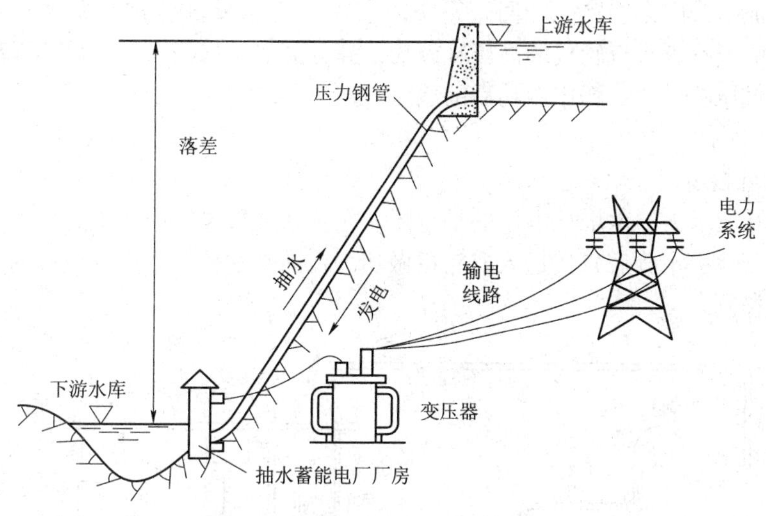

图 1-8　抽水蓄能电厂示意图

过能量转换向电力系统提供电能。简单地说，用电需求多时，放水发电，提供电能；用电需求少时，抽水进库，储存势能，待有用电需求时，再放水发电。

抽水蓄能电厂在电力系统中具有调峰、填谷、事故备用、调频、调相、黑启动、蓄能等作用。

4. 核能发电厂

1）核电厂的分类

（1）压水堆核电厂。

如图 1-9 所示为压水堆核电厂的示意图。整个系统分成两大部分，即一回路系统和二回路系统。在一回路系统中，压力为 15 MPa 的高压水被冷却剂主泵送进反应堆，吸收燃料元件的释热后，进入蒸汽发生器下部的 U 形管内，将热量传给二回路的水，再返回冷却剂

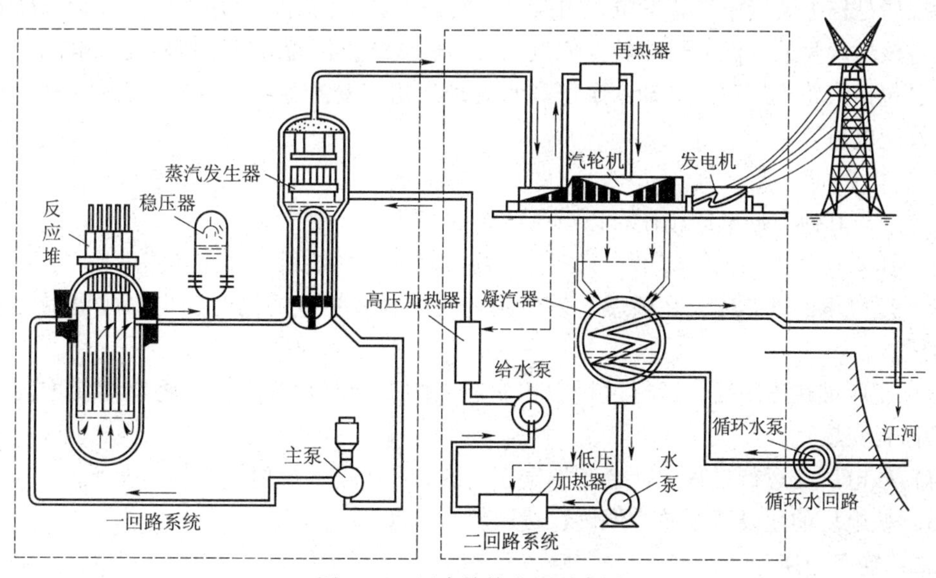

图 1-9　压水堆核电厂示意图

主泵入口，形成一个闭合回路。二回路系统的水在 U 形管外部流过，吸收一回路水的热量后沸腾，产生的蒸汽进入汽轮机的高压缸做功；高压缸的排汽经再热器再热提高温度后，再进入汽轮机的低压缸做功；膨胀做功后的蒸汽在凝汽器中被凝结成水，再送回蒸汽发生器，形成一个闭合回路。

(2) 沸水堆核电厂。

如图 1-10 所示为沸水堆核电厂的示意图。在沸水堆核电厂中，堆芯产生的饱和蒸汽经分离器和干燥器除去水分后直接送入汽轮机做功。在沸水堆核电厂中反应堆的功率主要由堆芯的含汽量来控制。

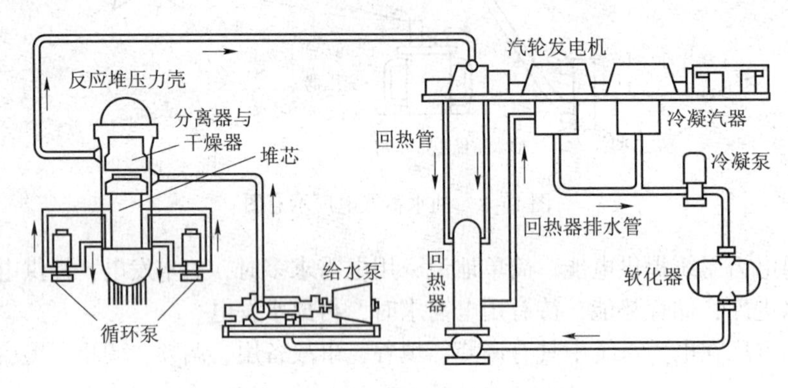

图 1-10　沸水堆核电厂的示意图

2) 核电厂的系统

核电厂简单分为核岛、常规岛两部分。

核岛是核电站安全壳内的核反应堆及与反应堆有关的各个系统的统称。核岛的主要功能是利用核裂变能产生蒸汽。核岛厂房主要包括反应堆厂房（安全壳）、核燃料厂房、核辅助厂房、核服务厂房、排气烟囱、电气厂房和应急柴油发电机厂房等。

常规岛是核电装置中汽轮发电机组及其配套设施和它们所在厂房的统称。常规岛的主要功能是将核岛产生的蒸汽的热能转换成汽轮机的机械能，再通过发电机转变成电能。常规岛厂房主要包括汽轮机厂房、冷却水泵房和水处理厂房、变压器区构筑物、开关站、网控楼、变电站及配电所等。

3) 核电厂的特点

核电厂与其他类型电厂相比有以下一些新的特点：

(1) 压水堆核电厂的反应堆，只能对反应堆堆芯一次装料，并定期停堆换料。

(2) 反应堆的堆芯内，在核燃料发生裂变反应释放核能的同时，也释放出瞬发中子和瞬发射线。

(3) 反应堆在停闭后，运行过程中积累起来的裂变碎片和衰变，将继续使堆芯产生余热（又称衰变热）。

(4) 核电厂在运行过程中，会产生气态、液态和固态的放射性废物。

(5) 核电厂的建设费用高，但燃料费用较为便宜。

(二) 变配电所

变配电所，是指用来升压变电或降压变电的厂所。根据变压器的功能分为升压变电所和降压变电所。根据变电所在系统中所处的地位分为枢纽变电所、中间变电所、终端变电所。根据变电所所在电力网的位置分为区域变电所、地方变电所。变电所还可分为户内式、户外式和组合式等三种基本类型。

近些年，随着智能电网的加速发展，智能变电站的建设得到了明显的提速。在此，对数字化变电站、智能变电站、直流输电换流站作简单介绍。

1. 数字化变电站

1）含义和结构

数字化变电站是由智能化一次设备、网络化二次设备在IEC 61850通信协议基础上分层构建，能够实现智能设备间信息共享和互操作的现代化变电站。数字化变电站自动化系统的结构在物理上可分为两类，即智能化的一次设备和网络化的二次设备；在逻辑结构上可分为三个层次，分别为过程层、间隔层、站控层。

2）主要特点与优点

特点：(1) 变电站传输和处理的信息全数字化；(2) 过程层设备智能化；(3) 统一的信息模型，包括数据模型和功能模型；(4) 统一的通信协议，数据无缝交换；(5) 高质量信息，具有可靠性、完整性、实时性；(6) 各种设备和功能共享统一的信息平台。

优点：(1) 各种功能共用统一的信息平台，避免设备重复投入；(2) 测量准确度高、无饱和、无电流互感器二次开路；(3) 二次接线简单；(4) 光纤取代电缆，电磁兼容性能优越；(5) 信息传输通道都可自检，可靠性高；(6) 管理自动化。

2. 智能变电站

智能变电站是指采用先进、可靠、集成、低碳、环保的智能设备，以全站信息数字化、通信平台网络化、信息共享标准化为基本要求，自动完成信息采集、测量、控制、保护、计量和监测等基本功能，并可根据需要实现支持电网实时自动控制、智能调节、在线分析决策、协同互动等高级功能的变电站。

1）智能设备

智能设备是指附加了智能组件的高压设备。智能组件通过状态感知元件和指令执行元件，实现状态的可视化、控制的网络化和信息互动化，为智能电网提供最基础的功能支撑。

2）智能变电站高级应用功能

(1) 设备状态可视化。

(2) 变电站智能告警在线处理专家系统。

(3) 变电站事故信息综合分析辅助决策系统。

(4) 智能变电站经济运行与优化控制。

(5) 与智能电网其他节点的互动。

3. 直流输电换流站

1）换流站简介

在输电系统的送端需要将交流电转换为直流电（此过程称为整流），经过直流输电线路将电能送往受端；而在受端又必须将直流电转换为交流电（此过程称为逆变），然后送到受端的交流系统中去，供用户使用。在这个系统的送端进行整流变换的地方称为整流站，而在受端进行逆变变换的地方称为逆变站，两者统称为换流站。

2）背靠背换流站

背靠背换流站作为高压直流输电工程的一种特殊换流方式，将高压直流输电的整流站和逆变站合并在一个换流站内，在同一处完成将交流变直流，再由直流变交流的换流过程，其整流和逆变的结构、交流侧的设施与高压直流输电完全一样。

背靠背换流站具有以下优点：

（1）换流站的结构简单，比常规换流站的造价低15%～20%。

（2）控制系统响应速度更快。直流侧的故障率很低，从而使保护得到了简化。

（3）在运行中可方便地降低直流电压和增加直流电流来进行无功功率控制或交流电压控制，以提高电力系统的电压稳定性。

（4）在实现电力系统非同步联网时，可不增加被联电力系统的短路容量，从而避免了由此所产生的需要更换开关等问题；可利用直流输送功率的可控性，方便地实现被联电力系统之间的电力和电量的经济调度；此外，还可方便地利用直流输送功率的快速控制来进行电力系统的频率控制或阻尼电力系统的低频振荡，从而提高了电力系统运行的稳定性和可靠性。

（5）由于直流侧电压较低，有利于换流站设备的模块化设计。采用模块化设计可进一步降低换流站的造价，缩短工程的建设周期，提高工程运行的可靠性。

（三）用户

1. 用户的分类

在电工或电子行业中根据负载的阻抗特性的差异，可以将电力用户（负载）分为纯电阻性负载、感性负载及容性负载三类。

1）纯电阻性负载

直流电路中纯电阻性负载的电压、电流的关系符合欧姆定律；

交流电路中纯电阻性负载的电压与电流无相位差。

（如负载为白炽灯、电炉、电烙铁、吹风机等。）

通俗地讲，仅是通过电阻类的元件进行工作的纯阻性负载称为阻性负载。

2）感性负载

一般把带电感参数的负载，即符合在相位上电压超前电流的负载称为感性负载。

感性负载电流落后电压，它们之间有一个相位差，这个角度就是功率因素角 ϕ，感性负载越大，电流落后电压的角度也就越大，角度越大，它的余弦（功率因素 $\cos\phi$）就越小，所以感性负载越大，功率因素越低。一般认为规定感性负载对应的功率因数为正值。

通俗地讲，即应用电磁感应原理制作的大功率电器产品，如电动机、变压器、电风扇、日光灯、冰箱、空调等。

3）容性负载

一般把类似电容的负载，即符合在相位上电压滞后电流特性的负载称为容性负载。充放电时，电压不能突变。一般认为，规定容性负载对应的功率因数为负值。

2. P、Q、S 是什么

有功功率：在交流电路中，凡是消耗在电阻元件上，功率不可逆转换的那部分功率（如转变为热能、光能或机械能），称为有功功率；

$$P = UI\cos\phi \quad \text{单位 W，kW}$$

无功功率：电路中，电感元件建立磁场，电容元件建立电场消耗的功率称为无功功率，这个功率是随交流电的周期，与电源不断地进行能量转换，而并不消耗能量；

$$Q = UI\sin\phi \quad \text{单位：var，kvar}$$

视在功率：交流电源所能提供的总功率，称为视在功率，在数值上即是，电压与电流的乘积。它既不是 P，也不是 Q。通常以视在功率表示变压器等设备的容量。

$$S = UI \quad \text{单位：VA，kVA}$$

三、发电厂、变电所基本概念及分类

（一）基本概念

1. 一次设备

一次设备是指发、输、变、配电的主系统上所使用的电气设备。

通常把生产、变换、输送、分配和使用电能的设备，如发电机、变压器和断路器等称为一次设备。它们包括：

（1）生产和转换电能的设备。

（2）接通或断开电路的开关电器。

（3）限制故障电流和防御过电压的保护电器。

（4）载流导体。

（5）互感器，包括电压互感器和电流互感器。

（6）无功补偿设备。

（7）接地装置。

2. 二次设备

对一次设备进行控制、保护、监察和测量的电气设备，称为二次设备。主要包括：

（1）测量表计，如电压表、电流表、频率表、功率表和电能表等，用于测量电路中的电气参数。

（2）继电保护、自动装置及远动装置。

（3）直流电源设备，包括直流发电机组、蓄电池组和整流装置等。

（4）操作电器、信号设备及控制电缆。

3. 电气主接线

发电厂和变电所中的一次设备（发电机、变压器、母线、断路器、隔离开关、线路等），按照一定规律连接、绘制而成的电路，称为电气主接线，也称电气一次接线或一次系统。

一次电路：由一次设备，例如发电机、变压器、断路器等，按预期生产流程所连成的电路，称为一次电路，或称电气主接线。

二次电路：由二次设备所连成的电路称为二次电路，或称二次接线。

如图 1－11 所示为具有两种电压等级的大容量发电厂电气主接线图。

4. 配电装置

配电装置是根据电气主接线的要求，由开关电器、保护和测量电器、母线和必要的辅助设备组建而成，用于接受和分配电能的装置，它是发电厂和变电所电气主接线的表现。

配电装置按电气设备装设地点不同，可分为屋内配电装置和屋外配电装置。

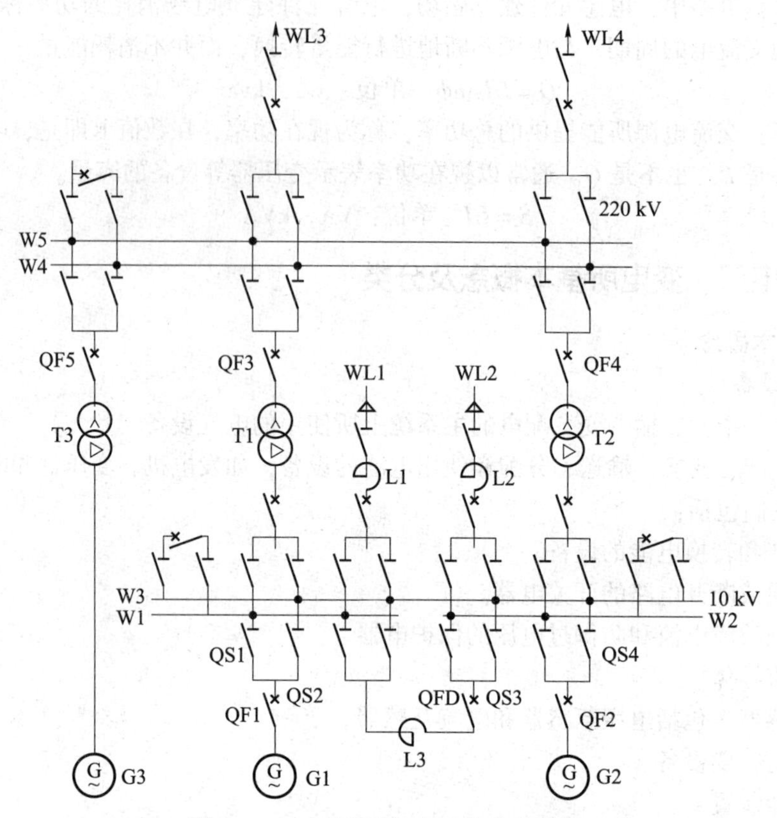

图 1 – 11　大容量发电厂电气主接线图

如图 1 – 11 中，由断路器 QF1 和 QF2，隔离开关 QS1 ~ QS4，母线 W1 ~ W3，电抗器 L1 和 L2 以及馈线 WL1 和 WL2 等，构成的配电装置，布置在屋内，称为屋内配电装置，又称厂用 10 kV 配电装置；而由断路器 QF3 ~ QF5，相应的隔离开关，母线 W4 和 W5 以及出线 WL3 和 WL4 等，构成的配电装置，称为屋外配电装置，又称高压配电装置。

（二）电能质量

电能质量即电力系统中电能的质量。理想的电能应该是完美对称的正弦波。一些因素会使波形偏离对称正弦，由此便产生了电能质量问题。电能质量问题可以定义为导致用户电力设备故障或误操作的电压、电流、频率的静态偏差和动态扰动。其表现为：电压、频率有效值的变化；电压波动和闪变、电压暂降、短时中断和三相电压不平衡、谐波；暂态和瞬态过电压以及这些参数变化的幅度。

目前，针对电能质量的国家标准体系有以下几项。

1.《GB/T 12325—2008 电能质量　供电电压偏差》

本标准规定：

35 kV 及以上供电电压正、负偏差绝对值之和不超过标称电压的 10%；

20 kV 及以下三相供电电压偏差为标称电压的 ±7%；

220 V 单相供电电压偏差为标称电压的 +7%、–10%。

2.《GB/T 15945—2008 电能质量　电力系统频率偏差》

本标准规定：标称频率为 50 Hz。

电力系统正常运行条件下频率偏差限值 ±0.2 Hz；

系统容量较小时，偏差限值 ±0.5 Hz。

3.《GB/T 15543—2008 电能质量　三相电压不平衡》

本标准规定：

电网正常运行时，负序电压不平衡度不超过 2%，短时不超过 4%。

低压系统零序电压限值不作规定，但各相电压必须满足 GB/T 12325 的要求。

【注意】（1）本标准不平衡度为在电力系统正常运行的最小方式下，最大的生产（运行）周期中负荷所引起的电压不平衡度的实测值。

（2）低压系统是指标称电压不大于 1 kV 的供电系统。

4.《GB/T 12326—2008 电能质量　电压波动和闪变》

本标准规定：

1）电压波动

由于功率波动性负荷的用电特点，引起供电母线电压均方根值的一系列快速变动或连续改变的现象，被称为电压波动。这种现象将对周边其他负荷正常运行造成危害和影响。其中最突出的是引起照明亮度的闪烁和对人视觉的影响。

电压波动表现为严重连续偏离额定电压，因此用一系列电压方均根的两个极值之差，且用其相对值的百分数表示：d = 电压极值差/额定电压 ×100%。电压波动限值见表 1－1。

表 1－1　电压波动限值

r/次·h^{-1}	d/%	
	LV、MV	HV
$r \leqslant 1$	4	3
$1 < r \leqslant 10$	3*	2.5*
$10 < r \leqslant 100$	2	1.5
$100 < r \leqslant 1000$	1.25	1

注 1：对于随机性不规则的电压波动，如电弧炉负荷引起的电压波动，表中标有“*”的值为其限值。

注 2：参照 GB/T 156—2007，本标准中系统标称电压 U_N 等级按以下划分：

低压（LV）　　$U_N \leqslant 1$ kV

中压（MV）　　1 kV $< U_N \leqslant 35$ kV

高压（HV）　　35 kV $< U_N \leqslant 220$ kV

220 kV 以上特高压（EHV）系统的电压波动值可参照高压（HV）系统执行。

电压变动频度 r：单位时间内电压变动的次数（电压由大到小或由小到大各算一次变动）。不同方向的若干次变动，如间隔时间小于 30 ms，则算一次变动。

2）闪变

灯光照度不稳定造成的视感被称为闪变。

电力系统公共连接点，在系统正常运行的较小方式下，以一周（168 h）为测量周期，所有长时间闪变值 P_{lt} 都应满足表 1－2 闪变限值的要求。

表 1－2　闪变限值

P_{lt}	
≤110 kV	>110 kV
1	0.8

注 1：短时间闪变值 P_{st}：衡量短时间内闪变强弱的一个统计量值，短时间闪变的基本记录周期为 10 min。

注 2：长时间闪变值 P_{lt}：由短时间闪变值 P_{st} 推算出，反映长时间闪变强弱的量值，长时间闪变的基本记录周期为 2 h。

5.《GB/T 14549—1993 电能质量　公用电网谐波》

本标准规定了公用电网的允许值及其测量方法。其中谐波电压（相电压）限值，见表 1－3。

表 1－3　公用电网谐波电压（相电压）

电网标称电压 /kV	电压总谐波畸变率 /%	各次谐波电压含有率/%	
		奇次	偶次
0.38	5.0	4.0	2.0
6	4.0	3.2	1.6
10			
35	3.0	2.4	1.2
66			
110	2.0	1.6	0.8

注：对一些定义的说明如下。

基波（分量）：对周期性交流量进行傅里叶级数分解，得到的频率与工频相同的分量。

谐波（分量）：对周期性交流量进行傅里叶级数分解，得到频率为基波频率大于 1 整数倍的分量。

谐波含有率（HR）：周期性交流量中含有的第 h 次谐波分量的方均根值与基波分量的方均根值之比（用百分数表示）。

总谐波畸变率（THD）：周期性交流量中的谐波含量的方均根值与其基波分量的方均根值之比（用百分数表示）。

6.《GB/T 18481—2001 电能质量　暂时过电压和瞬态过电压》

本标准规定了交流电力系统中作用于电气设备的暂时过电压和瞬态过电压要求、电气设备的绝缘水平，以及过电压保护方法。当涉及过电压方面电能质量问题时，应根据本标准的规定执行。

（三）电力网系统

（1）定义：电力系统中各级电压的电力线路及其连接的变电所的总称。

（2）作用：完成电能的输送、分配。

（3）分类。

低压电网：电压 1 kV 以下的电网。

中压电网：电压 1 ~ 10 kV 的电网。

高压电网：10 ~ 330 kV 的电网。

超高压电网：330～1 000 kV 的电网。

特高压电网（我国规定）：交流 1 000 kV 及以上的电网。

直流 ±800 kV 及以上的电网。

我国的电网常用电压等级区分从低到高为（单位是 kV）：0.22，0.4，0.69，1，3，6，10，35，66，110，220，500，1 000……

（4）电压等级的选择。

220 kV 及以上电压等级：用于大型电力系统输电的主干线。

110 kV 电压等级：多用于区域电网输电线路。

35～110 kV 电压等级：用于为大型用户供电。

6～10 kV 电压等级：用于为中小用户供电，从技术经济指标来看，最好采用 10 kV 供电。

220/380 V 电压等级用于低压系统的配电，其中 380 V 主要用于对三相动力设备配电，220 V 用于对照明设备及其他单相用电设备配电。

表 1－4 所示为常用各级电压的经济输送容量与输送距离的说明。

表 1－4 常用各级电压的经济输送容量与输送距离

线路电压（kV）	输送功率（kW）	输送距离（km）
0.38	100 以下	0.6
3	100～1 000	1～3
6	100～1 200	4～15
10	200～2 000	6～20
35	2 000～10 000	20～50
110	10 000～50 000	50～150
220	100 000～500 000	100～300
500	1 000～1 500 MW	150～850
750	800～2 200 MW	500～1 200

（四）动力系统

电力系统加上带动发电机转动的动力装置构成的整体称为动力系统。

动力系统、电力系统、电力网三者的联系与区别如图 1－12 所示。

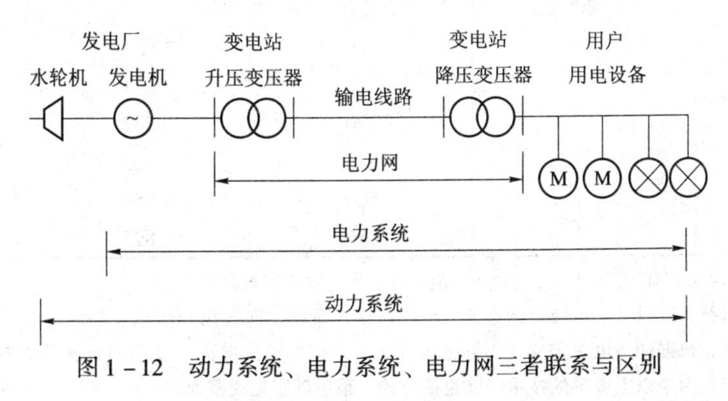

图 1－12 动力系统、电力系统、电力网三者联系与区别

四、电气设备及其额定参数

电力系统中使用的电气设备种类很多，它们的作用、结构、原理、使用条件及要求各不相同，但都有额定电压、额定电流、额定容量（功率）和额定频率等主要参数。

（一）额定电压

额定电压，即电气设备在正常工作时所允许通过的最大电压。对于三相电力系统和设备而言，额定电压指其线电压的有效值；对于低压三相四线制系统的单相电器而言，额定电压指其相电压的有效值。

额定电压是国家根据国民经济发展的需要、技术经济合理性以及电机、电器制造水平等因素所规定的电气设备标准的电压等级。电气设备在额定电压下工作时，其技术性能与经济性能最佳。我国规定的额定电压，按电压高低和使用范围分为三类。

1）第一类额定电压

第一类额定电压是 100 V 及以下的电压等级，主要用于安全照明、蓄电池及开关设备的直流操作电压。直流为 6 V、12 V、24 V、48 V；交流单相为 12 V 和 36 V；三相线电压为 36 V。

2）第二类额定电压

第二类额定电压是 100 ~ 1 000 V 之间的电压等级。这类额定电压应用最广、数量最多，如动力、照明、家用电器和控制设备等。

3）第三类额定电压

第三类额定电压是 1 000 V 及以上的高电压等级，如表 1 – 5 所示，主要用于电力系统中的发电机、变压器、输配电设备和用电设备。

表 1 – 5　第三类额定电压　　单位：kV

用电设备与电网额定电压	交流发电机	变压器		设备最高工作电压
		一次绕组	二次绕组	
3	3.15	3 及 3.15	3.15 及 3.3	3.5
6	6.3	6 及 6.3	6.3 及 6.6	6.9
10	10.5	10 及 10.5	10.5 及 11	11.5
	13.8	13.8		
	15.75	15.75		
	18	18		
	20	20		
35		35	38.5	40.5
110		110	121	126
220		220	242	252
330		330	363	363
500		500	550	550
750		750	825	825

注：1. 经济输送容量与输送距离与导线经济电流密度、经济输送容量有关。

2. 电网在进行系统设计、系统专题论证（如电站接入系统、向大用户供电、联网专题等）时，一般是先按输送容量，根据经济电流密度（不同电压等级所对应的经济电流密度不同）初选导线截面，然后按照具体条件进行两个以上方案的技术经济论证比较，最后确定导线截面。

对表1－5进行分析，可以发现存在以下规律：

（1）用电设备的额定电压与电网的额定电压是相等的。

（2）发电机的额定电压比其所在电力网的电压高5%。

（3）变压器一次线圈是接受电能，可看成是用电设备，其额定电压与用电设备的额定电压相等，而直接与发电机相连接的升压变压器的一次侧电压应与发电机电压相配合。

（4）变压器的二次线圈（副线圈）相当于一个供电电源，它的空载额定电压要比其所在电网的额定电压高10%。但在3 kV、6 kV、10 kV电压时，由于这时相应的配电线路距离不长，二次线圈的额定电压仅高出电网电压5%。

额定电压为1 000 V以下电气设备称为低压设备，1 000 V及以上的电气设备称为高压设备。

（二）额定电流

电气设备的额定电流（铭牌中的规定值）是指在规定的周围环境温度和绝缘材料允许温度下允许通过的最大电流值。当设备周围的环境温度不超过介质的规定温度时，按照设备的额定电流工作，其各部分的发热温度不会超过规定值，电气设备有正常的使用寿命。

（三）额定容量

发电机、变压器和电动机额定容量的规定条件与额定电流相同。其中：

（1）变压器的额定容量都是指视在功率（kV·A）值。

（2）发电机的额定容量可以用视在功率（kV·A）值表示，但一般是用有功功率（kW）值表示，这是因为拖动发电机的原动机（汽轮机、水轮机等）是用有功功率表示的。

（3）电动机的额定容量通常用有功功率（kW）值表示，因为它拖动的机械的额定容量一般用有功功率表示。

思考题

1. 按一次能源的不同可以将发电厂分为哪几类？分别简述其工作过程。
2. 简述发电厂、变电所的作用。
3. 简述纯电阻性负载、感性负载及容性负载三者的特点及区别。
4. 电能质量包括＿＿＿＿＿＿、频率和波形的质量。
5. 电气设备的额定参数都有哪些？简述其特点。

单元二　中性点的运行方式

教学目标

* 掌握中性点运行方式的定义及分类。
* 掌握中性点非有效接地的定义及分类。

* 掌握中性点有效接地系统的作用。
* 了解不同中性点对电力系统中的影响。

重点

* 中性点不接地系统单相接地故障时的分析。
* 中性点非有效接地故障时的分析。
* 中性点有效接地系统故障时的分析。

难点

* 中性点非有效接地故障时的分析。
* 中性点有效接地系统故障时的分析。

一、概述

（一）分类及定义

电力系统三相交流发电机、变压器接成星形绕组的公共点，称为电力系统中性点。电力系统中性点与大地间的电气连接方式，称为电力系统中性点接地方式。

电力系统接地方式按用途可分为以下四类（根据 GB/T 50065—2011 交流电气装置的接地设计规范）。

(1) 工作（系统）接地：在电力系统电气装置中，为运行需要所设的接地（如中性点直接接地或经其他装置接地等）。

(2) 保护接地：电气装置的金属外壳、配电装置的构架和线路杆塔等，由于绝缘损坏有可能带电，为防止其危及人身和设备的安全而设的接地（如电气设备的金属外壳接地、互感器二次线圈接地等）。

(3) 雷电保护接地：为雷电保护装置（避雷针、避雷线和避雷器等）向大地泄放雷电流而设的接地。

(4) 防静电接地：为防止静电对易燃油、天然气贮罐和管道等的危险作用而设的接地。

（二）接地方式分类

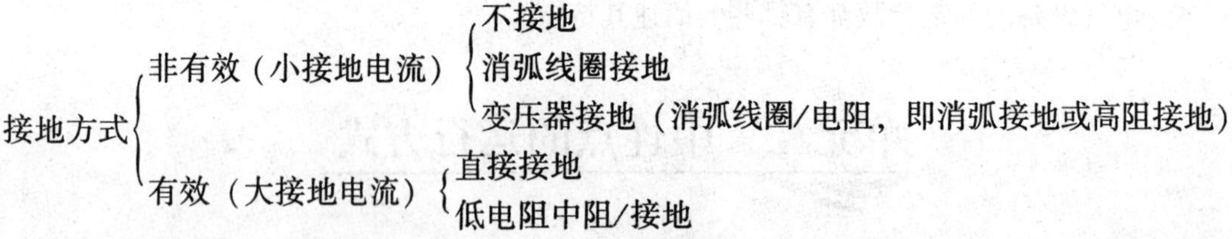

电力系统的中性点接地方式是一个涉及短路电流大小、系统的安全运行、供电可靠性、过电压大小和绝缘配合、继电保护和自动装置的配置等多个因素，而且对通信和电子设备的电子干扰、人身安全等方面有重要影响。

电力系统的中性点接地方式有不接地（中性点绝缘）、经消弧线圈接地、经电抗接地、经电阻接地及直接接地等。我国电力系统广泛采用的中性点接地方式主要有不接地、经消弧线圈接地、直接接地和经电阻接地4种。

根据主要运行特征，可将电力系统按中性点接地方式归纳为两大类。

(1) 非有效接地系统或小接地电流系统：中性点不接地，经消弧线圈接地，经高阻抗接地的系统。$X_0/X_1>3$，$R_0/X_1>1$。

当发生单相接地故障时，接地电流被限制到较小数值，非故障相的对地稳态电压可能达到线电压。

(2) 有效接地系统或大接地电流系统：中性点直接接地，经低阻抗接地的系统。$X_0/X_1\leqslant3$，$R_0/X_1\leqslant1$。

当发生单相接地故障时，接地电流较大，非故障相的对地稳态电压不超过线电压的80%。

【注意】 X_0零序电抗，X_1正序电抗，R_0零序电阻。

在此需要注意，当电力系统发生单相接地故障时，不论变压器的中性点是直接接地，还是经低电阻或低电抗接地，只要在指定部分的个点满足零序电抗与正序电抗之比小于或等于3（$X_0/X_1\leqslant3$）和零序电阻与正序电抗之比小于或等于1（$R_0/X_1\leqslant1$），该系统便属于有效接地系统。由此可见，中性点有效接地不仅与系统中变压器中性点直接接地的数量有关，同时还与其容量占全部变压器总容量的百分值有关。而所谓的电力系统中性点接地方式，不能反映上述的内涵，在实际工作中容易引起误解，影响系统的安全运行。

二、中性点非有效接地系统

中性点非有效接地系统主要有不接地和经消弧线圈接地两种方式。

(一) 中性点不接地系统

中性点不接地方式，即中性点对地绝缘，结构简单，不需任何附加设备，节省投资。

如图1-13所示，三相电源电压$\dot{U}_U$、$\dot{U}_V$、$\dot{U}_W$对称，各相导线间和相对地之间存在分布电容，各相绝缘存在对地泄露电导。

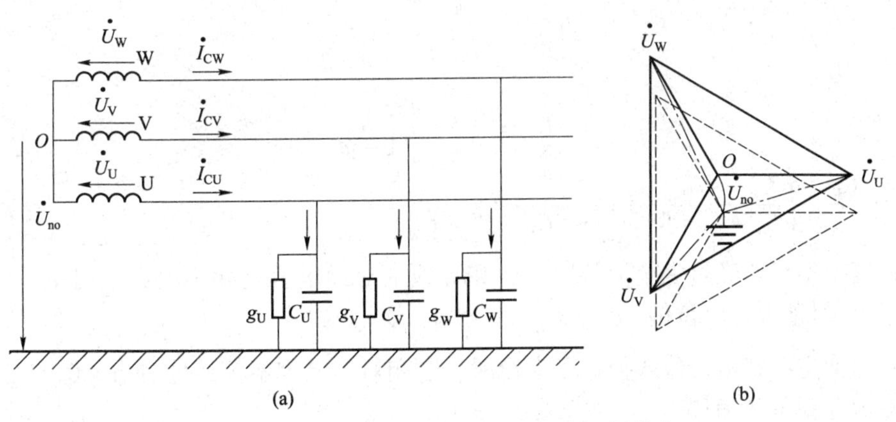

图1-13　中性点不接地系统的正常运行状态

(a) 原理接线图；(b) 电压相量图

1. 正常运行时（中性点存在不对称电压$\dot{U}_{no}$）

各相对地电压=该相对中性点电压与中性点所具有的对地电位$\dot{U}_{no}$的向量和：

$$\dot{U}'_U=\dot{U}_U+\dot{U}_{no}$$

$$\dot{U}'_V = \dot{U}_V + \dot{U}_{no}$$
$$\dot{U}'_W = \dot{U}_W + \dot{U}_{no}$$

各相对地电流的向量和为0：

$$\dot{I}_{CU} + \dot{I}_{CV} + \dot{I}_{CW} = (\dot{U}_U + \dot{U}_{no})Y_U + (\dot{U}_V + \dot{U}_{no})Y_V + (\dot{U}_W + \dot{U}_{no})Y_W = 0 \quad (1-1)$$

式中　Y_U、Y_V、Y_W——各相导线对地的总导纳。

在工频电压下，导纳 Y 由两部分所组成，其中主要部分为容性电纳 $j\omega C$，次要部分为泄漏电导（它比前者小得多），其中 $Y_U = g_U + j\omega C_U$，Y_V、Y_W 类似，ω 为电源的角小频率。实际电力系统中，三相泄漏电导 g_U、g_V、g_W 大致相同，以下分析中均用 g 表示。

由式（1-1）可得

$$\dot{U}_{no} = -\frac{\dot{U}_U Y_U + \dot{U}_V Y_V + \dot{U}_W Y_W}{Y_U + Y_V + Y_W} \quad (1-2)$$

取 $\dot{U}_U$ 为参考量，即

$$\dot{U}_U = U_U = U_{ph},\ \dot{U}_V = a^2 U_{ph},\ \dot{U}_W = aU_{ph} \quad (1-3)$$

式中　U_{ph}——电源相电压；

a——复数算子，其中 $a = e^{j120^\circ} = -\frac{1}{2} + j\frac{\sqrt{3}}{2}$，$a^2 = e^{-j120^\circ} = -\frac{1}{2} - j\frac{\sqrt{3}}{2}$。

将式（1-3）及各导纳的表达式代入式（1-2），并注意到 $1 + a + a^2 = 0$，得

$$\begin{aligned}\dot{U}_{no} &= -U_{ph}\frac{j\omega(C_U + a^2 C_V + aC_W)}{j\omega(C_U + C_V + C_W) + 3g} \\ &= -U_{ph}\frac{C_U + a^2 C_V + aC_W}{C_U + C_V + C_W} \times \frac{1}{1 - j\frac{3g}{\omega(C_U + C_V + C_W)}} \\ &= -U_{ph}\dot{\rho}\frac{1}{1 - jd}\end{aligned} \quad (1-4)$$

即中性点电压

$$\dot{U}_{no} = -U_{ph}\dot{\rho}\frac{1}{1 - jd}$$

式中，$\dot{\rho} = \frac{C_U + \alpha^2 C_V + \alpha C_W}{C_U + C_V + C_W}$，$d = \frac{3g}{\omega(C_U + C_V + C_W)}$。

（1）当架空线路经过完全换位时，各相导线的对地电容是相等的，这时 $\dot{\rho} = 0$，$\dot{U}_{no} = 0$，中性点 O 对地没有电位偏移。

（2）当架空线路不换位或换位不完全时，各相对地电容不等，这时 $\dot{\rho} \neq 0$，$\dot{U}_{no} \neq 0$，中性点 O 对地存在电位偏移。

2. 单相接地故障时

1）金属性接地

中性点不接地系统 U 相金属性接地如图 1-14 所示。

当发生 U 相金属性接地时，中性点的对地电位 $\dot{U}_o$ 不再为 0，而是变成 $-\dot{U}_U$，于是 V、W 相的对地电压变为

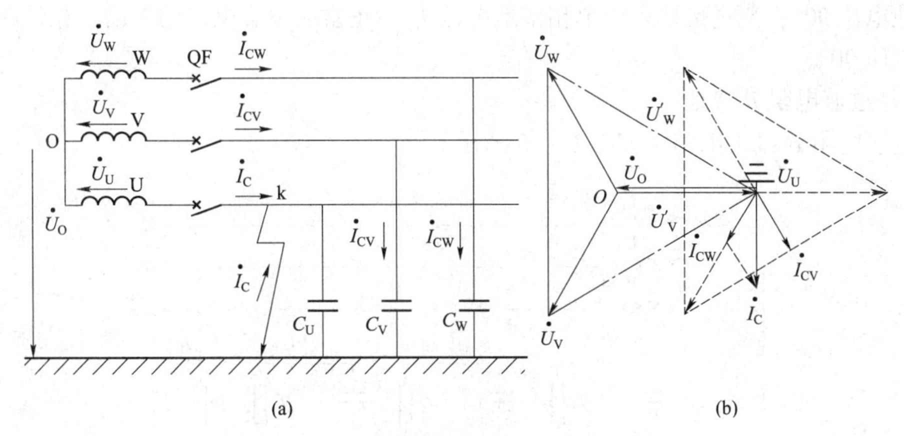

图 1－14　中性点不接地系统 U 相金属性接地

（a）原理接线图；（b）相量图

$$\dot U'_V=\dot U_V+\dot U_O=\dot U_U a^2-\dot U_U=\sqrt{3}\dot U_U\left(-\frac{\sqrt{3}}{2}-j\frac{1}{2}\right)=\sqrt{3}\dot U_U e^{-j150^\circ}$$

$$\dot U'_W=\dot U_W+\dot U_O=\dot U_U a-\dot U_U=\sqrt{3}\dot U_U\left(-\frac{\sqrt{3}}{2}-j\frac{1}{2}\right)=\sqrt{3}\dot U_U e^{-j150^\circ}$$

故障点的零序电压 $\dot U^{(0)}$ 为

$$\dot U^{(0)}=\frac{1}{3}\left(\dot U'_U+\dot U'_V+\dot U'_W\right)=\frac{1}{3}\left(0+\sqrt{3}\dot U_U e^{-j150^\circ}+\sqrt{3}\dot U_U e^{j150^\circ}\right)$$

$$=-\dot U_U=\dot U_o$$

由于 U 相接地，其对地电容 C_U 被短接，所以 U 相的对地电容电流变为零。

电容电流（接地电流）为 V、W 相的电容电流的向量和：

$$\dot I_C=\dot I_{CV}+\dot I_{CW}=-j3\omega C\dot U_U=j3\omega C\dot U_o$$

绝对值

$$I_C=3\omega CU\text{ph}$$

其中

$$\dot I_{CW}=\frac{\dot U'_W}{-jX_W}=j\sqrt{3}\omega C_W\dot U_U e^{j150^\circ}=\sqrt{3}\omega C_W\dot U_U e^{-j120^\circ}$$

$$\dot I_{CV}=\frac{\dot U'_V}{-jX_V}=j\sqrt{3}\omega C_V\dot U_U e^{-j150^\circ}=\sqrt{3}\omega C_V\dot U_U e^{-j60^\circ}$$

（1）中性点对地电压 $\dot U_O$ 与接地相的相电压大小相等，方向相反，并等于电网出现的零序电压。

（2）故障相的对地电压降为零；两健全相的对地电压为相电压的 3 倍，其相位差为 60°，而不是 120°。

（3）三个线电压仍保持对称和大小不变，故对电力用户的继续工作没有影响。这也是这种系统的主要优点。

（4）两健全相的电容电流相应地增大为正常时相对地电容电流的 3 倍，分别超前相应的相对地电压 90°；流过接地点的单相接地电流 I_C 为正常时电容电流的 3 倍，相位超前中性点对地电压 90°。

2）经过渡电阻 R 接地

经过渡电阻 R 接地电路图如图 1－15 所示。

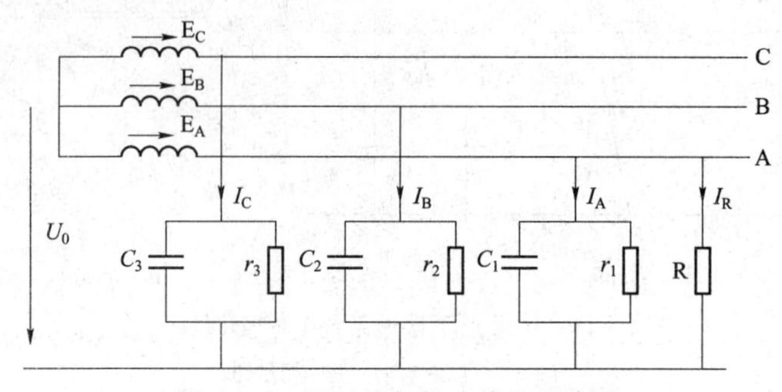

图 1－15　经过渡电阻 R 接地电路图

中性点对地电压

$$\dot{U}^{(0)} = \dot{\beta}\dot{U}_U$$

式中，$\dot{\beta} = -\frac{1}{1 + j3\omega CR}$。

经 U 相接地点的接地电流为

$$\dot{I}_C = \dot{\beta}\ (j3\omega \dot{C} U_U)$$

（1）中性点对地电压 $\dot{U}_0$ 较故障相电压小，两者相位小于 180°。

（2）故障相的对地电压将大于零小于相电压，两健全相的对地电压则大于相电压而小于线电压。

（3）接地电流将较金属性接地时要小。

3. 优缺点

优点：单相接地电流小，单相接地不形成短路回路，单相接地只动作于信号而不动作于跳闸，系统可继续运行 2 h（电力安全运行规定，因可能出现两点接地）。

缺点：单相接地时所产生的接地电流将在故障处形成电弧。

（1）接地电流不大（5～10 A）时，电流过零值时电弧将自行熄灭。

（2）接地电流较大（>30 A）时，形成稳定的电弧。

（3）10 A<接地电流<30 A 时，形成一种不稳定的间歇性电弧。

因其中性点是绝缘的，电网对地电容中储存的能量没有释放通路。在发生弧光接地时，电弧的反复熄灭与重燃，也是向电容反复充电过程。由于对地电容中的能量不能释放，造成电压升高，从而产生弧光接地过电压或谐振过电压，其值可达很高的值，对设备绝缘造成威胁。

4. 适用范围

（1）电压小于 500 V 的装置。

（2）3～10 kV 的电力网，单相接地电流小于 30 A 时。

（3）20～63 kV 的电力网，单相接地电流小于 10 A 时。

（二）中性点经消弧线圈接地系统

在 3～63 kV 电网中，当单相接地电流超过上述定值时，为防止单相接地时产生稳定或间歇性电弧，应采取减小接地电流的措施，就此在中性点和地之间接入消弧线圈。

1．消弧线圈

作用：消弧线圈是一个具有铁芯的可调电感线圈，它的导线电阻很小，电抗很大。通过补偿的方式使接地处电流变得很小或等于零，电弧自行熄灭，故障随之消失，从而消除接地处的电弧及其产生的一切危害；还可以减少故障相电压的恢复速度，从而减少电弧重燃的可能性。

工作原理：通过改变自身的结构，改变线圈的电感、电流的大小，产生一个和接地电容电流 $\dot{I}_{C}$ 的大小相近、方向相反的电感电流 $\dot{I}_{L}$，从而对电容电流进行补偿。

2．正常运行

正常运行时原理接线图如图 1－16 所示。

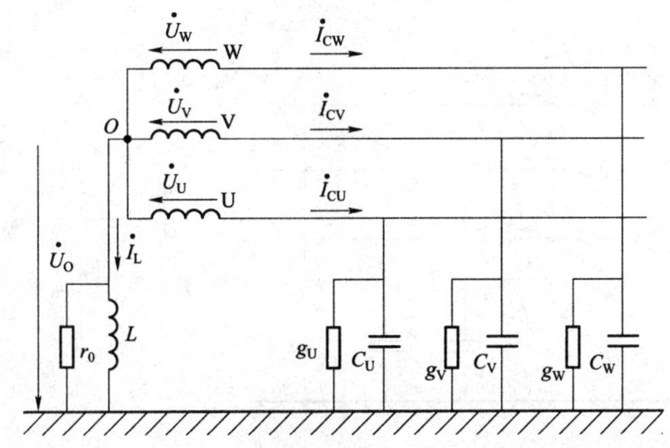

图 1－16　中性点经消弧线圈接地系统正常运行时的原理接线图

在图 1－16 中，L、r_0 分别为消弧线圈的电感及有功损耗（或称铁内损失）等值电阻。其导纳为

$$Y_{L}=g_0-\mathrm{j}b_{L}=\frac{1}{r_0}-\mathrm{j}\frac{1}{\omega L}$$

式中，b_{L}、g_0——消弧线圈的电纳和有功损耗电导，$g_0=\frac{1}{r_0}$，$b_{L}=\frac{1}{\omega L}$。

与前述中性点不接地系统类似，正常运行时

$$\dot{U}_{O}=-\frac{\dot{U}_{U}Y_{U}+\dot{U}_{V}Y_{V}+\dot{U}_{W}Y_{W}}{Y_{U}+Y_{V}+Y_{W}+Y_{L}}$$

仍取 $\dot{U}_{U}$ 为参考量，并认为 $g_{U}=g_{V}=g_{W}=g$，则

$$\dot{U}_{O}=-U_{ph}\frac{\mathrm{j}\omega\ (C_{U}+a^2C_{V}+aC_{W})}{\mathrm{j}\left[\omega\ (C_{U}+C_{V}+C_{W})\ -\frac{1}{\omega L}\right]+G}$$

$$=-U_{ph}\frac{(C_{U}+a^2C_{V}+\mathrm{a}C_{W})\ /\ (C_{U}+C_{V}+C_{W})}{\dfrac{\omega\ (C_{U}+C_{V}+C_{W})\ -\dfrac{1}{\omega L}}{\omega\ (C_{U}+C_{V}+C_{W})}-\mathrm{j}\dfrac{G}{\omega\ (C_{U}+C_{V}+C_{W})}}$$

$$=-U_{ph}\frac{\dot{\rho}}{v-\mathrm{j}d}$$

$$v=\frac{\omega\ (C_{\mathrm{U}}+C_{\mathrm{V}}+C_{\mathrm{W}})\ -\frac{1}{\omega L}}{\omega\ (C_{\mathrm{U}}+C_{\mathrm{V}}+C_{\mathrm{W}})}$$

$$d=\frac{G}{\omega\ (C_{\mathrm{U}}+C_{\mathrm{V}}+C_{\mathrm{W}})}$$

即中性点对地电压 $\dot{U}_0=-U_{\mathrm{ph}}\frac{\dot{\rho}}{v-\mathrm{j}d}$。

3. 单相金属性接地故障时

如图 1－17 所示。

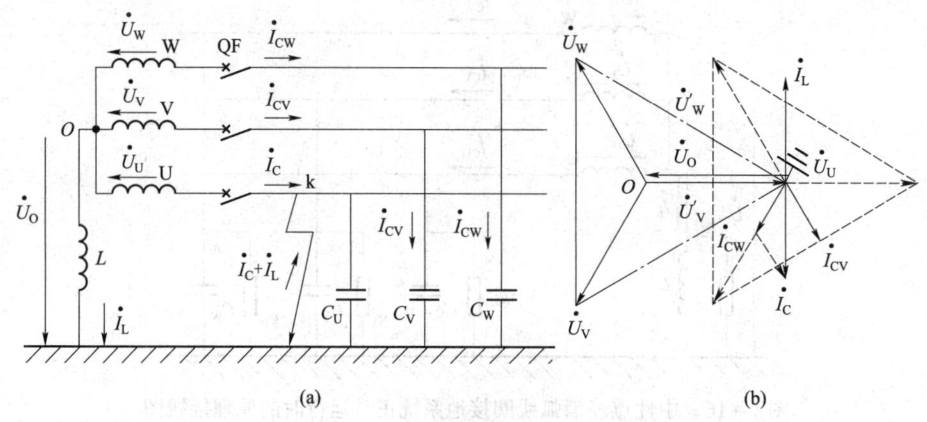

图 1－17　中性点经消弧线圈接地系统 U 相金属性接地

(a) 原理接线图；(b) 相量图

总的接地电流 $\dot{I}_{\mathrm{C}}+\dot{I}_{\mathrm{L}}=\mathrm{j}3\omega C\dot{U}_{\mathrm{o}}-\mathrm{j}\frac{\dot{U}_{\mathrm{o}}}{\omega L}$，选择适当的 ν，可使得 $\dot{I}_{\mathrm{L}}$ 与 $\dot{I}_{\mathrm{C}}$ 的数值相近或相等。

4. 中性点经消弧线圈接地系统的运行方式

(1) 全补偿方式：$\dot{I}_{\mathrm{L}}=\dot{I}_{\mathrm{C}}$，即 $K=1$，$\nu=0$，$\frac{1}{wL}=3wC$ 即 $L=1/3\omega^2C$，此时，接地电容电流将全部被补偿，接地处电流为零，电网处于串联谐振状态。

(2) 欠补偿方式：$\dot{I}_{\mathrm{L}}<\dot{I}_{\mathrm{C}}$，补偿后电感电流小于电容电流。这时，$L>1/3\omega^2C$。

(3) 过补偿方式：$\dot{I}_{\mathrm{L}}>\dot{I}_{\mathrm{C}}$，补偿后电感电流大于电容电流。这时，$L<1/3\omega^2C$。

一般采用过补偿方式，原因：

(1) 欠补偿方式在线路断开时可能靠近或变成全补偿方式，使中性点出现过电压；同时欠补偿电流（$\dot{I}_{\mathrm{C}}-\dot{I}_{\mathrm{L}}$）可能接近或等于零，不能使接地保护可靠动作。

(2) 欠补偿电网在正常运行时，若三相的不对称度较大，可能出现数值较大的铁磁谐振过电压。

(3) 在电网发展对地电容增大时，容抗减少，采用过补偿方式，消弧线圈可应付一段时间。

(4) 系统频率 ω 降低的机会较多，此时过补偿方式的脱谐度的绝对值 $|\nu|$ 增大，中性点位移电压减少；而当 ω 降低时，欠补偿方式脱谐度的绝缘值减小，中性点位移电压增大。

5. 适用范围

不符合中性点不接地要求的 3 ~ 63 kV 的电网。

(三) 中性点经接地变压器接地系统

1. 功能

为无中性点的电压级重构一个中性点，以便接入消弧线圈（或电阻），如图 1 - 18 和图 1 - 19 所示。

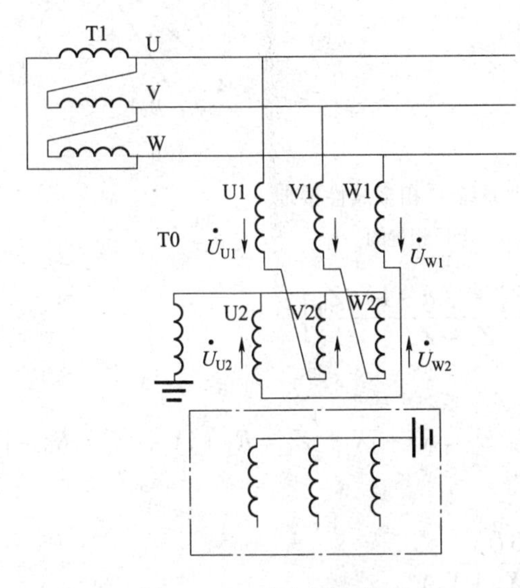

图 1 - 18　接入消弧线圈

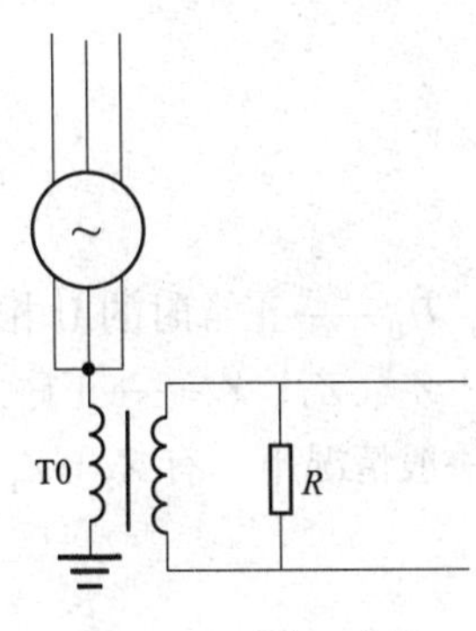

图 1 - 19　接入电阻

2. 特点

(1) 对三相平衡负荷呈高阻抗状态，对不平衡负荷呈低阻抗状态。

(2) 在单相接地故障时，接地变压器的中性点电位升高到系统相电压。

(3) 绕组相电压中无三次谐波分量。

三、中性点有效接地系统

(一) 中性点直接接地系统

1. 作用

防止中性点电位变化及其电压升高的根本办法是，把中性点直接接地。

2. 单相金属性接地故障

中性点直接接地系统 U 相金属性接地如图 1 - 20 所示。

仍设 U 相在 K 点发生单相金属性接地，这时线路上将流过较大的单相接地电流 $\dot{I}_k^{(1)}$。这类三相系统的单相接地电流 $\dot{I}_k^{(1)}$ 和接地点两健全相的对地电压 $\dot{U}'_V$、$\dot{U}'_W$，可用对称向量法求得：

$$\dot{I}_K^{(1)} = \frac{3\dot{U}_U}{j\ (Z_1 + Z_2 + Z_0)}$$

$$\dot{U}'_V = \dot{U}_U\left[\frac{(a^2 - a)\ Z_2 + (a^2 - 1)\ Z_0}{Z_1 + Z_2 + Z_0}\right]$$

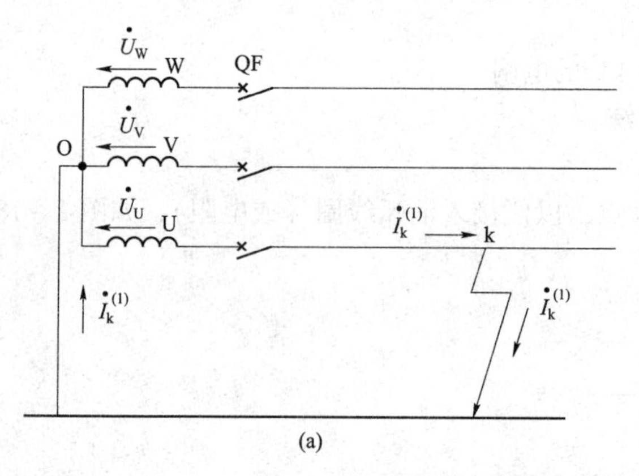

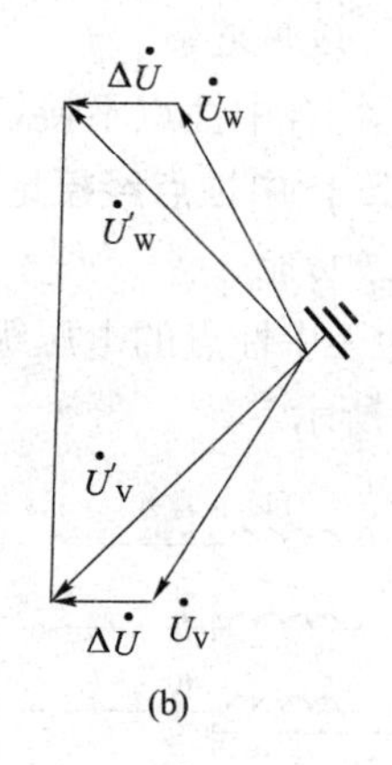

图 1－20　中性点直接接地系统 U 相金属性接地

（a）原理接线图；（b）电压相量图

$$\dot{U}'_{W}=\dot{U}_{U}\left[\frac{(a-a^{2})\ Z_{2}+\ (a-1)\ Z_{0}}{Z_{1}+Z_{2}+Z_{0}}\right]$$

式中，$\dot{U}_U$——正常时的 U 相电压；

Z_1、Z_2、Z_0——正序、负序、零序阻抗 。$Z_1=R_1+jX_1$，$Z_2=R_2+jX_2$，$Z_0=R_0+jX_0$。

一般情况下，有 $Z_2=Z_1$，忽略电阻，可求得

$$\dot{I}_{K}^{(1)}=\frac{3\dot{U}_{U}}{j\ (2X_{1}+X_{0})}$$

$$\dot{U}'_{V}=\dot{U}_{U}\left(a^{2}+\frac{X_{1}-X_{0}}{2X_{1}+X_{0}}\right)=\dot{U}_{U}a^{2}+\dot{U}_{U}\frac{1-X_{0}/X_{1}}{2+X_{0}/X_{1}}=\dot{U}_{V}+\Delta\dot{U}$$

$$\dot{U}'_{W}=\dot{U}_{U}\left(a+\frac{X_{1}-X_{0}}{2X_{1}+X_{0}}\right)=\dot{U}_{U}a+\dot{U}_{U}\frac{1-X_{0}/X_{1}}{2+X_{0}/X_{1}}=\dot{U}_{W}+\Delta\dot{U}$$

$$\Delta\dot{U}=\dot{U}_{U}\frac{1-X_{0}/X_{1}}{2+X_{0}/X_{1}}$$

式中，$\dot{U}_V$、$\dot{U}_W$——正常时的 V、W 相电压。

3. 特点及适用范围

（1）两个健全相的对地电压是正常时的相电压再加上一个分量 $\Delta\dot{U}$（相当于前述中性点位移电压）。

（2）单相接地短路电流较大。

（3）有效接地系统，$X_0/X_1\leqslant 3$：

① 当 $X_0/X_1>1$，$\dot{I}_k^{(1)}$ 只有三相短路电流 $\dot{I}_k^{(3)}$ 的 60%。

② 当 $X_0/X_1=1$，$\dot{I}_k^{(1)}$ 等于三相短路电流 $\dot{I}_k^{(3)}$。

③ 当 $X_0/X_1<1$，$\dot{I}_k^{(1)}$ 达三相短路电流 $\dot{I}_k^{(3)}$ 的 1.5 倍。

单相接地短路电流 $\dot{I}_k^{(1)}$ 将引起继电保护装置的动作，迅速将故障部分切除，大大缩短延续时间，有效地防止单相接地时产生间歇电弧过电压及发展为多相短路的可能。因而这种系统的最大长期工作电压为运行相电压。

优点：

在中性点直接接地系统中，由于中性点电位固定为地电位，发生单相接地故障时，非故障相的工频电压升高不会超过1.4倍运行相电压；暂态过电压水平也相对较低；故障电流很大继电保护装置能迅速断开故障线路，系统设备承受过电压的时间很短，这样就可以使电网中设备的绝缘水平降低，从而使电网的造价降低。

适用范围：

目前，我国110 kV及以上的电网、国外220 kV及以上的电网，基本都采用中性点直接接地。

（二）中性点经电阻接地

如图1－21所示，中性点经电阻接地方式，即是中性点与大地之间接入一定电阻值的电阻。该电阻与系统对地电容构成并联回路，由于电阻是耗能元件，也是电容电荷释放元件和谐振的阻压元件，对防止谐振过电压和间歇性电弧接地过电压，有一定优越性。

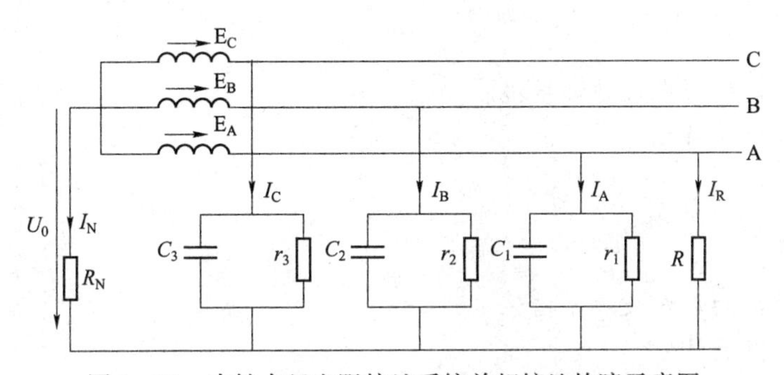

图1－21　中性点经电阻接地系统单相接地故障示意图

根据中性点接地电阻的电阻值的不同，可以将中性点经电阻接地方式分为高电阻、中电阻和低电阻接地三种情况。目前三种方式在国内外电网中都有应用。

优点是：可以抑制电弧接地时的过电压。此外，由于人为地增加了有功电流，使得更易于实现选择性接地保护。

缺点是：由于接地点的电流较大，当零序保护动作不及时或拒动时，将使接地点及附近的绝缘受到更大的危害，导致相间故障发生。当发生单相接地故障时，无论是永久性的还是非永久性的，均会使线路的跳闸次数大大增加，使其供电可靠性下降。

思考题

1. 电力系统接地方式按用途可分为哪四类？
2. 我国电力系统广泛采用的中性点接地方式有哪些？
3. 中性点非有效接地系统分为哪几类？各种分类有什么工作特点？
4. 中性点有效接地系统分为哪几类？各种分类有什么工作特点？

单元三　电弧的燃烧与熄灭

教学目标

* 了解电弧形成的物理过程及其形式。
* 掌握电弧去游离的形式及熄弧措施。
* 掌握交直流电弧的特性。
* 了解电弧光保装置的构成。

重点

* 电弧去游离的形式及熄弧措施。
* 交直流电弧的特性。

难点

* 电弧去游离的形式及熄弧措施。
* 交直流电弧的特性。

一、电弧的概述

自然界的物质有三种状态：固态、液态和气态。这三态随温度的升高而产生改变。如果将气态物质进一步加热至几千度时，物质则会部分电离或完全电离，即部分电子被剥夺后的原子及原子团被电离后产生的正、负电子而组成一种离子化气体状物质，它是除去固、液、气外，物质存在的第四态，常被称为等离子态或超气态。等离子体呈现出高度激发的不稳定态，其中包括离子（具有不同符号和电荷）、电子、原子和分子。其实，人们对等离子体现象并不生疏。在自然界里，炽热烁烁的火焰、光辉夺目的闪电以及绚烂壮丽的极光等都是等离子体作用的结果。对于整个宇宙来讲，几乎99.9%以上的物质都是以等离子体态存在的，如恒星和行星际空间等都是由等离子体组成的。用人工方法，如核聚变、核裂变、辉光放电及各种放电都可产生等离子体。

等离子体是由电子、离子等带电粒子以及中性粒子（原子、分子、微料等）组成的，宏观上呈现准中性，且具有集体效应的混合气体。所谓准中性是指在等离子体中的正负离子数目基本相等，系统在宏观上呈现中性，但在小尺度上呈现出点磁性，而集体效应则突出地反映了等离子体与中性气体的区别。

等离子体按焰温度可以分成高温等离子体、低温等离子体两种。其中，高温等离子体只有在温度足够高时发生，电弧就是一束高温等离子体。

电弧产生后可能引起的危害可以总结为以下几个方面：

（1）高温。电弧产生后，其表面温度可达4 000℃，弧心甚至可达上万摄氏度，高温能烧坏触头，甚至导致触头熔焊。如果电弧不立即熄灭，就可能烧伤操作人员，烧毁设备，甚至酿成火灾。

（2）高压。过热将导致铜排、铝排熔毁，甚至气化，气体在封闭的开关柜中膨胀产生气体冲击波，造成开关柜柜体的变形、破裂，甚至对操作人员带来危险。

（3）剧毒气体。持续性电弧的存在将会使得导线及开关柜体燃烧，产生大量的有毒气体，如一氧化碳、氮氧化物等。烟气、毒气等燃烧产物的产生极易造成人员窒息、中毒死亡。

二、电弧的形成与去游离

（一）电弧的形成

电弧的实质是一种气体放电现象。电弧产生前放电间隙（或称弧隙）周围的介质原本是绝缘的，电弧的产生，说明绝缘介质发生了转化而变成了导电介质。这种导电介质以等离子体态存在，具有导电特性。因此，电弧的形成过程就是介质向等离子体态的转化过程。电弧的形成，主要分以下几种形式。

1. 热电子发射

以断路器为例，当断路器的动、静触头分离时，触头间的接触压力及接触面积逐渐缩小，接触电阻增大，使接触部位剧烈发热，导致阴极表面温度急剧升高而发射电子，形成热电子发射。

2. 强电场发射

开关电器分闸的瞬间，由于动、静触头的距离 S 很小，在外加电压作用下，间隙上出现很高的电场强度 E（$E=U/S$），当电场强度超过 3×10^6 V/m 时，阴极表面的自由电子在电场的作用下被拉出来，就形成了强电场发射。

3. 碰撞游离

从阴极表面发射出的电子在电场力的作用下高速向阳极运动，在运动过程中不断地与中性质点（原子或分子）发生碰撞。当高速运动的电子具有足够大的动能时，就会使束缚在原子核周围的电子释放出来，形成自由电子和正离子，这种现象称为碰撞游离。新产生的电子也向阳极加速运动，同样也会使它所碰撞的中性质点游离。碰撞游离的连续进行就可能导致在触头间充满电子和离子，在外加电压的作用下，触头间的介质就可能被击穿而形成电弧。该机理由英国物理学家汤森在 1903 年提出，被称为“汤森理论”。

4. 热游离

电弧产生后，弧柱中气体分子在高温作用下产生剧烈热运动，动能很大的中性质点互相碰撞时，将被游离而形成电子和正离子，这种现象称为热游离。弧柱导电就是靠热游离来维持的。

5. 光发射－光电效应

当光和红外线、紫外线，以及其他射线照射到金属表面时，引起电子从金属表面逸出。

除上述几种形式外，还有光游离、金属气化等影响电弧产生和燃烧的因素。

（二）电弧的组成

电弧由三部分组成，如图 1－22 所示。

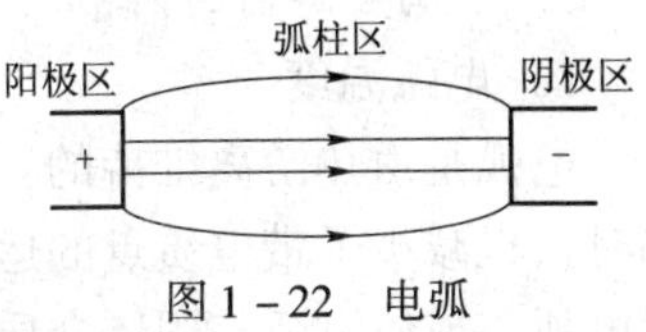

图 1－22 电弧

(三) 电弧的特点

1. 电弧是强功率的放电现象

伴随着电弧，大量的电能转换为热能的形式，使电弧处的温度极高，以焦耳热形式发出的功率可达数 MW。

2. 电弧是一种自持放电现象

不用很高的电压和很大的电流就能维持相当长的电弧稳定燃烧而不熄灭。

3. 电弧是等离子体，质量极轻，极易改变形状

电弧区内气体的自然对流甚至电弧本身产生的磁场都会使电弧受力，改变形状。

(四) 电弧的去游离

由电弧的产生过程可以看出，在电弧产生游离的同时存在着一部分质点减少的去游离过程，去游离的主要形式有复合和扩散两种。

1. 去游离的形式

1) 复合去游离

复合——异号带电粒子彼此靠近聚合在一起，互相中和，形成中性质点。

复合过程中，两个异号电荷的相对速度越小、所处距离越短，复合的可能性就越大。因电子质量轻，易于加速，其运动速度约为正离子的上千倍，所以电子和正离子直接复合的概率就很小。通常情况下，电子在碰撞时，先附着在中性质点上形成负离子，使其速度大大减慢，使得负离子和正离子的复合容易了很多。

应用此原理的熄弧措施有：吹弧，将电弧挤入绝缘窄缝，增加压力，加大密度等。

2) 扩散去游离

扩散——弧柱内带电粒子逸出弧柱，进入周围介质的现象。

弧隙内的扩散现象有以下几种形式：

(1) 温度扩散，由于电弧和周围介质间存在很大温差，使得电弧中的高温带电质点向温度低的周围介质中扩散，减少了电弧中的带电质点。

(2) 浓度扩散，这是因为电弧和周围介质存在浓度差，带电质点就从浓度高的地方向浓度低的地方扩散，使电弧中的带电质点减少。

(3) 利用吹弧扩散，在断路器中采用高速气体吹弧，带走电弧中的大量带电质点，以加强扩散作用。

应用此原理的熄弧措施有：吹弧，弧柱内外温差大形成热传递等。

综上所述，游离和去游离是电弧燃烧过程中的两个相反的过程。游离过程使得弧柱内的带电离子数目增加，有助于电弧的燃烧；去游离过程使得弧柱内的带电离子数目减小，有利于电弧的熄灭。当这两个过程达到动态平衡时，电弧稳定燃烧。若游离作用大于去游离作用，则使电弧更加剧烈地燃烧；若使去游离作用大于游离作用，则将使得电弧的燃烧减弱，最终熄灭电弧。

2. 影响去游离的因素

1) 电弧温度

电弧是由热游离维持的，降低电弧温度就可以减弱热游离，减少新的带电质点的产生。同时，也减小了带电质点的运动速度，加强了复合作用。通过快速拉长电弧，用气体或油吹动电弧，或使电弧与固体介质表面接触等，都可以降低电弧的温度。

2）介质的特性

电弧燃烧时所在介质的特性在很大程度上决定了电弧中去游离的强度，这些特性包括：导热系数、热容量、热游离温度、介电强度等。若这些参数值越大，则去游离过程就越强，电弧就越容易熄灭。

3）气体介质的压力

气体介质的压力对电弧去游离的影响很大。因为，气体的压力越大，电弧中质点的浓度就越大，质点间的距离就越小，复合作用越强，电弧就越容易熄灭。在高度的真空中，由于发生碰撞的概率减小，抑制了碰撞游离，而扩散作用却很强。因此，真空是很好的灭弧介质。

4）触头材料

触头材料也影响去游离的过程。当触头采用熔点高、导热能力强和热容量大的耐高温金属时，减少了热电子发射和电弧中的金属蒸汽，有利于电弧熄灭。

除了上述因素以外，去游离还受电场电压等因素的影响。

三、电弧熄灭的措施

（一）采用灭弧能力强的介质

灭弧介质的特性，如导热系数、电强度、热游离温度、热容量等，对电弧的游离程度具有很大影响，这些参数值越大，去游离作用就越强。优良的灭弧介质可以有效抑制碰撞游离、热游离的发生，并具有较强的去游离作用。电气设备中常见的灭弧介质有以下几种。

（1）固体介质：石英砂。

（2）液体介质：绝缘油（常选用25号变压器油）。

（3）气体介质：真空、压缩空气、六氟化硫（SF_6）等。

（二）利用气体吹弧

用新鲜而且低温的介质吹拂电弧时，可以将带电质点吹到弧隙以外，加强了扩散，由于电弧被拉长变细，使弧隙的电导下降。吹弧还使电弧的温度下降，热游离减弱，复合加快。按吹弧方向的不同，吹弧可分为横吹、纵吹两种（见图1－23）；按吹弧的工质的不同，吹弧可分为3种。

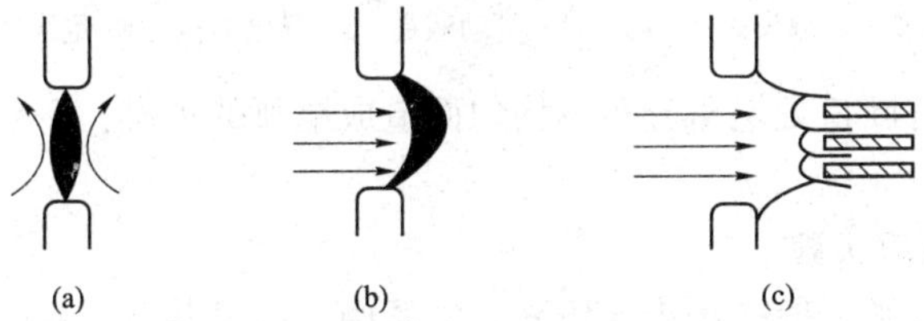

(a)　(b)　(c)

图1－23　吹弧示意图

（a）纵吹；（b）横吹；（c）带介质灭弧栅的横吹

1．用油气吹弧

用油气作吹弧介质的断路器称为油断路器。在这种断路器中，有专用材料制成的灭弧室，其中充满了绝缘油。当断路器触头分离产生电弧后，电弧的高温使一部分绝缘油迅速分解为氢气、乙炔、甲烷、乙烷、二氧化碳等气体，其中氢的灭弧能力是空气的7.5倍。这些油气体在灭弧室中积蓄能量，一旦打开吹口，即形成高压气流吹弧。

2. 用压缩空气或六氟化硫气体吹弧

其工作时，高速气流（压缩空气或六氟化硫气体）吹弧对弧柱产生强烈的散热和冷却作用，使弧柱热电离，并迅速减弱以至消失。电弧熄灭后，电弧间隙即由新鲜的压缩空气补充，介电强度迅速恢复。

3. 产气管吹弧

产气管由纤维、塑料等有机固体材料制成，电弧燃烧时与管的内壁紧密接触，在高温作用下，一部分管壁材料迅速分解为氢气、二氧化碳等，这些气体在管内受热膨胀，增高压力，向管的端部形成吹弧。

（三）提高分断速度

开关分闸时利用压缩弹簧等装置迅速拉长电弧，有利于迅速减小弧柱中的电位梯度，增加电弧与周围介质的接触面积，加强冷却和扩散的作用。因此，现代高压开关中都采取了迅速拉长电弧的措施灭弧，如采用强力分闸弹簧，其分闸速度已可达 16 m/s 以上。

（四）采用多断口灭弧

在熄弧时，多断口把电弧分割成多个相串联的小电弧段。多断口使电弧的总长度加长，导致弧隙的电阻增加。采用多断口时，加在每一断口上的电压成倍减少，降低了弧隙的恢复电压，有利于熄灭电弧。如图 1－24 所示。

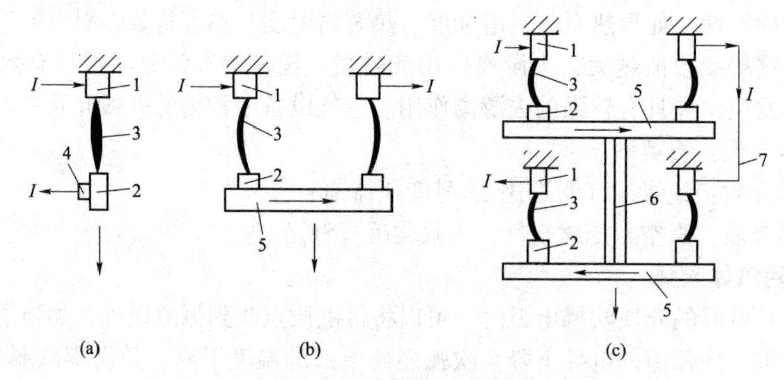

图 1－24 一相有多个断口的触头示意图

（a）单断口；（b）双断口；（c）四断口

1—静触头；2—动触头；3—电弧；4—可动触头；5—导电横担；6—绝缘杆；7—连线

通常，为了防止各断口处电压分布不均匀而造成电弧的重燃，一般在各断口处加装均压电容或均压电阻。

（五）利用短弧原理灭弧

利用金属灭弧栅灭弧一般多用于低压开关电器中，灭弧装置是一个金属栅灭弧罩，利用将电弧分为多个串联的短弧的方法来灭弧。由于受到电磁力的作用，电弧从金属栅片的缺口处被引入金属栅片内，一束长弧就被多个金属片分割成多个串联的短弧。如果所有串联短弧阴极区的起始介质强度或阴极区的电压降的总和永远大于触头间的外施电压，电弧就不再重燃而熄灭。采用缺口铁质栅片，是为了减少电弧进入栅片的阻力，缩短燃弧时间。

（六）采用耐高温的特殊金属材料作触头

为有效降低灭弧过程中金属蒸汽量和增加开关触头的使用寿命，通常采用金属钨或其合金作为引弧触头。

四、电弧的特性及其分析

（一）直流电弧

定义：在直流电路中产生的电弧叫直流电弧。

为了研究直流电弧，此处引入一个具有电弧的 R－L 电路（见图 1－25），通过确定稳定燃烧点的方法，从而对直流电弧的电压－电流特性曲线进行分析。

电路的电压平衡方程式：

$$E = L\frac{\mathrm{d}I_\mathrm{h}}{\mathrm{d}t} + RI_\mathrm{h} + U_\mathrm{h}$$

直流电弧静态伏安特性曲线如图 1－26 所示，分析如下：

（1）$L\frac{\mathrm{d}I_\mathrm{h}}{\mathrm{d}t} = 0$ 时，即图中 1、2 点处，电路参数使电弧稳定燃烧。

（2）$L\frac{\mathrm{d}I_\mathrm{h}}{\mathrm{d}t} > 0$ 时，电路参数使电弧电流有增加的趋势。

（3）$L\frac{\mathrm{d}I_\mathrm{h}}{\mathrm{d}t} < 0$ 时，电路参数使电弧电流有减小的趋势。

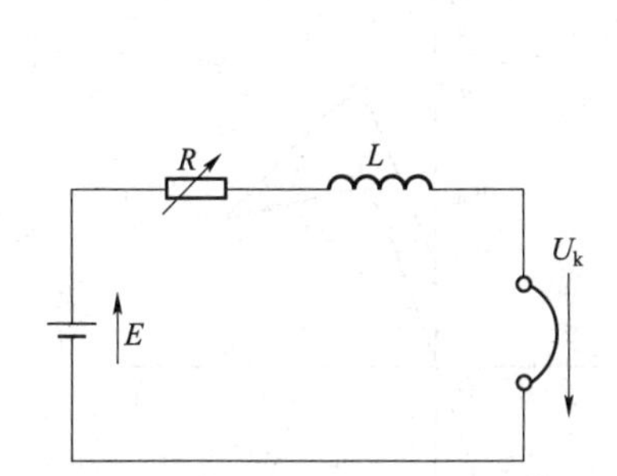

图 1－25 直流电弧 R－L 分析电路

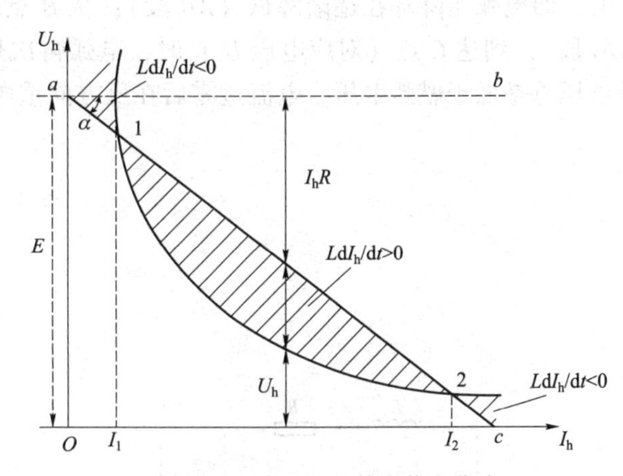

图 1－26 直流电弧静态伏安曲线

由此可知，电弧电流大小在［0，I_1）区间上时，电路参数的影响会使电弧逐渐减小直至熄灭，故增大区间［0，I_1）就可以熄灭电弧。增大该区间可以从如下几方面入手：

（1）增大电阻 R 值或降低电源电压。

（2）采用人工过零技术。

（3）提高电弧静态伏安特性，其方法有两种。

① 即增大电弧长度（方法为机械方法、磁场作用），如图 1－27 所示。

② 增大弧柱电场强度（方法为提高气体介质压力、增大电弧与流体介质间相对运动速度、依靠绝缘材料），如图 1－28 所示。

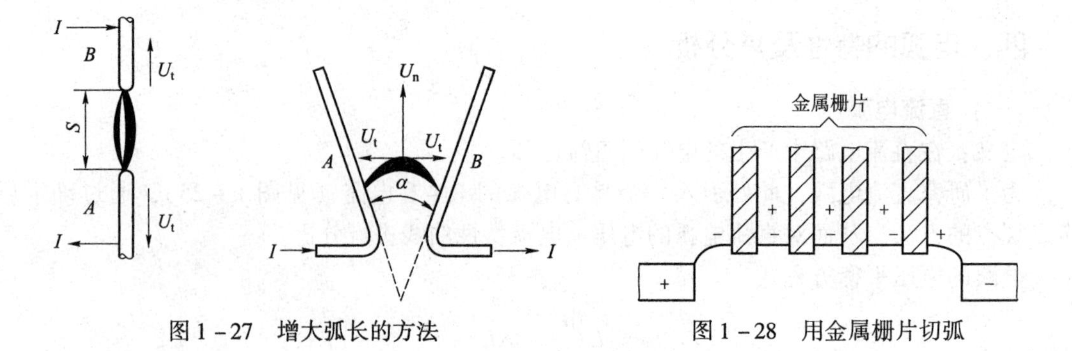

图 1－27　增大弧长的方法　　　　图 1－28　用金属栅片切弧

（二）交流电弧

交流电路中产生的电弧称为交流电弧。

为了研究交流电弧，绘制交流电路分析电路如图 1－29 所示。假设交流电路处于稳定状态，且电弧长度不变，则交流电弧的伏安特性如图 1－30 所示。由图 1－30 可知，电流由负值过零瞬间，电弧暂时熄灭，但触头两端仍有电源电压。在电流上升阶段，当电压升至 A 点时，电弧重燃，对应于 A 点的电压 U_d 称为燃弧电压。由于电弧热游离很强，尽管电流继续上升，而电弧压降却在逐渐降低（AB 段）；从 B 点以后电流逐渐减小，电弧压降相应回升（BC 段），到达 C 点（对应电压 U_r）时，电弧再次熄灭，U_r 称为熄弧电压。由此可见，熄弧电压总是低于燃弧电压。电流过零后在反方向重燃，其伏安特性与正半周相同。

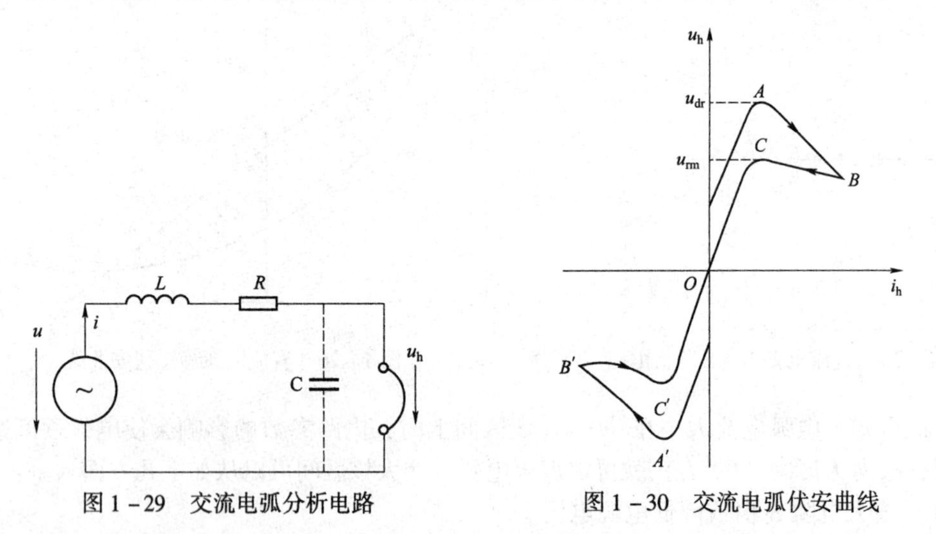

图 1－29　交流电弧分析电路　　　　图 1－30　交流电弧伏安曲线

交流电流特点为每个周期有两次通过零点。众所周知，交流电流一直处于动态过程，所以必然存在电流过零自行熄灭的瞬间。但因弧柱热惯性作用，导致电流过零后又会重新燃弧，所以，交流电弧熄灭条件的正确表达应为：在交流电流过零后，弧隙中的实际介质恢复强度特性总是高于加到弧隙上的实际恢复电压特性，即交流电弧熄弧的关键是防止电流过零后的重燃。

五、电弧光保护装置简介

电弧产生时，电弧故障的危害程度取决于电弧电流，如图 1－31 所示。

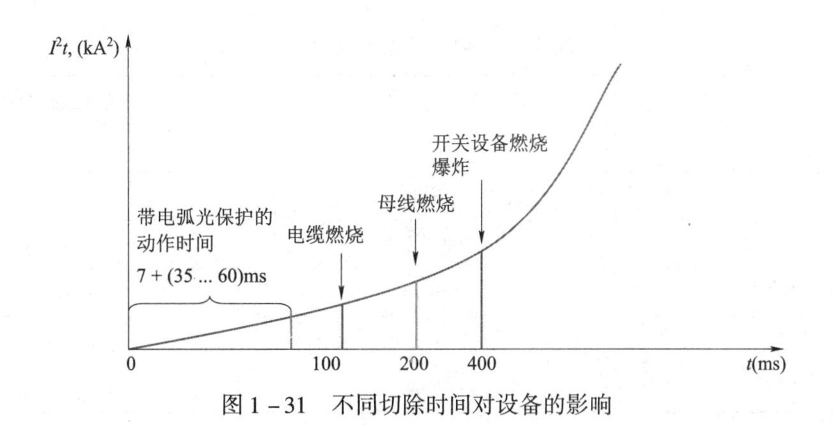

图 1－31　不同切除时间对设备的影响

由图可知，电弧产生的能量与 I^2t 成指数规律快速上升。只有总切除时间小于 85 ms，才能使设备不遭受损害，总切除时间大于 100 ms，将会对设备造成不同程度的损害。

另一方面，单纯从增加开关柜的耐受电弧能力来考虑，其耐受时间和增加的成本费用有如表 1－6 所示的关系。

表 1－6　耐受时间和增加的成本费用的关系

开关柜提供的燃弧耐受时间	开关柜增加的成本费用
200 ms	10%
1 s	100%

综上所述，从时间方面入手才是熄灭电弧最有效的手段。

本书此以 RHDHG 型弧光保护装置为例，对电弧光保护装置原理、构成及配置示例介绍如下。

（一）RHDHG 型电弧光保护装置原理

电弧光保护动作判据为故障产生时的两个条件：弧光及电流增量。当同时检测到弧光和电流增量时发出跳闸命令，如图 1－32 所示。

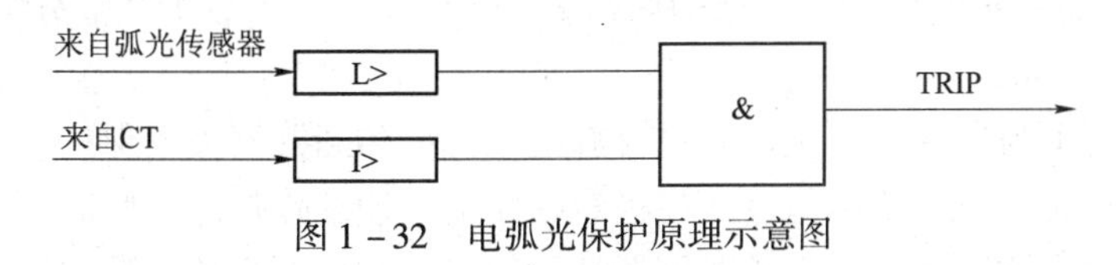

图 1－32　电弧光保护原理示意图

电弧光保护由两部分组成：电弧光控制部分和弧光传感器。弧光传感器可放置在开关设备的任何位置（一般安装在母线室内，以检测母线故障），根据弧光传感器的实际物理位置可实现保护分区的功能，并在电弧光控制单元上显示故障发生的位置，此功能可减少断电的处理时间，使快速恢复供电成为可能。

电弧光保护提供了 7 ms 的跳闸输出，所以总切除时间为 80～100 ms，且在开关设备外观上无明显损坏。表 1－7 为电弧光保护与过流保护的时间对照表。

表1-7　保护动作时间对照表

	RHDHG型	一般过流保护
测量	1 ms	20 ms
计算	不需要	2 ms
自我检测	随时	2 ms
输出接点	4～6 ms	6～10 ms
其他	不需要	10 ms
总和	5～7 ms	40～44 ms

RHDHG系列电弧光保护系统通过检测开关柜内部发生故障时产生弧光这一特点，结合过流闭锁这一原理，动作快速可靠、系统配置简单且适应性强，是目前最理想的母线保护解决方案，其特点如下。

1. 原理简单

通过检测电弧光这一原理，结合过流闭锁，结构简单。

2. 动作迅速可靠

通过检测电弧光信号，整套母线的保护动作时间可达5～7 ms；采用检测弧光信号和过流闭锁的双判据原理，可实现保护的可靠动作；整套系统连续自检，充分保证整套系统工作的安全性和可靠性。

3. 故障点定位

控制部分可显示弧光发生点的位置，方便快速处理故障、恢复供电。

4. 断路器失灵保护

在主断路器拒动时发出跳闸指令跳上一级断路器，提高保护系统的安全性。

5. 配置灵活、适应性强

通过交换弧光和过流动作信息，可对各段母线提供有选择性的保护，可适用于各种运行方式且在各种运行方式下保护不需切换。

（二）RHDHG型电弧光保护装置的构成

RHDHG型电弧光母线保护系统结构如图1-33所示，它由以下几部分组成。

1. 主单元（VAMP221）

如图1-34所示为主单元，主单元包含有电流检测和断路器失灵保护。该系统只有同时检测到弧光和过流时才发出跳闸指令。在进线断路器未能动作切除故障时，它将启动断路器失灵保护逻辑，发出跳闸指令给上游断路器切除故障。此外，主单元根据辅助单元传送来的弧光传感器的动作信息和温度传感器测量的温度，提供弧光故障点的定位和温度报警信息。

主单元一般安装在发电厂6 kV（10 kV或35 kV）厂用电母线系统的电源进线柜中。当母线上超过二个电源进线时，另外的电源进线柜中应安装电流辅助单元。每个主单元最多可接入16个辅助单元，包括电流辅助单元和弧光传感器辅助单元。主单元与辅助单元间通过模块电缆连接。另外，主单元间通过二进制的I/O接口交换过流和弧光信息，并通过不同的跳闸继电器矩阵实现有选择性的切除母线故障。

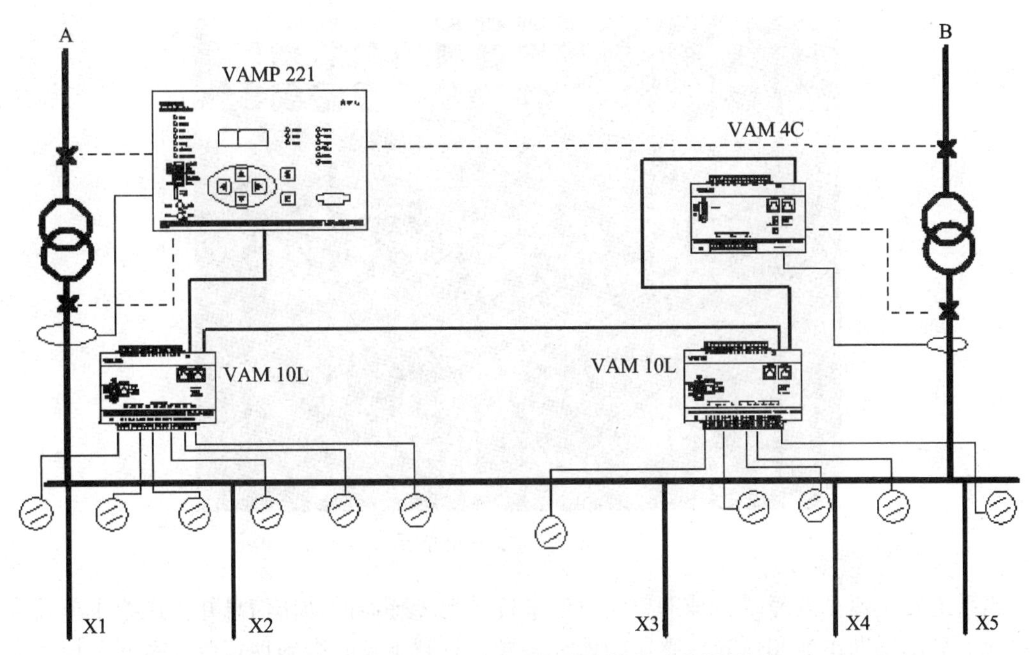

图 1-33 RHDHG 型电弧光母线保护系统结构图

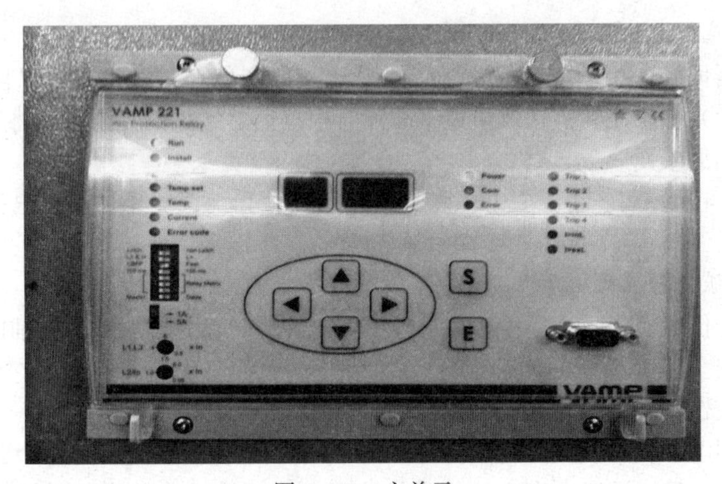

图 1-34 主单元

2. 电流辅助单元（VAM 4C）

如图 1-35 所示为电流辅助单元，电流辅助单元同样安装在进线柜上，有电流检测功能，能起到在主单元中检测短路电流的作用，当一个母线上有多个进线时，除一个进线用主单元外，其他进线用电流辅助单元。

3. 弧光传感器辅助单元（VAM 10 L）

辅助单元安装在选定的某一个开关柜中，选择的原则是保证该辅助单元与主单元和各个开关柜里装设的电弧光传感器的连线距离较短。每个辅助单元最多可以接入 10 个电弧光传感器和 1 个便携式弧光传感器（可选）。当一段母线上的开关柜超过 10 面时，需要增加一个辅助单元，依此类推。

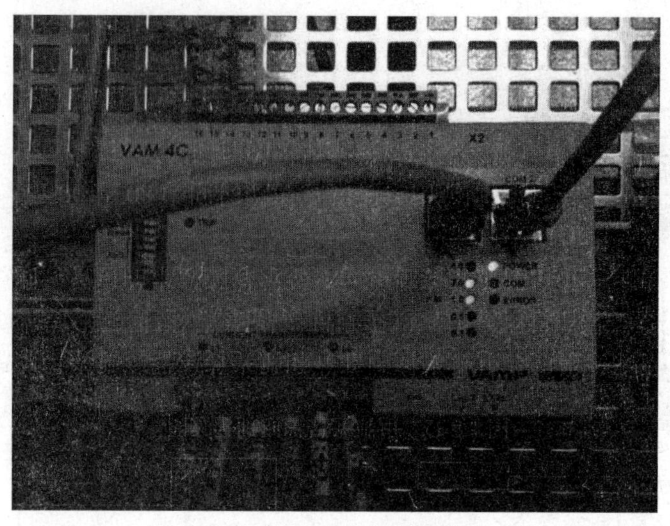

图1－35　电流辅助单元

当系统发生弧光故障时，辅助单元收集来自弧光传感器的动作信息并传送给主单元，在主单元上显示辅助单元和弧光传感器的地址编号，有利于及时准确地定位故障开关柜，为检修提供信息。

4. 弧光传感器（VA1DA）

弧光传感器可放置在开关设备的任何位置（一般安装在母线室内，以检测母线故障）。弧光传感器作为光感应元件，在发生弧光故障时检测突然增加的光强，并将光信号转换成电流信号传送给辅助单元。

【注意】 弧光传感器不能暴露在太阳光直射或其他任何强光下。不能把弧光传感器安装在光源下。

5. 便携式弧光传感器

功能与弧光传感器相同。是检修人员在不停电检修时将它临时连接到辅助单元上，以增强检修人员的安全性。

（三）电弧光保护装置配置示例

某火电厂用电系统10 kV开关柜装设VAMP221弧光保护装置，对每个开关柜进行弧光保护。每段10 kV母线设置一套电弧光保护装置。该系统是一种快速可靠的电弧光保护系统，主要由主单元、辅助单元和弧光传感器等单元组成。

主单元VAMP221安装在10 kV工作进线电源（BBA01）柜的低压室内。

电流辅助单元VAM4C安装在10 kV备用进线电源（BBA03 ）柜的低压室内。

两个弧光传感器辅助单元分别安装在10 kV备用进线电压互感器（BBA02）柜的低压室和10 kV备用开关（BBA03）柜的低压室。

24个电弧光传感器安装10 kV开关每个间隔开关柜母线室。

弧光保护装置的电源：10 kV工作进线电源（BBA01）柜的低压室内直流小空开SM40为弧光保护装置的电源。

弧光保护压板：10 kV工作进线电源（BBA01）柜的低压室和10 kV备用进线电源（BBA03）柜的低压室外分别有一个弧光保护压板。

弧光保护动作过程：当发生电弧光时，通过检测短路电流和来自弧光传感器的动作信息，并对收集的数据进行处理，判断，发出跳闸信号；通过弧光保护压板传送给进线开关的综保测控装置内，再进行判断，发出跳进线开关的指令。

思考题

1. 电弧形成的形式有哪些？
2. 简述复合去游离和扩散去游离的特点及区别。
3. 简述熄灭电弧的措施有哪些？
4. 简述直流电弧和交流电弧的特性及其熄弧的关键。

电力变压器在电力系统中承担着重要的作用，人们通常把它比喻为人体心脏部分，因此在本学习情境内容中重点介绍电力变压器。其中首先要掌握变压器的结构原理及分类，其次要知道电力变压在电力系统中的应用以及它的停送电操作过程，还要掌握运行中的变压器需要检查的项目，以及常见的故障及处理方式，最后还要了解变压器的电气实验以及合格要求。

单元一　电力变压的运行与监视

教学目标

* 掌握电力变压器的结构和工作原理。
* 掌握电力变压器日常监视项目。
* 了解电力变压日常的运行监视。

重点

* 电力变压器的结构和工作原理。
* 电力变压器日常监视项目。

难点

* 电力变压器的工作原理。
* 电力变压日常的运行监视。

一、电力变压器的结构、分类及工作原理

（一）电力变压器的基本结构

从结构上看，铁芯和绕组是电力变压器的两大主要部分。如图 2－1 所示为普通三相油浸式三相电力变压器的结构图。以下介绍变压器几个主要部分的结构。

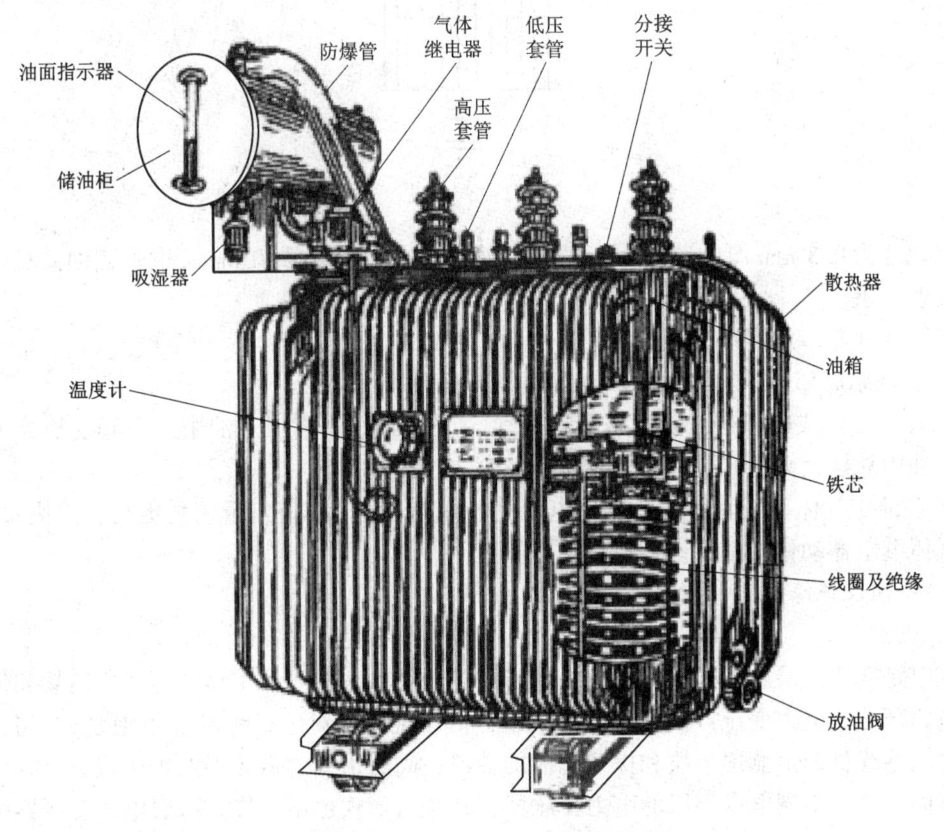

图 2－1　普通三相油浸式三相电力变压器结构示意图

1. 铁芯

如图 2－2 所示，铁芯是变压器的磁路，又是变压器的机械骨架，由铁芯柱和铁轭两部分组成。铁芯柱上套装绕组，铁轭使整个铁芯构成闭合回路。运行时变压器的铁芯必须可靠接地。

铁芯的绝缘与变压器其他绝缘一样，占有重要的地位。铁芯绝缘不良，将影响变压器的安全运行。铁芯的绝缘有两种，即铁芯片间的绝缘、铁芯片与结构件间的绝缘。

铁芯必须接地。铁芯是其金属结构件在线圈的电场作用下，具有不同的电位，与油箱电位又不同。虽然它们之间电位差不大，也将通过很小的绝缘距离而断续放电。放电一方面使油分解，另一方面无法确认变压器在试验和运行中的状态是否正常。因此，铁芯及其金属结构件必须经油箱面接地（对于铁芯柱和铁轭螺杆，则由于电容的耦合作用认为它们与铁芯电位一样，不需接地），且要确保电气接通。

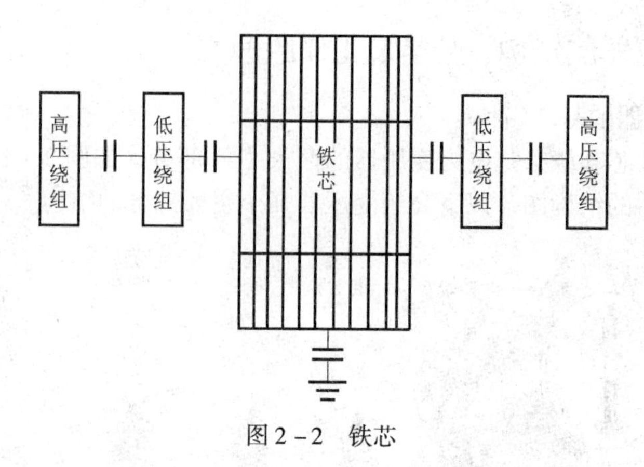

图2-2 铁芯

接地片为0.3 mm厚的紫铜片，宽度为20 mm、30 mm或40 mm，铜带表面要搪锡，以减少接触电阻。

变压器铁芯多点接地的故障特征：

（1）铁芯局部过热，使铁芯损耗增加，甚至烧坏。

（2）过热造成的温升，使变压器油分解，产生的气体溶解于油中，引起变压器油性能下降，油中总烃大大超标。

（3）油中气体不断增加并析出（电弧放电故障时，气体析出量较之更高、更快）。可能导致气体继电器动作发信号，甚至使变压器跳闸。

2. 绕组及绝缘

1）绕组

绕组是变压器最基本的组成部分，它与铁芯合称电力变压器本体，是建立磁场和传输电能的电路部分。电力变压器绕组由高压绕组，低压绕组，对地绝缘层（主绝缘），高、低压绕组之间绝缘件及由燕尾垫块和撑条构成的油道、高压引线、低压引线等构成。

不同容量、不同电压等级的电力变压器，其绕组形式也不一样。一般电力变压器中常采用同心式和交叠式两种结构形式。

同心式绕组是把高压绕组与低压绕组套在同一个铁芯上，一般是将低压绕组放在里边，高压绕组套在外边，以便绝缘处理。但大容量输出电流很大的电力变压器，低压绕组引出线的工艺复杂，往往把低压绕组放在高压绕组的外面。同心式绕组结构简单、绕制方便，故被广泛采用。按照绕制方法的不同，同心式绕组又可分为圆筒式、螺旋式、连续式、纠结式等几种。

交叠式绕组又叫交错式绕组，在同一铁芯上，高压绕组、低压绕组交替排列、间隙聚焦国、绝缘较复杂、包扎工作量较大。它的优点是力学性能较好，引出线的布置和焊接比较方便、漏电抗较小，一般用于电压为35 kV及以下的电炉变压器中。

变压器高低压绕组的排列方式，是由多种因素决定的。但就大多数变压器来讲，是把低压绕级布置在高压绕组的里边。这主要是从绝缘方面考虑的。理论上，不管高压绕组或低压绕组怎样布置，都能起变压作用。但因为变压器的铁芯是接地的，由于低压绕组靠近铁芯，从绝缘角度容易做到。如果将高压绕组靠近铁芯，则由于高压绕组电压很高，要达到绝缘要求，就需要很多的绝缘材料和较大的绝缘距离。这样不但增大了绕组的体积，而且浪费了绝缘材料。再者，由于变压器的电压调节是靠改变高压绕组的抽头，即改变其匝数来实现的，因此把高压绕组安置在低压绕组的外边，引线也较容易。

2）绝缘

变压器的绝缘部分分为外部绝缘和内部绝缘。外部绝缘是指油箱外部的绝缘，主要包括高、低压绕组引出的瓷绝缘套管和空气间隙绝缘；内部绝缘是油箱盖内部的绝缘，主要包括绕组绝缘和内部引线绝缘等。

3. 分接开关

分接开关如图2－3所示。

图2－3　分接开关

一般情况下，是在高压绕组上抽出适当的分接头，因为高压绕组常套在外面，引出分接头方便；另外高压侧电流小，引出的分接引线和分接开关的载流部分截面积小，开关接触部分也容易解决。

变压器无励磁分接开关的额定电压范围较窄，调节级数较少。额定调压范围以变压器额定电压的百分数表示为±5%或±2×2.5%。根据使用要求，在调压范围和级数不变的情况下，允许增加负分接级数，减少正分接级数。无励磁调压变压器在额定电压±5%范围内改变分接位置运行时，其额定容量不变。如为－7%和＋10%分接时，其容量按制造厂的规定；如无制造厂规定，则容量相应降低2.5%和5%。

变压器无励磁调压电路，由于绕组上引出分接头方式的不同，大致分为4种。

（1）中性点调压电路，一般适用于电压等级为35 kV及以下的多层圆筒式绕组。

（2）中性点“反接”调压电路，适用于电压等级为15 kV以下的连接式绕组。

（3）中部调压电路。

（4）中部并联调压电路，适用于电压等级为35 kV及以上的连续式或纠结式绕组。如：

① 中性点调压。

② 中性点反接调压。

③ 中部调压。

④ 中部并联调压。

有载分接开关是在带负载情况下，变换变压器的分接，以达到调节电压的目的。在变换过程中，必须要有阻抗来限制分接间的循环电流，根据阻抗的不同可分为电抗式和电阻式两种。

4．油枕

如图2－4所示为油枕，当变压器油的体积随着油的温度膨胀或减小时，油枕起着调节油量、保证变压器油箱内经常充满油的作用。如果没有油枕，油箱内的油面波动就会带来以下不利因素：

（1）油面降低时露出铁芯和线圈部分会影响散热和绝缘；

（2）随着油面波动，空气从箱盖缝里排出和吸进，而由于上层油温很高，使油很快地氧化和受潮，油枕的油面比油箱的油面要小，这样，可以减少油和空气的接触面，防止油被过速地氧化和受潮。

图2－4　油枕

（3）油枕的油在平时几乎不参加油箱内的循环，它的温度要比油箱内的上层油温低得多，油的氧化过程也慢得多。因此，有了油枕，可以防止油的过速氧化。

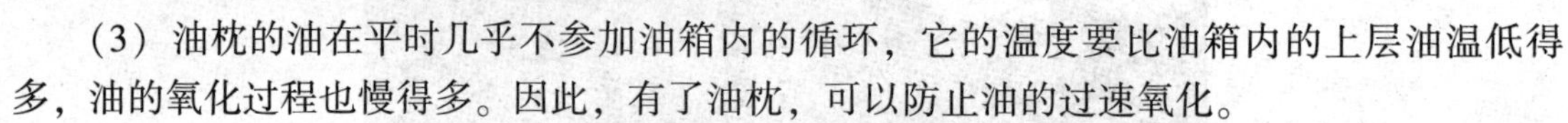

对于胶囊式油枕，为了使变压器油面与空气完全隔绝，其油位计间接显示油面。该油枕是通过在油枕下部的小胶囊，使之成为一个单独的油循环系统，当油枕的油面升高时，压迫小胶囊的油柱压力增大，小胶囊的体积被缩小了一些，于是在油位计反映出来的油位也高起来一些，且其高度与油枕中的油面成正比；相反，油枕中的油面降低时，压迫小胶囊的油柱压力也将减少，使小胶囊体积也相对地要增大一些，反映在油位计中的油面就要降低一些，且其高度与油枕中的油面成正比。换句话说，通过油枕油面的高、低变化，使小胶囊承受的压力大小发生变化，从而使油面间接地、成正比地反映油枕油面高低的变化。

对于隔膜式油枕，可安装磁力式油表，油表连杆机构的滚轮在薄膜上不受任何阻力，能自由、灵活地伸长与缩短。磁力表上部有接线盒，内部有开关，当油枕的油面出现最高或最低位置时，开关自动闭合，发出报警信号，如图2－5所示。

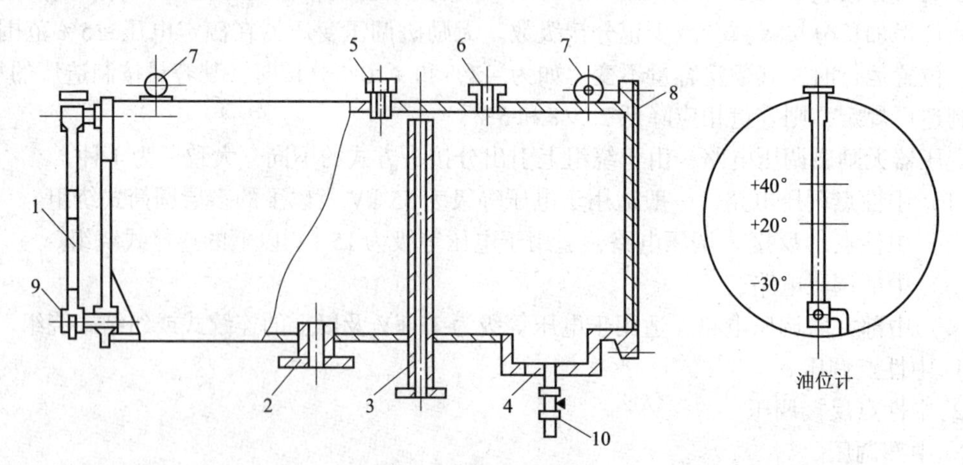

图2－5　隔膜式油枕

1—油位计；2—气体继电器连通导管的法兰；3—吸湿器连通管；4—集污盒；5—注油孔；6—与防爆管连通的法兰；7—吊环；8—端盖；9、10—阀门

5．气体继电器

气体继电器如图2－6所示。

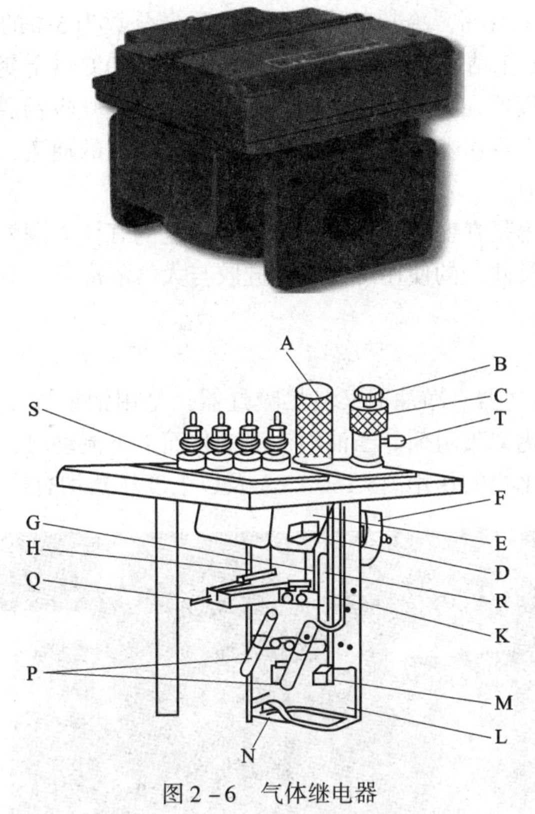

图2-6　气体继电器

A—罩；B—项针；C—气塞；D—磁铁；E—开口杯；F—重锤；G—探针；H—支架；K—弹簧；L—挡板；M—磁铁；N—螺杆；P—干簧接点（跳闸用）；Q—调节杆；R—干簧节点（信号用）；S—套管；T—嘴子

6. 吸湿器

如图2-7所示为吸湿器。吸湿器又名呼吸器，常用吸湿器为吊式吸湿器结构。吸湿器内装有吸附剂硅胶，油枕内的绝缘油通过吸湿器与大气连通，内部吸附剂吸收空气中的水分和杂质，以保持绝缘油的良好性能。为了显示硅胶受潮情况，一般采用变色硅胶。变色硅胶原理是利用二氯化钴（$CoCl_2$）所含结晶水数量不同而有几种不同颜色做成，二氯化钴含六个分子结晶水时，呈粉红色；含有两个分子结晶水时呈紫红色；不含结晶水时呈蓝色。变色硅胶的配制方法是把二氯化钴配成质量分数为5%的溶液，然后选用一定数量的硅胶在

图2-7　吸湿器

120℃～160℃烘箱干燥5～6 h，冷却后放入配好的质量分数为5%的二氧化钴溶液中，浸泡10～15 min，待吸饱二氯化钴后成粉红色，再经120℃～160℃烘干变成蓝色便可使用。安装在隔膜式储油柜上的呼吸器在罩内可不注油，以保证储油柜呼吸畅通。

呼吸器的作用是提供变压器在温度变化时内部气体出入的通道，解除正常运行中因温度变化产生的对油箱的压力。

呼吸器内硅胶的作用是在变压器温度下降时对吸进的气体去潮气。

油封杯的作用是延长硅胶的使用寿命，把硅胶与大气隔离开，只有进入变压器内的空气才通过硅胶。

7. 净油器

如图2－8所示为净油器。净油器又名热吸虹器，是用钢板焊接成圆筒形的小油罐，罐内也装有硅胶或活性氧化铝吸附剂。当油因油温变化而上下流动时，经过净油器达到吸取油中水分、渣滓、酸、氧化物的作用。3 150 kVA及以上变压器均有这种净化装置。

图2－8　净油器

净油器安装在变压器上部时净化效率高，装在下部时易于更换，安装位置视情况而定。

8. 防爆管

如图2－9所示为防爆管。防爆管又名安全气道，装在油箱的上盖上，由一个喇叭形管子与大气相通，管口用薄膜玻璃板或酚醛纸板封住。为防止正常情况下防爆管内油面升高使管内气压上升而造成防爆薄膜松动或破损及引起气体继电器误动作，在防爆管与储油柜之间连接一小管，以使两处压力相等。

图2－9　防爆管

防爆管的作用是，当变压器内部发生故障时，将油里分解出来的气体及时排出，以防止变压器内部压力骤然增高而引起油箱爆炸或变形。容量为800 kVA以上的油浸式变压器均装有防爆管，且其保护膜的爆破压力应低于50 662.5 Pa。

9．散热器

油浸式变压器冷却装置包括散热器和冷却器，不带强油循环的称为散热器，带强油循环的称为冷却器。散热器分为片式散热器和扁管散热器，如图2－10所示。

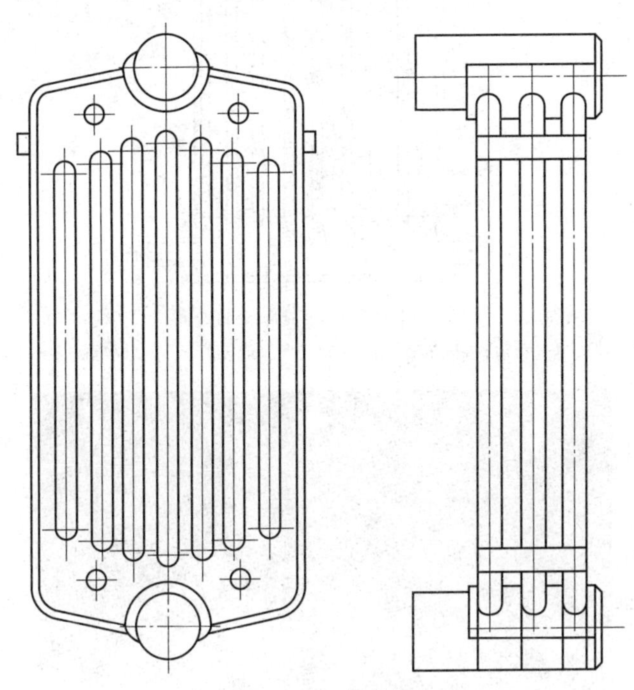

图2－10　散热器

片式散热器是用板料厚度为1 mm的波形冲片，靠上下集油盒或油管焊接组成。20 kVA以下的油浸式电力变压器，平顶油箱的散热面已足够；50～200 kVA的油浸式电力变压器可采用固定式散热器；200～6 300 kVA油浸式电力变压器，可采用可拆式片式散热器，散热器通过法兰盘固定在油箱壁上。

扁管散热器分为自冷式和风冷式两种，自冷式的只在集油盒单面焊接扁管，风冷式扁管散热器有88管、100管、120管三种。扁管焊接在集油盒两侧，为了加强冷却，每只散热器下安装两台电风扇，不吹风时，散热能力为额定散热量的60%左右。

10．冷却器

当变压器上层油温与下部油温产生温差时，通过冷却器形成油温对流，经冷却器冷却后流回油箱，起到降低变压器温度的作用。冷却器有强油风冷却器、新型大容量风冷却器、强油水冷却器，如图2－11所示为水冷却器。

11．高、低压套管

绝缘套管是油浸式电力变压器箱外的主要绝缘装置，变压器绕组的引出线必须穿过绝缘套管，使引出线之间及引出线与变压器外壳之间绝缘，同时起到固定引出线的作用，如图2－12所示为绝缘套管。

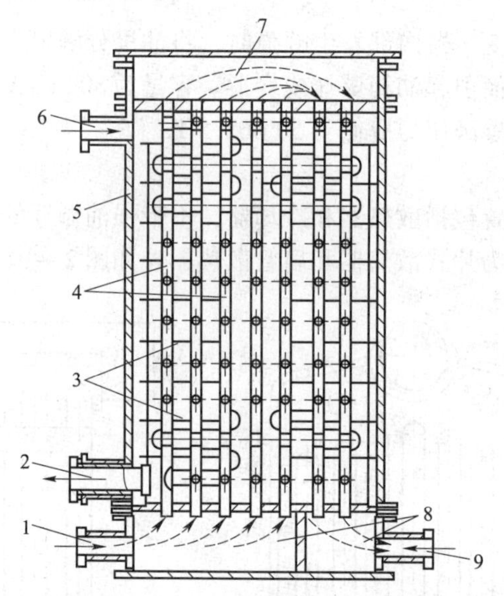

图 2－11　水冷却器的本体结构

1—进水口；2—出油口；3—隔板；4—水管；5—油室；6—进油口；7—上水室；8—下水室；9—出水口

图 2－12　绝缘套管

12. 信号温度计

大型变压器都装有测量上层油温的带电接点的测温装置，如图 2－13 所示为信号温度计，它装在变压器油箱外，便于运行人员监视变压器油温情况。

图 2－13　信号温度计

13. 油箱及其他附件

油箱是用钢板焊成的，油浸式电力变压器的器身（见图 2－14）就是装在充满变压器油的油箱内的。变压器油既是一种绝缘介质，又是一种冷却介质。为了使变压器油能较长久地保持良好的绝缘状态，一般在变压器的油箱上装有圆筒形的油枕，油枕通过连通管与油箱连通，油枕中的油面高度随着变压器油的热胀冷缩而变化。因此使变压器油与空气接触面积减少，从而减少油的氧化和水分的侵入。

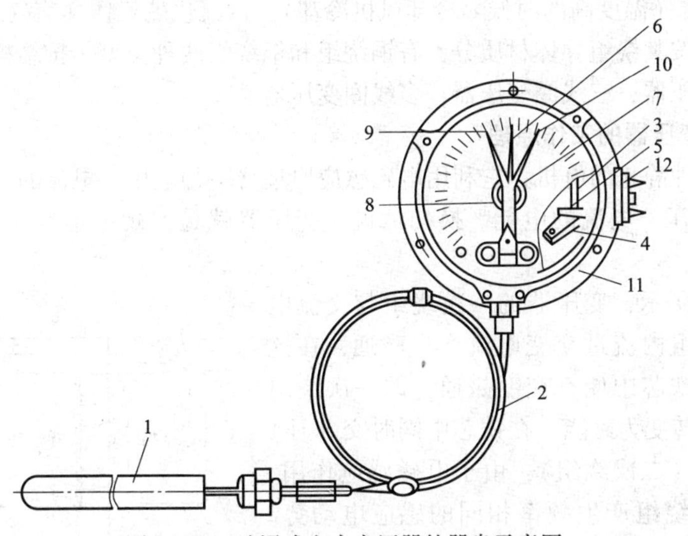

图 2－14　油浸式电力变压器的器身示意图

1—温包；2—毛细管；3—单圈管弹簧；4—拉杆；5—齿轮传动机构；6—示值指示针；7—转轴；8—标度盘；9—下限接点指示针；10—上限接点指标针；11—表壳；12—接线盒

（二）电力变压器的分类

电力变压器按功能分，有升压变压器和降压变压器两大类。工厂变电所都采用降压变压器。终端变电所的降压变压器，也称配电变压器，如图 2－15 所示。

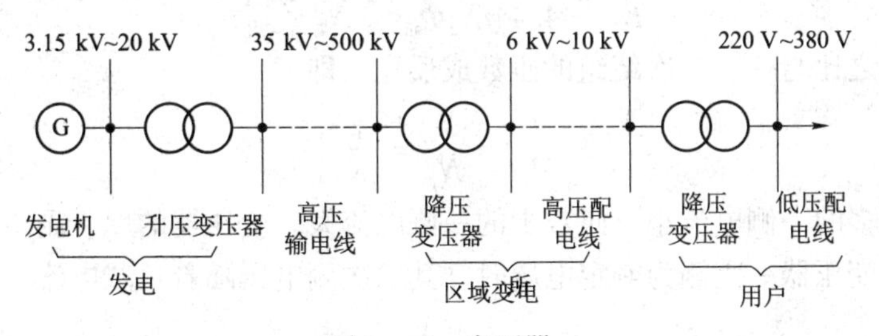

图 2－15　变压器

电力变压器按相数分有三相变压器和单相变压器以及多相变压器。在工厂变电所中，一般都用三相变压器。

电力变压器按结构型式分，有铁芯式变压器和铁壳式变压器。如果绕组包在铁芯外围，则为铁芯式变压器；如果铁芯包在绕组外围，则为铁壳式变压器。

电力变压器按调压方式分，有无载调压和有载调压变压器两大类。用户（变电所）大多采用无载调压变压器。

电力变压器按绕组形式分，有双绕组变压器、三绕组变压器和自耦变压器三大类。用户（变电所）大多采用双绕组变压器。

电力变压器按冷却介质分，有干式和油浸式变压器两类。而油浸式变压器又分为油浸自冷式、油浸风冷式和强迫油循环风冷（或水冷）式三种类型。一般工厂变电所多采用油浸自冷式或油浸风冷式变压器。

电力变压器按冷却方式可分为：油浸式变压器（有油浸自冷、油浸风冷及强油循环冷却），干式变压器（温度高的时候靠冷却风机冷却），六氟化硫气体（充气式）变压器。

电力变压器按其绕组导体材质分，有铜绕组和铝绕组两种类型。按结构又分为：双线圈变压器，自耦变压器，三线圈变压器，多线圈变压器。

（三）电力变压器的工作原理

变压器是一种静止的电机，它利用电磁感应原理将一种电压、电流的交流电能转换成同频率的另一种电压、电流的电能。换句话说，变压器就是实现电能在不同等级之间进行转换。

如图 2－16 所示，变压器的一次绕组与交流电源接通后，经绕组内流过交变电流产生磁通，在这个磁通作用下，铁芯中便有交变磁通，即一次绕组从电源吸取电能转变为磁能，在铁芯中同时交（环）链原、副边绕组（二次绕组），由于电磁感应作用，分别在原、二次绕组产生频率相同的感应电动势。如果此时二次绕组接通负载，在二次绕组感应电动势作用下，便有电流流过负载，铁芯中的磁能又转换为电能。这就是变压器利用电磁感应原理将电源的电能传递到负载中的工作原理。

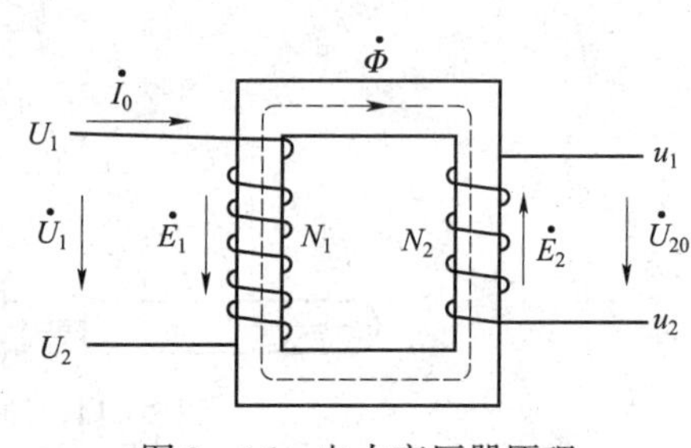

图 2－16　电力变压器原理

在主磁通的作用下，两侧的线圈分别产生感应电势，电势的大小与匝数成正比，K 为变压器变比。

$$\frac{E_1}{E_2}=\frac{4.44fN_1\Phi_m}{4.44fN_2\Phi_m}=\frac{N_1}{N_2}=K$$

变压器电流之比与一、二次绕组的匝数成反比，即

$$\frac{I_1}{I_2}=\frac{N_2}{N_1}=\frac{1}{K}$$

变压器匝数多的一侧电流小，匝数少的一侧电流大。变压器的原、副线圈匝数不同，起到了变压作用。变压器一次侧为额定电压时，其二次侧电压随着负载电流的大小和功率的高低而变化。

二、电力变压器监视要求

（一）运行温度和温升标准

1. 运行允许温度

变压器的运行允许温度是根据变压器所使用绝缘材料的耐热强度而规定的最高温度。普通油浸式电力变压器的绝缘属于 A 级。即经浸渍处理过的有机材料，如纸、木材和棉纱等，其运行允许温度为 105℃。

多年的变压器运行经验证明，变压器绕组温度连续运行在95℃下时，就可以保证变压器具有适当的合理寿命（约20年），因此，温度是影响变压器寿命的主要因素。变压器油温若超过85℃时，油的氧化速度加快，老化得越快。

试验表明，油温在85℃的基础上升高10℃，氧化速度会加快一倍。因此要严格控制变压器油箱内油的温度。

2. 运行允许温升

变压器的运行允许温度与周围空气最高温度之差为运行允许温升。空气最高气温规定为+40℃。同时还规定：最高日平均温度为+30℃，最高年平均温度为+20℃，最低气温为-30℃。

3. 温度与温升的关系

允许温度=允许温升+40℃（周围空气的最高温度）。

例题1：某台油浸自冷式变压器，当周围空气温度为+35℃时，其上层油温为+65℃。问该变压器是否允许正常运行？

解：变压器的上层油温为+65℃没有超过+95℃的最高允许值，变压器的上层油的温升为65℃-35℃=30℃也没有超过允许温升值55℃，所以该变压器是可以正常运行的。

例题2：例题1中的变压器，若周围空气温度为-20℃，上层油温为+45℃，问该变压器是否允许正常运行？

解　变压器的上层油温为+45℃，没有超过+95℃的最高允许值，变压器的上层油的温升为

$$45℃-(-20℃)=65℃$$

已超过了允许的温升值55℃，所以，该变压器是不允许正常运行的。

（二）变压器的过负荷能力

1. 变压器的额定容量

电力变压器的额定容量是指在规定环境温度条件下，户外安装时，在规定的使用年限（一般为20年）内所能连续输出的最大视在功率。

2. 变压器的正常过负荷能力

油浸式电力变压器在必要时可以过负荷运行而不致影响其使用寿命。

（三）变压器油的运行

1. 变压器油的作用

变压器油在变压器中起绝缘和冷却的作用。

2. 变压器油的试验

变压器油的绝缘性能是保证变压器安全运行的重要因素。

3. 变压器油的运行

在变压器运行过程中，变压器油有可能与空气接触而发生氧化，氧化后生成的各种氧化物为酸性物质。

三、电力变压器的监视项目

（一）变压器的日常巡检

（1）变压器的油温和温度计应正常，储油柜的油位应与温度相对应，各部位无渗油、漏油。

（2）套管油位应正常。套管外部无破损裂纹、无严重油污、无放电痕迹及其他异常现象。

（3）变压器声音正常。

（4）各冷却器手感温度应相近、风扇、油泵运转正常。油流继电器工作正常。

（5）吸湿器完好、吸附剂干燥。

（6）引线接头、电缆、母线应无发热迹象。

（7）压力释放阀或安全气道及防爆膜应完好无损。

（8）气体继电器内应无气体。

（9）控制箱和二次端子箱应关严，无受潮。

（二）干式变压器外部检查项目

（1）检查变压器的套管、绕组树脂绝缘外表层是否清洁、有无爬电痕迹和碳化现象。

（2）变压器高低压套管引线接地紧密无发热，并无裂纹及放电现象。

（3）检查紧固件、连接件、导电零件及其他零件有无生锈、腐蚀的痕迹及导电零件接触是否良好。

（4）检查电缆和母线有无异常。

（5）检查风冷系统的温度箱中电气设备运行是否正常及信号系统有无异常。

（6）在遮栏外细听变压器的声音，判断有无异常及运行是否正常。

（7）检查变压器底座、栏杆、变压器室电缆接地线等接地是否可靠。

（8）用温度检查仪检查接触器部位及外壳温度有无超标现象。

（三）表征局部放电参数之一视在电荷量的标定

视在电荷作为评定局部放电性能指标之一，可诊断其故障程度。

目前，许多产品的局部放电试验标准中，几乎都是以放电量的大小作为评定局部放电性能的标准，各类产品根据运行经验和制造的技术水平，都相应地规定了允许的放电量。

（四）局部放电在线监测系统

一般包括以下部分：监测放电脉冲电流信号和变压器的超声信号，采用一定的抗干扰技术监测电信号波形，采用 FFT 分析放电特征和干扰特征进行统计分析，利用人工神经网络进行故障识别，放电信号的阈值报警变压器放电点的定位。

（五）特高频监测（天线）

局部放电超高频检测方法通过测量变压器内部局部放电所产生的超高频（300 ~ 3 000 MHz）电信号，可以用电容传感器或超高频天线加以接收，实现局部放电的检测、定位，其抗干扰性能好。

三种典型装置：

（1）BGF－1 便携式局部放电监测器。

（2）BJ－1 型变压器局部放电监测仪。

（3）变压器内置天线式特高频局部放电监测装置。

（六）振动的监测

对于各种类型和规格的电机来说，它们稳定运行时，振动都有一种典型特性和一个允许限值，当电机内部出现故障、零部件产生缺陷、装配和安装情况发生变化时，其振动的振幅值、振动形式及频谱成分均会发生变化，而且不同的缺陷和故障，其引起的振动变化也不同。

（七）变压器油的气相色谱分析

变压器的主要绝缘材料是油和绝缘纸类。变压器油主要是由碳氢化合物组成。受热、放电等时会分解出气体溶解于油中，不同的故障释放出的气体种类不同、气体浓度不同。

（八）气相色谱分析

检测变压器油中溶解气体的方法一般为：变压器油经冷却装置取样后进入气体萃取与分离单元，按不同的方法分离为要求的气体成分后再进入气体检测单元，由不同的检测器变换为与气体含量成比例的电信号，经 A/D 转换后将信息存储在终端计算机的存储单元内，以备调用或上传。

（九）变压器油中含水量的监测

油或绝缘纸吸水之后绝缘强度下降，使放电的起始电压降低，更易于出现放电现象。

（十）变压器寿命的预测

电力设备的寿命通常主要是指绝缘寿命，而变压器寿命主要取决于绝缘纸板的寿命，目前的技术：通过测定纸板的平均聚合度来推测其剩余寿命。

（十一）变压器绕组的绝缘监视

（1）绝缘电阻的测量。

（2）变压器绕组绝缘的判断。

（3）绝缘电阻都有其最小允许值。

（十二）变压器的负载监测和油监测

（1）对变压器负载的监测。

（2）对变压器油的监测。

（十三）变压器的外部检查和变压器的特殊监测

（1）新设备或经过检修、改造的变压器在投运 75 h 内。

（2）有严重缺陷时。

（3）气象突变（如大风、大雾、大雪、冰雹、寒潮等）时。

（4）雷雨季节特别是雪雨后。

（5）高温季节、高峰负荷期间。

（6）变压器急救负载运行时。

（十四）变压器的并联运行

将两台或两台以上变压器的一次绕组接到公共电源上，二次绕组也都并接后向负载供电，这种运行方式叫作变压器的并联运行。两台或多台变压器并联运行时，必须同时满足以下三个基本条件：

（1）所有并联变压器的额定一次电压和二次电压都必须分别相等。

（2）所有并联变压器的阻抗电压必须相等。

(3) 所有并联变压器的连接组别必须相同。

也就是说，所有并联变压器的一次电压和二次电压的相序和相位都应分别对应相同；并联运行的变压器容量应尽量相同或相近，其最大容量和最小容量之比，一般不宜超过3∶1。

思考题

1. 电力电压的基本结构有哪些?
2. 请简述电力变压工作原理。
3. 按电力变压的用途可以把电力变压器分为哪些类型?
4. 电压器油枕在电力变压器中起到什么作用?

单元二　电力变压器的停送电

教学目标

* 掌握电力变压器的停电操作。
* 掌握电力变压器的送电操作。

重点

* 电力变压器的停送电操作。

难点

* 电力变压器的停送电步骤。

一、电力变压器启用前的准备工作

变压器安装结束，各项交接试验和技术特性测试合格后，便进入启动试运行阶段。这个阶段是指变压器开始带电，可能的最大负荷连续运行 24 h 所经历的过程。变压器投入运行前，应进行严格而全面的检查，检查项目如下：

(1) 本体（器身）、冷却装置及所有附件应无缺陷，且不渗油。

(2) 轮子的制动装置应牢固。

(3) 油漆应完整，相色标志正确。

(4) 变压器顶盖上应无遗留杂物。

(5) 事故排油设施应完好，消防设施应齐全。

(6) 储油柜、冷却装置、净油器等油系统的油门均应打开，且指示正确，无渗油。

(7) 接地引下线及其与主接地网的连接应满足设计要求，接地应可靠。铁芯和夹件的接线引出套管、套管的接地小套管及电压抽取装置不用时其抽出端子均应接地；备用电流互感器二次端子应短接接地；套管顶部结构的接触及密封应良好。

(8) 储油柜和充油套管的油位应正常，套管清洁完好。

(9) 分接头的位置应符合运行要求；有载调压切换装置的远动操作应动作可靠，指示位置正确。

(10) 变压器的相位及绕组的连接组别应符合并联运行要求。

(11) 测温装置指示应正确，整定值应符合要求。

(12) 冷却装置试运行应正常，联动正确，水冷装置的油压应大于水压；强迫油循环的变压器，应启动全部冷却装置，进行循环 4 h 以上，放完残留的空气。

二、电力变压器断合闸要求

(1) 进行倒闸操作时必须二人同行，一人监护、一人操作。

(2) 倒闸操作中必须严格按操作票制度执行。

(3) 停电操作从低压到高压依次进行，送电操作从高压到低压依次进行。

(4) 断开的时候，先断变压器两侧的断路器，再断两侧隔离开关（先断电源侧，再断负荷侧）。合断路器时，先合变压器两侧隔离开关，再合变压器两侧断路器（电源侧先，负荷侧在后）。

三、电力变压器停、送电操作的要求及原则

(一) 电变压器送电要求及原则

(1) 将变压器低压侧联络柜万能断路器合上，并进行确认。

(2) 检查欲停变压器高压柜的合闸信号指示灯点亮、电流表的显示正常，并正确判断其状态。

(3) 确认低压侧合环后，必须先断开待检修变压器低压侧万能断路器，再断开变压器高压侧真空断路器；此时断路器分闸指示灯应点亮，检查并确认真空断路器确实在断开位置。

(4) 停负荷侧（下）高压隔离开关，停母线侧（上）高压隔离开关，然后装设短路接地线，挂上警示牌。

(二) 变压器停电要求及原则操作

(1) 检查变压器高压柜的分闸信号指示灯点亮、电流表的显示正常，并正确判断其状态。

(2) 拆除短路接地线，通过检查真空断路器机构、弹簧操作机构，确认真空断路器在分断位置；先合变压器母线侧（上）高压隔离开关，再合负荷侧（下）高压隔离开关，检查隔离开关是否闭合到位。

(3) 按动高压开关柜合闸按钮，向电力变压器充电，此时断路器合闸指示灯点亮、电流表应有电流显示，检查并确认断路器应在合闸位置。

(4) 闭合变压器低压侧万能断路器向低压用电负荷送电后，检查并确认其处于分闸状态。

（5）分断低压联络柜万能断路器，使两台变压器单独供电运行，检查并确认其状态。

四、电力变压器停送电及注意事项

（一）变压器停电操作程序及注意事项

（1）下发停电时间通知。

（2）将负荷逐个退出运行。

（3）分断低压房停电所属各回路断路器。

（4）分断低压房停电所属变压器进线柜总断路器。

（5）分断高压房停电变压器所属断路器。

（6）拉出停电所属手车至试验位置。

（7）合接地开关（或挂短接接地）。

（8）用确认完好的试电笔试验确定已断电。

（9）挂停电警示牌。

（二）变压器送电操作程序及注意事项

（1）检查所停电设备全部正常完好且符合安全送电程序。

（2）推进手车至试验位置。

（3）关好电柜柜门。

（4）分开接地开关。

（5）推进手车至工作位置。

（6）合高压房所属停电变压器断路器。

（7）合低压房所属停电变压器进线柜总断路器。

（8）合断低压房各回路断路器。

（9）挂送电指示牌。

以上停送电人员必须穿绝缘鞋，戴绝缘手套，两人配合进行，一人操作，一人监护，严禁两人同时操作。

思考题

1. 对电力变压器进行停送电操作的时候要注意哪些项？

2. 电力变压停送电误操作会带来什么危害？

3. 简述电力变压停电操作程序。

单元三　电力变压器运行中的故障分析与处理

教学目标

* 掌握常见的电力变压器故障原因及其分析。
* 了解电力变压器发生的故障及其处理。

重点

* 常见的电力变压器故障原因及其分析。
* 电力变压器发生的故障及其处理。

难点

* 电力变压器的故障原因分析。
* 电力变压器的故障处理。

一、电力变压器异常运行情况

（一）运行中的不正常现象的处理

（1）值班人员在变压器运行中发现不正常现象时，应设法尽快消除，并报告上级和做好记录。

（2）变压器有下列情况之一者应立即停运，若有运用中的备用变压器，应尽可能先将其投入运行：

① 变压器声响明显增大，很不正常，内部有爆裂声。

② 严重漏油或喷油，使油面下降到油位计的指示限度之下。

③ 套管有严重的破损和放电现象。

④ 变压器冒烟着火。

（3）当发生危及变压器安全的故障，而变压器的有关保护装置拒动，值班人员应立即将变压器停运。

（4）当变压器附近的设备着火、爆炸或发生其他情况，对变压器构成严重威胁时，值班人员应立即将变压器停运。

（5）变压器油温升高超过规定值时，值班人员应按以下步骤检查处理：

① 检查变压器的负载和冷却介质的温度，并与在同一负载和冷却介质温度下正常的温度核对。

② 核对温度装置。

③ 检查变压器冷却装置或变压器室的通风情况。

若温度升高是由冷却系统的故障造成的，且在运行中无法检修者，应将变压器停运检修；若不能立即停运检修，则值班人员应按现场规程的规定调整变压器的负载至允许运行温度下的相应容量。在正常负载和冷却条件下，变压器温度不正常并不断上升，且经检查证明温度指示正确，则认为变压器已发生内部故障，应立即将变压器停运。

变压器在各种超额定电流方式下运行，若顶层油温超过105℃，应立即降低负载。

（6）变压器中的油因低温凝滞时，应不投冷却器空载运行，同时监视顶层油温，逐步增加负载，直至投入相应数量冷却器，转入正常运行。

（7）当发现变压器的油面较当时油温所应有的油位显著降低时，应查明原因。补油时应遵守规程规定，禁止从变压器下部补油。

（8）变压器油位因温度上升有可能高出油位指示极限，经查明不是假油位所致时，则应放油，使油位降至与当时油温相对应的高度，以免溢油。

（9）铁芯多点接地而接地电流较大时，应安排检修处理。在缺陷消除前，可采取措施将电流限制在100 mA左右，并加强监视。

（10）系统发生单相接地时，应监视消弧线圈和接有消弧线圈的变压器的运行情况。

（二）瓦斯保护装置动作的处理

瓦斯保护信号动作时，应立即对变压器进行检查，查明动作的原因，是否因积聚空气、油位降低、二次回路故障或是变压器内部故障造成的。瓦斯保护动作跳闸时，在原因消除前不得将变压器投入运行。为查明原因应考虑以下因素，做出综合判断：

（1）是否呼吸不畅或排气未尽。

（2）保护及直流等二次回路是否正常。

（3）变压器外观有无明显反映故障性质的异常现象。

（4）气体继电器中积聚气体量，是否可燃。

（5）气体继电器中的气体和油中溶解气体的色谱分析结果。

（6）必要的电气试验结果。

（7）变压器其他继电保护装置动作情况。

（三）变压器跳闸和灭火

（1）变压器跳闸后，应立即查明原因。如综合判断证明变压器跳闸不是由于内部故障所引起，可重新投入运行。若变压器有内部故障的征象时，应做进一步检查。

（2）变压器跳闸后，应立即停油泵。

（3）变压器着火时，应立即断开电源，停运冷却器，并迅速采取灭火措施，防止火势蔓延。

二、电压器的故障原因分析

（一）声音异常

正常运行时，由于交流电通过变压器绕组，在铁芯里产生周期性的交变磁通，引起硅钢片的磁质伸缩，铁芯的接缝与叠层之间的磁力作用以及绕组的导线之间的电磁力作用引起振动，发出的“嗡嗡”响声是连续的、均匀的，这都属于正常现象。如果变压器出现故障或运行不正常，声音就会异常，其主要原因有：

（1）变压器过载运行时，音调高、音量大，会发出沉重的“嗡嗡”声。

（2）大动力负荷启动时，如带有电弧、可控硅整流器等负荷时，负荷变化大，又因谐波作用，变压器内瞬间发出“哇哇”声或“咯咯”间歇声，监视测量仪表时指针发生摆动。

（3）电网发生过电压时，例如中性点不接地电网有单相接地或电磁共振时，变压器声音比平常尖锐，出现这种情况时，可结合电压表计的指示进行综合判断。

（4）个别零件松动时，声音比正常增大且有明显杂音，但电流、电压无明显异常，则可能是内部夹件或压紧铁芯的螺钉松动，使硅钢片振动增大所造成。

（5）变压器高压套管脏污，表面釉质脱落或有裂纹存在时，可听到“嘶嘶”声，若在夜间或阴雨天气时看到变压器高压套管附近有蓝色的电晕或火花，则说明瓷件污秽严重或设备线卡接触不良。

（6）变压器内部放电或接触不良，会发出“吱吱”或“噼啪”声，且此声音随故障部位远近而变化。

（7）变压器的某些部件因铁芯振动而造成机械接触时，会产生连续的、有规律的撞击或摩擦声。

（8）变压器有水沸腾声的同时，温度急剧变化，油位升高，则应判断为变压器绕组发生短路故障或分接开关因接触不良引起严重过热，这时应立即停用变压器进行检查。

（9）变压器铁芯接地断线时，会产生劈裂声，变压器绕组短路或它们对外壳放电时有噼啪的爆裂声，严重时会有巨大的轰鸣声，随后可能起火。

（二）外表、颜色、气味异常

变压器内部故障及各部件过热将引起一系列的气味、颜色变化。

（1）防爆管防爆膜破裂，会引起水和潮气进入变压器内，导致绝缘油乳化及变压器的绝缘强度降低，其可能为内部故障或呼吸器不畅。

（2）呼吸器硅胶变色，可能是吸潮过度，垫圈损坏，进入油室的水分太多等原因引起。

（3）瓷套管接线紧固部分松动，表面接触过热氧化，会引起变色和异常气味（颜色变暗、失去光泽、表面镀层遭破坏）。

（4）瓷套管污损产生电晕、闪络，会发出奇臭味，冷却风扇、油泵烧毁会发生烧焦气味。

（5）变压器漏磁，断磁能力不好及磁场分布不均，会引起涡流，使油箱局部过热，并引起油漆变化或掉漆。

（三）油温油色异常

变压器的很多故障都伴有急剧的温升及油色剧变，若发现在同样正常的条件下（负荷、环温、冷却），温度比平常高出10℃以上或负载不变温度不断上升（表计无异常），则认为变压器内部出现异常现象，其原因有：

（1）由于涡流或夹紧铁芯的螺栓绝缘损坏会使变压器油温升高。

（2）绕组局部层间或匝间短路，内部接点有故障，二次线路上有大电阻短路等，均会使变压器温度不正常。

（3）过负荷，环境温度过高，冷却风扇和输油泵故障，风扇电机损坏，散热器管道积垢或冷却效果不良，散热器阀门未打开，渗漏油引起油量不足等原因都会造成变压器温度不正常。

（4）油色显著变化时，应对其进行跟踪化验，发现油内含有碳粒和水分，油的酸价增高，闪点降低，随之油绝缘强度降低，易引起绕组与外壳的击穿，此时应及时停用处理。

（四）油位异常

（1）假油位：① 油标管堵塞；② 油枕呼吸器堵塞；③ 防爆管气孔堵塞。

（2）油面过低：① 变压器严重渗漏油；② 检修人员因工作需要，多次放油后未补充；③ 气温过低，且油量不足；④ 油枕容量不足，不能满足运行要求。

（五）渗漏油

变压器运行中渗漏油的现象比较普遍，主要原因有以下：

（1）油箱与零部件连接处的密封不良，焊件或铸件存在缺陷，运行中额外荷重或受到震动等。

（2）内部故障使油温升高，引起油的体积膨胀，发生漏油或喷油。

（六）油枕或防暴管喷油

（1）当二次系统突然短路，而保护拒动，或内部有短路故障而出气孔和防爆管堵塞等。

（2）内部的高温和高热会使变压器突然喷油，喷油后使油面降低，有可能引起瓦斯保护动作。

（七）分接开关故障

变压器油箱上有“吱吱”的放电声，电流表随响声发生摆动，瓦斯保护可能发出信号，油的绝缘能力降低，这些都可能是分接开关故障而出现的现象，分接开关故障的原因有以下几个：

（1）分接开关触头弹簧压力不足，触头滚轮压力不均，使有效接触面面积减少，以及因镀层的机械强度不够而严重磨损等会引起分接开关烧毁。

（2）分接开关接头接触不良，经受不起短路电流冲击发生故障。

（3）切换分接开关时，由于分头位置切换错误，引起开关烧坏。

（4）相间绝缘距离不够，或绝缘材料性能降低，在过电压作用下短路。

（八）绝缘套管的闪络和爆炸故障

套管密封不严，因进水使绝缘受潮而损坏；套管的电容芯子制造不良，内部游离放电；或套管积垢严重以及套管上有裂纹，均会造成套管闪络和爆炸事故。

（九）三相电压不平衡

（1）三相负载不平衡，引起中性点位移，使三相电压不平衡。

（2）系统发生铁磁谐振，使三相电压不平衡。

（3）绕组发生匝间或层间短路，造成三相电压不平衡。

（十）继电保护动作

继电保护动作，说明变压器有故障。瓦斯保护是变压器的主保护之一，它能保护变压器内部发生的绝大部分故障造成的损害，常常是先轻瓦斯动作发出信号，然后瓦斯动作跳闸。

轻瓦斯动作的原因：

（1）因滤油、加油，冷却系统不严密致使空气进入变压器。

（2）温度下降和漏油致使油位缓慢降低。

（3）变压器内部故障，产生少量气体。

（4）变压器内部故障短路。

（5）保护装置二次回路故障。

当外部检查未发现变压器有异常时，应查明瓦斯继电器中气体的性质：如积聚在瓦斯继电器内的气体不可燃，而且是无色无味的，而混合气体中主要是惰性气体，氧气含量大于6%，油的燃点不降低，则说明变压器内部有故障，应根据瓦斯继电器内积聚的气体性质来鉴定变压器内部故障的性质，如气体的颜色为黄色不易燃的，且一氧化碳含量大于1%～2%，为木质绝缘损坏；灰色的黑色易燃的且氢气含量在3%以下，有焦油味，燃点降低，则说明油因过滤而分解或油内曾发生过闪络故障；浅灰色带强烈臭味且可燃的，是纸或纸板绝缘损坏。

通过对变压器运行中的各种异常及故障现象的分析，能对变压器的不正常运行的处理方法得以了解、掌握。

三、电力变压器的故障处理

油浸式电力变压器的故障分为内部故障和外部故障。内部故障：变压器油箱内发生的各种故障，其主要类型有：各相绕组之间发生的相间短路、绕组的线匝之间发生的匝间短路、绕组或引出线通过外壳发生的接地故障等。外部故障：变压器油箱外部绝缘套管及其引出线上发生的各种故障，其主要类型有：绝缘套管闪络或破碎而发生的解体短路，引出线之间发生相间故障等而引起变压器内部故障或绕组变形。

变压器内部故障从性质上一般又分为热故障和电故障两大类。热故障通常为变压器内部局部过热、温度升高。根据其严重程度，热故障常被分为轻度过热（低于150℃）、低温过热（150℃～300℃）、中温过热（300℃～700℃）、高温过热（一般高于700℃）四种故障情况。电故障通常指变压器内部在高电场的作用下，造成绝缘性能下降或劣化的故障。根据放电的能量密度不同，电故障又分为局部放电、火花放电和高能电弧放电三种故障类型。

（一）短路故障

主要指变压器出口短路，以及内部引线或绕组间对地短路及相与相之间发生的短路而导致的故障。

1. 短路电流引起绝缘过热故障

变压器突发短路时，其高、低压绕组可能同时通过为额定值数十倍的短路电流，它将产生很大的热量，使变压器严重发热。当变压器承受短路电流的能力不够，热稳定性差，会使变压器绝缘材料严重受损，而形成变压器击穿及损毁事故。

2. 短路电动力引起绕组变形故障

变压器受短路冲击时，如果短路电流小，继电保护正确动作，绕组变形是轻微的；如果短路电流大，继电保护延时动作甚至拒动，变形将会很严重，甚至造成绕组损坏。对于轻微的变形，如果不及时检修，恢复垫块位置，紧固绕组的压钉及铁轭的拉板、拉杆，加强引线的夹紧力，在多次短路冲击后，由于累积效应也会使变压器损坏。

（二）放电故障

放电对绝缘有两种破坏作用：一种是由于放电质点直接轰击绝缘，局部绝缘受到破坏并逐步扩大，使绝缘击穿。另一种是放电产生的热、臭氧、氧化氮等活性气体的化学作用，使局部绝缘受到腐蚀，介质损耗增大，最后导致热击穿。

（三）绝缘故障

1. 固体绝缘故障

固体纸绝缘是油浸式变压器绝缘的主要部分之一，包括：绝缘纸、绝缘板、绝缘垫、绝缘卷、绝缘绑扎带等，其主要成分是化纤素，一般信纸的聚合度为 13 000 左右，当下降至 250 左右，其机械强度已下降了一半以上，极度老化致使寿命终止的聚合度为 150 ~ 200，绝缘纸老化后，其聚合度和抗张强度将逐渐降低，并生成 H_2O、CO、CO_2，这些老化产物大都对电气设备有害，会使绝缘纸的击穿电压和体积电阻率降低、介质增大、抗拉强度下降，甚至腐蚀设备中的金属材料。

2. 液体油绝缘故障

液体绝缘的油浸变压器是 1887 年由美国科学家汤姆逊发明的，1892 年被美国通用电气公司等推广应用于电力变压器，这里所指的液体绝缘即是变压器油绝缘。油浸式变压器的特点：大大提高了电气绝缘强度，缩短了绝缘距离，减小了设备的体积；大大提高了变压器的有效热传递和散热效果，提高了导线中允许的电流密度，减轻了设备重量，它是将运行变压器器身的热量通过变压器油的热循环，传递到变压器外壳和散热器进行散热，从而提高了有效的冷却降温水平。由于油浸式密封而降低了变压器内部某些零部件和组件的氧化程度，所以延长了它的使用寿命。

（四）变压器油劣化的原因

按轻重程度可分为污染和劣化两个阶段，污染是油中混入水分和杂质，这些不是油氧化的产物，污染的油绝缘性能会变坏，击穿电场强度降低，介质损失角增大。劣化是油氧化后的结果，当然这种氧化并不是仅有的产物，劣化油的绝缘性能会变坏，击穿电场强度降低，介质损失角增大。

1. 温度的影响

电力变压器为油、纸绝缘，一般情况下，温度升高，纸内水分要向油中析出；反之，纸要吸收油中的水分，因此温度较高时，变压器内绝缘油的微水含量较大，反之，微水含量就小。

变压器的寿命取决于绝缘的老化程度，而绝缘的老化又取决于运行的温度。如油浸式变压器在额定负载下，绕组平均温升为 65℃，最热点温升为 78℃，若平均环境温度为 20℃，则最热点温度为 98℃，在这个温度下，变压器可运行 20 ~ 30 年，若变压器超载运行，温度升高，会使寿命缩短。

国际电工委员会认为，A 级绝缘的变压器在 80℃ ~ 140℃时，温度每增加 6℃，变压器绝缘有效寿命降低的速度就会增加一倍，这就是 6 度法则，说明对热的限制已比过去认可的 8 度法则更为严格。

2. 湿度的影响

水分的存在将加速纸纤维素降解，因此，CO 和 CO_2 的产生与纤维素材料的含水量也有关。当湿度一定时，含水量越高，分解出的 CO_2 越多，反之，含水量越低，分解出的 CO 就越多。

3. 过电压的影响

暂态过电压的影响：三相变压器正常运行产生的相、地间电压是相间电压的 58%，但发生单相故障时，主绝缘的电压对中性点接地系统将增加 30%，对中性点不接地系统将增加 73%，因而可能损伤绝缘。

雷电过电压的影响：雷电过电压由于波头陡，引起纵绝缘（匝间、相间绝缘）上电压分布很不均匀，可能在绝缘上留下放电痕迹，从而使固体绝缘受到破坏。

操作过电压的影响：由于操作过电压的波头相当平缓，所以电压分布近似先行，操作过电压由一个绕组转移到另一个绕组上时，约与这两个绕组间的匝数成正比，从而容易造成主绝缘或相间绝缘的劣化和损坏。

4. 短路电动力的影响

出口短路时的电动力可能会使变压器绕组变形、引线移位，从而改变了原有的绝缘距离，使绝缘发热，加速老化或受到损伤造成放电、拉弧及短路故障。

（五）铁芯故障

电力变压器正常运行时，铁芯必须有一点可靠接地。若没有接地，则铁芯对地的悬浮电压，会造成铁芯对地断续性击穿放电，铁芯一点接地后消除了形成铁芯悬浮电位的可能，但铁芯出现两点以上接地时，铁芯间的不均匀电位就会在接地点之间形成环流，并造成铁芯多点接地发热的故障。变压器的铁芯接地故障会造成铁芯局部过热，严重时，铁芯局部温升增加、产生轻瓦斯动作，甚至将会造成重瓦斯动作而跳闸的事故。烧熔的局部铁芯片间的短路故障，使铁损变大，严重影响变压器的性能和正常工作，以致不许更换铁芯硅钢片加以修复。有关资料统计表明，因铁芯问题造成的故障比例，占变压器各类故障的第三位。

故障原因：

（1）安装过程中的疏忽。完工后未将变压器油箱顶盖上运输用的定位钉翻转或卸除。

（2）制造或大修过程中的疏忽。铁芯夹件的支板距芯柱太近，硅钢片翘凸而触及夹件支板或铁轭螺杆。

（3）铁芯下夹件垫脚与铁轭间的纸板脱落，造成垫脚与硅钢片相碰或变压器进水，纸板受潮形成短路接地。

（4）潜油泵轴承磨损，金属粉末沉积箱底，受电磁力影响形成导电小桥，使铁轭与垫脚或箱底接通。

（5）油箱中不慎落入金属异物，如铜丝、焊条或铁芯碎片等造成多点接地。

（6）下夹件与铁轭阶梯间的木垫受潮或表面附有大量油泥、水分、杂质使其绝缘被破坏。

（7）变压器的油泥污垢堵塞铁芯纵向散热油道，形成短路接地。

（8）变压器油箱和散热器等在制造过程中，由于焊渣清理不彻底，当变压器运行时，在油流的作用下，杂质往往被堆积在一起，使铁芯与油箱壁短接。

故障影响：

（1）铁芯局部过热甚至烧坏，造成磁路短路，使铁芯损耗增加。

（2）铁芯局部过热，使变压器油分解，引起变压器油性能下降。

（3）变压器内气体不断增加析出，可能导致气体继电器动作跳闸事故。

（六）分接开关故障

1. 无载分接开关故障

电路故障：从影响变压器气体组成变化的角度，可以看到无载分接开关的故障形式，常表现在接触不良、触头锈蚀、电阻增大发热、开关绝缘支架上的紧固螺栓接地断裂造成悬浮放电等。

机械故障：无载分接开关的故障反映在开关弹簧压力不足、滚轮压力不足、滚轮压力不匀、接触不良以致有效接触面积减小等方面。此外，开关接触处存在的油污使接触电阻增大，在运行时将引起分接头接触面烧伤。

结构组合：分接开关编号错误、乱挡，各级变比不成规律，导致三相电压不平衡，产生环流而增加损耗，引起变压器故障。

绝缘故障：分接开关上分接头的相间绝缘距离不够，绝缘材料上堆积油泥受潮，当发生过电压时，也将使分接开关相间发生短路故障。

2. 有载分接开关故障

有载分接开关机械故障包括切换开关或分头选择器故障、操作机构机械故障，是一种严重故障，可能产生以下情况：

（1）分头选择器带负荷转换。这种情况与带负荷分合隔离开关相似，将使变压器本体主瓦斯继电器动作跳闸。

（2）切换开关拒动或切换不到位。如果切换开关在切换中途长时间停止在某一中间位置，会使过渡电阻因长期通电而过热，可能使切换开关瓦斯继电器动作，将变压器跳闸。

（3）切换开关或分头选择器触头接触不良过热。

3. 有载分接开关失步

变压器有载分接开关三相应在同一位置。所谓“失步”，是指调压中由于某种原因，使三相分头位置不一致。在这种状态下，由于次级电压三相不平衡，会产生零序电压和零序电流。在变压器调压过程中，短时间不一致是可能的，如果长时间不一致，可能使变压器过热或者跳闸。

（七）变压器渗漏故障

1. 变压器渗漏的原因

变压器的焊点多、焊缝长：油浸式变压器是以钢板焊接壳体为基础的多种焊接连接件的集合体。一台 31 500 kVA 变压器采用橡胶密封件的连接点约为 27 处，焊缝总长近20 m 左右，因此渗漏途径可能较多。

密封件材质低劣：密封件材质低劣和缺损是变压器连接部位渗漏的主要原因。

2. 变压器渗漏的类型

1）空气渗漏

空气渗漏是一种看不见的渗漏，如套管头部、储油柜的隔膜、安全气道的玻璃以及焊缝沙眼等部位的进出空气都是看不见的。但是由于渗漏造成绕组绝缘受潮和油加速老化的影响很大。

2）油渗漏

主要是指套管中油或有载调压分接开关室的油向变压器本体渗漏。充油套管正常油位高于变压器本体油位，若套管下部密封部位封不严，在油压差的作用下会造成套管中缺油现象，影响设备安全运行。

（八）变压器油流带电故障

变压器油流带电时，局部放电信号强度相当于正常运行时变压器局部放电量的 2 ~ 3 个数量级，在变压器铁芯接地小套管上也能测到很强的放电信号，且与变压器运行电压在相位上无确定关系。当断开变压器电源仅开启潜油泵时，仍能测到很强的放电信号，停运潜油泵，则放电信号消失。

变压器油流带电时，局部放电信号强度相当于正常运行时变压器局部放电量的 2～3 个数量级，在变压器铁芯接地小套管上也能测到很强的放电信号，且与变压器运行电压在相位上无确定关系。当断开变压器电源仅开启潜油泵时，仍能测到很强的放电信号，停运潜油泵，则放电信号消失。

思考题

1. 简述电力变压器常见的故障有哪些，并分析原因。
2. 对于常见的电力变压器故障处理方法有哪些？简单描述。
3. 如果对电力变压器故障不及时处理，会对变压器造成什么危害？
4. 简单分析变压器漏油等现象的原因。

单元四 电力电压器的检修与试验

教学目标

* 掌握电力变压器检修目的及要求。
* 掌握电力变压实验项目及合格要求。

重点

* 电力变压器检修目的及要求。
* 电力变压实验项目及合格要求。

难点

* 电力变压器实验项目合格要求的标准。

一、变压器的检修

（一）变压器检修的目的

变压器在运行过程中，由于受到长期发热、负荷冲击、电磁振动、气体腐蚀等因素影响，总会发生一些部件的变形、紧固件的松动、绝缘介质老化等变化。这在初期是可以通过维护保养来发现并进行改善和纠正的。

(二) 变压器检修的类别和方法

变压器的计划检修，一般可分为三类。

(1) 清扫、预防性试验。

(2) 小修。小修工作范围包括：拆开个别部件，更换部分零件，清洗换油，系统调整等。

(3) 大修。检修时需要将变压器全部拆卸解体，更换、修复那些有缺陷或有隐患的零部件，全面消除各种缺陷，恢复变压器原有的技术性能。

(三) 变压器检修的主要内容

1. 大修项目

(1) 吊开钟罩检修器身或吊出器身检修。

(2) 绕组、引线及磁（电）屏蔽装置的检修。

(3) 铁芯、铁芯紧固件（穿心螺杆、夹件、拉带、绑带等）、压钉、压板及接地片的检修。

(4) 油箱及附件的检修，包括套管、吸湿器等。

(5) 冷却器、油泵、水泵、风扇、阀门及管道等附属设备的检修。

(6) 安全保护装置的检修。

(7) 油保护装置的检修。

(8) 测温装置的校验。

(9) 操作控制箱的检修和试验。

(10) 无励磁分接开关和有载分接开关的检修。

(11) 全部密封胶垫的更换和组件试漏。

(12) 必要时对器身绝缘进行干燥处理。

(13) 变压器油的处理或换油。

(14) 清扫油箱并进行喷涂油漆。

(15) 大修的试验和试运行。

2. 小修项目

(1) 处理已发现的缺陷。

(2) 放出储油柜积污器中的污油。

(3) 检修油位计，调整油位。

(4) 检修冷却装置：包括油泵、风扇、油流继电器、差压继电器等，必要时吹扫冷却器管束。

(5) 检修安全保护装置：包括储油柜、压力释放阀（安全气道）、气体继电器、速动油压继电器等。

(6) 检修油保护装置。

(7) 检修测温装置：包括压力式温度计、电阻温度计（绕组温度计）、棒形温度计等。

(8) 检修调压装置、测量装置及控制箱，并进行调试。

(9) 检查接地系统。

(10) 检修全部阀门和塞子，检查全部密封状态，处理渗漏油。

(11) 清扫油箱和附件，必要时进行补漆。

(12) 清扫外绝缘和检查导电接头（包括套管将军帽）。

(13) 按有关规程规定进行测量和试验。

3. 临时检修项目

临时检修项目视具体情况来确定。

对于老、旧变压器的临时检修，建议可参照下列项目进行改进：

(1) 油箱机械强度的加强。

(2) 器身内部接地装置改为引外接地。

(3) 安全气道改为压力释放阀。

(4) 高速油泵改为低速油泵。

(5) 油位计的改进。

(6) 储油柜加装密封装置。

(7) 气体继电器加装波纹管接头。

4. 解体检修

(1) 办理工作票、停电，拆除变压器的外部电气连接引线和二次接线，进行检修前的检查和试验。

(2) 部分排油后拆卸套管、升高座、储油柜、冷却器、气体继电器、净油器、压力释放阀（或安全气道）、联管、温度计等附属装置，并分别进行校验和检修，在储油柜放油时应检查油位计指示是否正确。

(3) 排出全部油并进行处理。

(4) 拆除无励磁分接开关操作杆；各类有载分接开关的拆卸方法参见《有载分接开关运行维修导则》；拆卸中腰法兰或大盖连接螺栓后吊钟罩（或器身）。

(5) 检查器身状况，进行各部件的紧固并测试绝缘。

(6) 更换密封胶垫、检修全部阀门，清洗、检修铁芯、绕组及油箱。

5. 器身检修

1) 施工条件与要求

(1) 吊钟罩（或器身）一般宜在室内进行，以保持器身的清洁；如在露天进行时，应选在无尘土飞扬及其他污染的晴天进行；器身暴露在空气中的时间应不超过如下规定：空气相对湿度≤65%为16 h；空气相对湿度≤75%为12 h；器身暴露时间是从变压器放油时起至开始抽真空或注油时为止；如暴露时间需超过上述规定，宜接入干燥空气装置进行施工。

(2) 器身温度应不低于周围环境温度，否则应用真空滤油机循环加热油，将变压器加热，使器身温度高于环境温度5℃以上。

(3) 检查器身时，应由专人进行，穿着专用的检修工作服和鞋，并戴清洁手套，寒冷天气还应戴口罩，照明应采用低压行灯。

(4) 进行器身检查所使用的工具应由专人保管并应编号登记，防止遗留在油箱内或器身上；进入变压器油箱内检修时，需考虑通风，防止工作人员窒息。

2) 绕组检修

绕组检修工艺与质量标准如表2-1所示。

表 2－1　绕组检修工艺与质量标准

序号	检修工艺	质量标准
1	检查相间隔板和围屏（宜解开一相）有无破损、变色、变形、放电痕迹，如发现异常应打开其他两相围屏进行检查	（1）围屏清洁无破损，绑扎紧固完整，分接引线出口处封闭良好，围屏无变形、发热和树枝状放电痕迹 （2）围屏的起头应放在绕组的垫块上，接头处一定要错开搭接，并防止油道堵塞 （3）检查支撑围屏的长垫块应无爬电痕迹，若长垫块在中部高场强区时，应尽可能割短相间距离最小处的辐向垫块 2～4 个 （4）相间隔板完整并固定牢
2	检查绕组表面是否清洁，匝绝缘有无破损	（1）绕组应清洁，表面无油垢，无变形 （2）整个绕组无倾斜、位移，导线辐向无明显弹出现象
3	检查绕组各部垫块有无位移和松动情况	各部垫块应排列整齐，辐向间距相等，轴向成一垂直线，支撑牢固有适当压紧力，垫块外露出绕组的长度至少应超过绕组导线的厚度
4	检查绕组绝缘有无破损、油道有无被绝缘、油垢或杂物（如硅胶粉末）堵塞现象，必要时可用软毛刷（或用绸布、泡沫塑料）轻轻擦拭，绕组线匝表面如有破损裸露导线处，应进行包扎处理	（1）油道保持畅通，无油垢及其他杂物积存 （2）外观整齐清洁，绝缘及导线无破损 （3）特别注意导线的统包绝缘，不可将油道堵塞，以防局部发热、老化
5	用手指按压绕组表面检查其绝缘状态	绝缘状态可分为： （1）一级绝缘。绝缘有弹性，用手指按压后无残留变形，属良好状态 （2）二级绝缘。绝缘仍有弹性，用手指按压时无裂纹、脆化，属合格状态 （3）三级绝缘。绝缘脆化，呈深褐色，用手指按压时有少量裂纹和变形，属勉强可用状态 （4）四级绝缘。绝缘已严重脆化，呈黑褐色，用手指按压时即酥脆、变形、脱落，甚至可见裸露导线，属不合格状态

3）引线及绝缘支架检修

引线及绝缘支架检修工艺及质量标准如表 2 – 2 所示。

表 2 – 2　引线及绝缘支架检修工艺及质量标准

序号	检修工艺	质量标准
1	检查引线及引线锥的绝缘包扎有无变形、变脆、破损，引线有无断股，引线与引线接头处焊接情况是否良好，有无过热现象	（1）引线绝缘包扎应完好，无变形、变脆，引线无断股卡伤情况 （2）对穿缆引线，为防止引线与套管的导管接触处产生分流烧伤，应将引线用白布带半迭包绕一层，220 kV 引线接头焊接处去毛刺，表面光洁，包金属屏蔽层后再加包绝缘 （3）早期采用锡焊的引线接头应尽可能改为磷铜或银焊接 （4）接头表面应平整、清洁、光滑无毛刺，并不得有其他杂质 （5）引线长短适宜，不应有扭曲现象 （6）引线绝缘的厚度
2	检查绕组至分接开关的引线，其长度、绝缘包扎的厚度、引线接头的焊接（或连接）、引线对各部位的绝缘距离、引线的固定情况是否符合要求	质量标准同 1
3	检查绝缘支架有无松动和损坏、位移，检查引线在绝缘支架内的固定情况	（1）绝缘支架应无破损、裂纹、弯曲变形及烧伤现象 （2）绝缘支架与铁夹件的固定可用钢螺栓，绝缘件与绝缘支架的固定应用绝缘螺栓；两种固定螺栓均需有防松措施（220 kV 级变压器不得应用环氧螺栓） （3）绝缘夹件固定引线处应垫以附加绝缘，以防卡伤引线绝缘 （4）引线固定用绝缘夹件的间距，应考虑在电动力的作用下，不致发生引线短路
4	检查引线与各部位之间的绝缘距离	（1）引线与各部位之间的绝缘距离，根据引线包扎绝缘的厚度不同而异 （2）对大电流引线（铜排或铝排）与箱壁间距，一般应大于 100 mm，以防漏磁发热，铜（铝）排表面应包扎一层绝缘，以防异物形成短路或接地

4）铁芯检修

铁芯检修工艺及质量标准如表2－3所示。

表2－3　铁芯检修工艺及质量标准

序号	检修工艺	质量标准
1	检查铁芯外表是否平整，有无片间短路或变色、放电烧伤痕迹，绝缘漆膜有无脱落，上铁轭的顶部和下铁轭的底部是否有油垢杂物，可用洁净的白布或泡沫塑料擦拭，若叠片有翘起或不规整之处，可用木锤或铜锤敲打平整	铁芯应平整，绝缘漆膜无脱落，叠片紧密，边侧的硅钢片不应翘起或成波浪状，铁芯各部表面应无油垢和杂质，片间应无短路、搭接现象，接缝间隙符合要求
2	检查铁芯上下夹件、方铁、绕组压板的紧固程度和绝缘状况，绝缘压板有无放电烧伤和放电痕迹 为便于监测运行中铁芯的绝缘状况，可在大修时在变压器箱盖上加装一小套管，将铁芯接地线（片）引出接地	（1）铁芯与上下夹件、方铁、压板、底脚板间均应保持良好绝缘 （2）钢压板与铁芯间要有明显的均匀间隙；绝缘压板应保持完整、无破损和裂纹，并有适当紧固度 （3）钢压板不得构成闭合回路，同时应有一点接地 （4）打开上夹件与铁芯间的连接片和钢压板与上夹件的连接片后，测量铁芯与上下夹件间和钢压板与铁芯间的绝缘电阻，与历次试验相比较应无明显变化
3	检查压钉、绝缘垫圈的接触情况，用专用扳手逐个紧固上下夹件、方铁、压钉等各部位紧固螺栓	螺栓紧固，夹件上的正、反压钉和锁紧螺帽无松动，与绝缘垫圈接触良好，无放电烧伤痕迹，反压钉与上夹件有足够距离
4	用专用扳手紧固上下铁芯的穿心螺栓，检查与测量绝缘情况	穿心螺栓紧固，其绝缘电阻与历次试验比较无明显变化
5	检查铁芯间和铁芯与夹件间的油路	油路应畅通，油道垫块无脱落和堵塞，且应排列整齐
6	检查铁芯接地片的连接及绝缘状况	铁芯只允许一点接地，接地片用厚度0.5 mm，宽度不小于30 mm的紫铜片，插入3～4级铁芯间，对大型变压器插入深度不小于80 mm，其外露部分应包扎绝缘，防止短路铁芯
7	检查无孔结构铁芯的拉板和钢带	应紧固并有足够的机械强度，绝缘良好不构成环路，不与铁芯相接触
8	检查铁芯电场屏蔽绝缘及接地情况	绝缘良好，接地可靠

5）油箱检修

油箱检修工艺及质量标准如表2－4所示。

表2－4　油箱检修工艺及质量标准

序号	检修工艺	质量标准
1	对油箱上焊点、焊缝中存在的砂眼等渗漏点进行补焊	消除渗漏点
2	清扫油箱内部，清除积存在箱底的油污杂质	油箱内部洁净，无锈蚀，漆膜完整
3	清扫强油循环管路，检查固定于下夹件上的导向绝缘管，连接是否牢固，表面有无放电痕迹，打开检查孔，清扫联箱和集油盒内杂质	强油循环管路内部清洁，导向管连接牢固，绝缘管表面光滑，漆膜完整、无破损、无放电痕迹
4	检查钟罩（或油箱）法兰结合面是否平整，发现沟痕，应补焊磨平	法兰结合面清洁平整
5	检查器身定位钉	防止定位钉造成铁芯多点接地；定位钉无影响可不退出
6	检查磁（电）屏蔽装置，有无松动放电现象，固定是否牢固	磁（电）屏蔽装置固定牢固，无放电痕迹，可靠接地
7	检查钟罩（或油箱）的密封胶垫，接头是否良好，接头处是否放在油箱法兰的直线部位	胶垫接头黏合牢固，并放置在油箱法兰直线部位的两螺栓的中间，搭接面平放，搭接面长度不少于胶垫宽度的2~3倍，胶垫压缩量为其厚度的1/3左右（胶棒压缩量为1/2左右）
8	检查内部油漆情况，对局部脱漆和锈蚀部位应处理，重新补漆	内部漆膜完整，附着牢固

二、电力变压器试验

（一）电气试验项目的方法及标准

1．绝缘电阻测定

（1）试验所需仪器：数字型绝缘电阻测试仪（绝缘摇表）。

（2）试验方法：有以下3种。

① 高—低及地：如图 2－17 所示，高压侧短接，低压侧短接并且接地。读取 60 s 时的电阻值记录（吸收比是指 60 s 绝缘电阻值比 15 s 绝缘电阻值）。

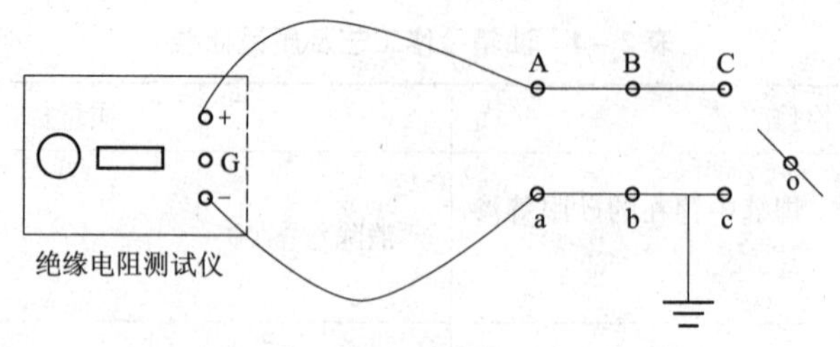

图 2－17　高—低及地试验方法

② 低—高及地：如图 2－18 所示，高压侧短接并且接地，低压侧短接。读取 60 s 时的电阻值记录（吸收比是指 60 s 绝缘电阻值比 15 s 绝缘电阻值）。

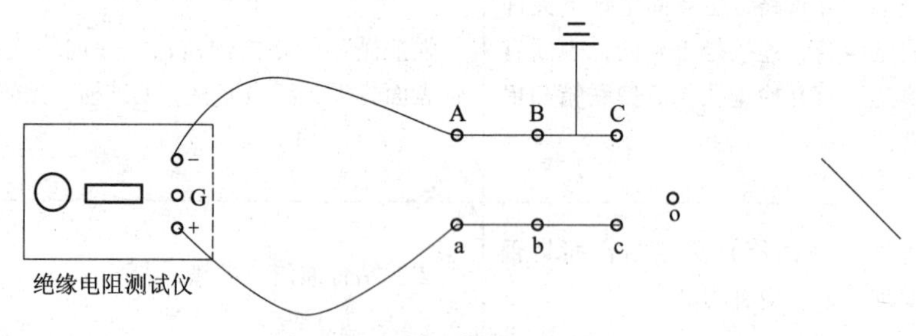

图 2－18　低—高及地试验方法

③ 铁芯对地：如图 2－19 所示，绝缘电阻测试仪正级接到铁芯上，负极接地。

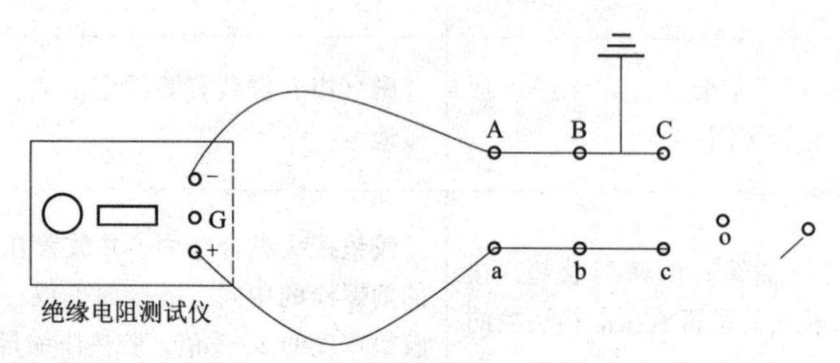

图 2－19　铁芯对地试验方法

（3）相关标准：

① 绝缘电阻值不低于产品出厂试验值的 70%。

② 变压器电压等级为 35 kV 及以上，且容量在 4 000 kVA 及以上时，应测量吸收比。吸收比与产品出厂值相比应无明显差别，在常温下应不小于 1.3；当 $R_{60\ s}$大于 3 000 MΩ 时，吸收比可不做考核要求。

③ 变压器电压等级为 220 kV 及以上，且容量为 120 MVA 及以上时，宜用 5 000 V 兆欧表测量极化指数。测得值与产品出厂值相比应无明显差别，在常温下不小于 1.3；当 $R_{60\ s}$大于 10 000 MΩ 时，极化指数可不做考核要求。

（4）注意事项：

① 采用 2 500 V 或 5 000 V 兆欧表。

② 测量前被试绕组应充分放电。

③ 吸收比不进行温度换算。

2. 绕组直流电阻测试

（1）试验所需仪器：直流电阻测试仪。

（2）试验方法，如图 2－20 所示。

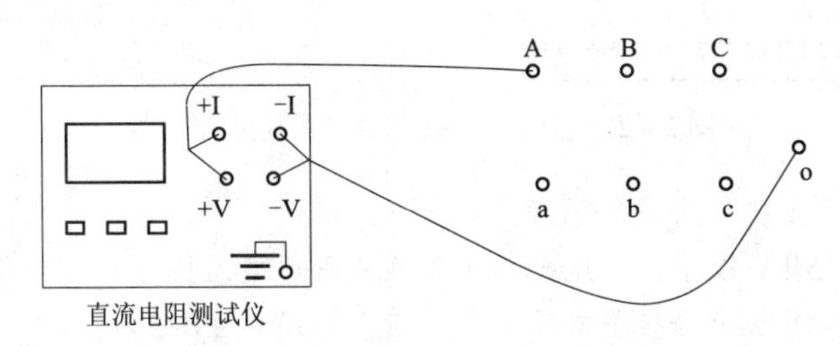

图 2－20　测试 Ao 直流电阻的接线方法

① 低压侧直流电阻（平衡变）：分别测试 ab、bc、ca 的绕组直流电阻。

② 高压侧直流电阻（平衡变）：分别测试 1～5 挡位的 Ao、Bo、Co 绕组直流电阻。

（3）相关标准：

① 测量应在各分接头的所有位置上进行。

② 1 600 kVA 及以下电压等级三相变压器，各相测得值的相互差值应小于平均值的 4%，线间测得值的相互差值应小于平均值的 2%；1 600 kVA 以上三相变压器，各相测得值的相互差值应小于平均值的 2%；线间测得值的相互差值应小于平均值的 1%。

③ 变压器的直流电阻，与同温下产品出厂实测数值比较，相应变化不应大于 2%；不同温度下电阻值按照式换算：

$$R_2 = R_1 (T + t_2) / (T + t_1)$$

式中，R_1、R_2——分别为温度在 t_1、t_2 时的电阻值。

T——计算用常数，铜导线取 235，铝导线取 225。

④ 由于变压器结构等原因，差值超过本条第 2 款时，可只按本条第 3 款进行比较。但应说明原因。

（4）注意事项：

① 不同温度测试的数值进行比较应换算成同一温度下再进行比教。

② 分接开关变位后恢复完成应重新进行额定挡位的试验。

3. 变压比误差测试

（1）试验所需仪器：全自动变比测试仪（能测试平衡变压器）。

（2）试验方法，如图 2－21 所示。

使用全自动变比测试仪测试（能测试平衡变压器）：根据测试仪的高、低压侧接线分别对应接到变压器的高、低压侧上；根据变压器技术参数（铭牌）设置变比参数。

（3）相关标准：

检查所有分接头的电压比，与制造厂铭牌数据相比应无明显差别，且应符合电压比的规律；电压等级在 220 kV 及以上的电力变压器，其电压比的允许误差在额定分接头位置时为 ±0.5%。

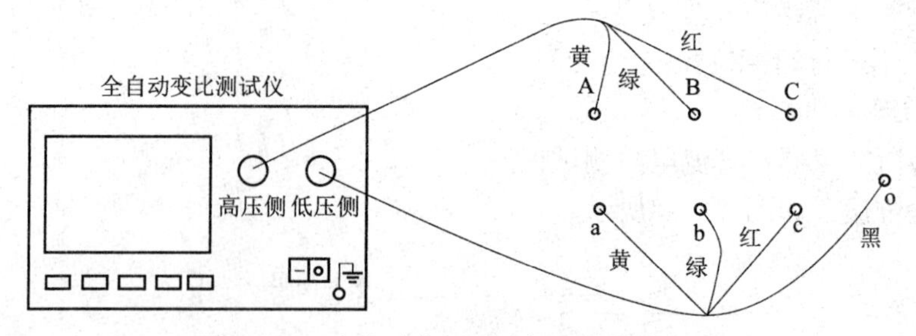

图 2-21　全自动变比测试仪及其接线方法

【注意】“无明显差别”可按如下考虑：

① 电压等级在 35 kV 以下，电压比小于 3 的变压器电压比允许偏差不超过 ±1%。

② 其他所有变压器额定分接下电压比允许偏差不超过 ±0.5%。

③ 其他分接的电压比应在变压器阻抗电压值（%）的 1/10 以内，但不得超过 ±1%。

（4）注意事项：

① 注意接线时高、低压各相相互对应。

② 变比参数设置要正确。

4. 绕组泄漏电流测试

（1）试验所需仪器：直流高压发生器。

（2）试验方法，如图 2-22 所示。

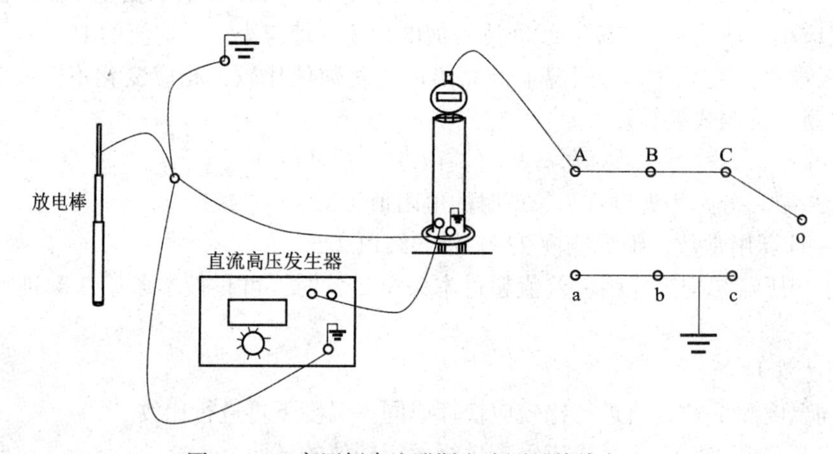

图 2-22　高压侧直流泄漏电流测试接线方法

① 高压绕组直流泄漏电流：高压侧短接，低压侧短接并且接地；测试电压为 40 kV。

② 低压绕组直流泄漏电流：低压侧短接，高压侧短接并且接地；测试电压为 20 kV。

（3）相关标准：

① 当变压器电压等级为 35 kV 及以上，且容量在 8 000 kVA 及以上时，应测量直流泄漏电流，其值参考表 2-5。

② 试验电压标准应符合表 2-6 的规定。当施加试验电压达 1 min 时，在高压端读取泄漏电流。

表 2-5　油浸式变压器绕组直流泄漏电流参考值

额定电压（kV）	试验电压峰值（kV）	在下列温度时的绕组泄漏电流值（μA）							
		10℃	20℃	30℃	40℃	50℃	60℃	70℃	80℃
2~3	5	11	17	25	39	55	83	125	178
6~15	10	22	33	50	77	112	166	250	356
20~35	20	33	50	74	111	167	250	400	570
63~330	40	33	50	74	111	167	250	400	570
500	60	20	30	45	67	100	150	235	330

表 2-6　油浸式变压器直流泄漏试验电压标准

绕组额定电压（kV）	6~10	20~35	63~330	500
直流试验电压（kV）	10	20	40	60

注：① 绕组额定电压为 13.8 kV 及 15.75 kV 时，按 10 kV 级标准；18 kV 时，按 20 kV 级标准。

② 分级绝缘变压器仍按被试绕组电压等级的标准。

【注意】

① 试验结束后必须用放电棒放电；将直流高压发生器电压调为零，再用放电棒对发生器放电。

② 测试 1 min 时的泄漏电流值。

5. 绕组介损测试

（1）试验所需仪器：全自动抗干扰介损测试仪。

（2）试验方法，如图 2-23 所示。

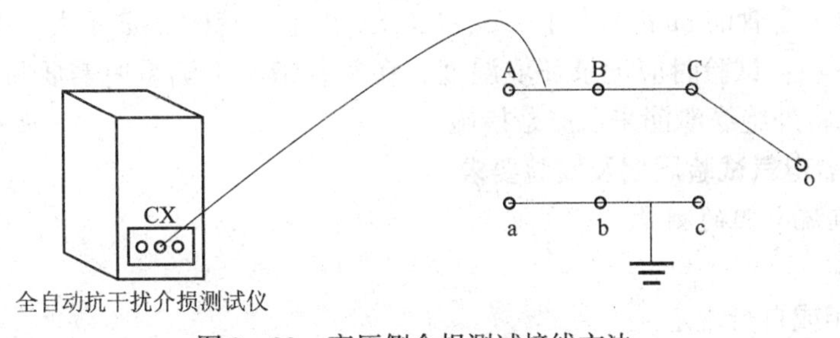

图 2-23　高压侧介损测试接线方法

① 高压绕组介损测试：高压侧短接，低压侧短接并且接地；使用反接法 10 kV 电压进行测试。

② 低压绕组介损测试：低压侧短接，高压侧短接并且接地；使用反接法 10 kV 电压进行测试。

（3）相关标准：

① 当变压器电压等级为 35 kV 及以上且容量在 8 000 kVA 及以上时，应测量介质损耗角正切值 $\tan\delta$。

② 被测绕组的 $\tan\delta$ 值不应大于产品出厂试验值的 130%。

（4）注意事项：

① 非被试绕组应接地或屏蔽。

② 同一变压器各绕组 tanδ 的要求值相同。

③ 尽量在油温低于50℃时测量。

6. 套管试验

（1）试验所需仪器：全自动抗干扰介损测试仪。

（2）试验方法，如图2－24所示。

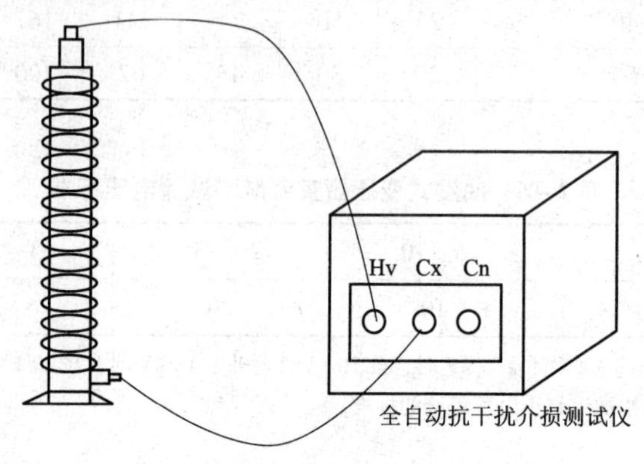

图2－24 套管试验的测试方法

高压套管的 tanδ 和电容值测试：使用正接法，Hv 接套管的高压端，Cx 接末屏端。把被侧套管的末屏接地取下，其他套管末屏必须接地。

（3）相关标准：

① 电容式套管的实测电容值与产品铭牌数值或出厂试验值相比，其差值应在 ±10% 范围内。

② 35 kV 以上套管的 tanδ 不大于 2.5，110 kV 以上套管的 tanδ 不大于 1。

（4）注意事项：试验时应记录环境湿度。在某些情况下测量时需要将外绝缘的几个伞裙进行清洁，或将外绝缘泄漏采取屏蔽措施。

（二）变压器电气试验周期及实验要求

1. 变压器直流电阻的测量

试验周期：

（1）1～3年或自行规定。

（2）无励磁调压变压器变换分接位置后。

（3）有载调压变压器的分接开关检修后（在所有分接侧）。

（4）大修后。

（5）必要时。

2. 绕组绝缘电阻的测量

试验周期：

（1）1～3年或自行规定。

（2）大修后。

（3）必要时。

试验要求：

(1) 绝缘电阻换算至同一温度下，与前一次测试结果相比应无明显变化。

(2) 吸收比（10℃～30℃范围）不低于1.3或极化指数不低于1.5。

3. 铁芯绝缘电阻的测量

试验周期：

(1) 1～3年或自行规定。

(2) 大修后。

(3) 必要时。

试验要求：

(1) 与以前测试结果相比无显著差别。

(2) 运行中铁芯接地电流一般不大于0.1 A。

4. 绕组所有分接的电压比

试验周期：

(1) 分接开关引线拆装后。

(2) 更换绕组后。

(3) 必要时。

试验要求：

(1) 各相应接头的电压比与铭牌值相比，不应有显著差别，且符合规律。

(2) 电压35 kV以下，电压比小于3的变压器电压比允许偏差为±1%；其他所有变压器：额定分接电压比允许偏差为±0.5%，其他分接的电压比应在变压器阻抗电压值（%）的1/10以内，但不得超过±1%。

5. 全电压下空载合闸

试验周期：更换绕组后。

试验要求：

(1) 全部更换绕组，空载合闸5次，每次间隔5 min。

(2) 部分更换绕组，空载合闸3次，每次间隔5 min。

思考题

1. 对于故障电力变压器检修时逐一项有哪些？

2. 对于电力变压器绝缘电阻实验合格要求有哪些？

3. 对于电力变压器有哪些电气试验？

户外高压配电装置的运行与维护

单元一　出线间隔设备的运行与维护

任务一　高压断路器的运行与维护

教学目标

* 理解高压断路器的基本概念及一些基本参数概念。
* 掌握高压断路器的作用及种类、型号。
* 掌握真空、FS_6高压断路器的结构及其工作原理。
* 熟悉户外高压断路器的操作机构概念、型号、特点及使用。
* 掌握高压断路器的运行与维护。

重点

* 高压断路器的基本概念及一些基本参数概念。
* 高压断路器的作用及种类、型号。
* 真空、SF_6高压断路器的结构及其工作原理。
* 户外高压断路器的操作机构概念、型号、特点及使用。
* 高压断路器的运行与维护。

难点

* 真空、SF_6高压断路器的结构及其工作原理。
* 户外高压断路器的操作机构使用。
* 高压断路器的运行与维护。

一、高压断路器概念

额定电压在3 kV及以上，能够关合、承载和开断运行状态的正常工作电流，并能够在规定的时间内关合、承载和开断规定的异常电流的开关电器，称为高压断路器。

二、高压断路器的作用及种类

高压断路器在电力系统中的作用体现在两方面，一是控制作用，根据电力系统的运行要求，接通或断开工作电路；二是保护作用，当系统发生故障时，在继电保护装置作用下，断路器迅速切除故障部分，防止事故扩大，以保证系统中无故障部分正常运行。

高压断路器的种类很多，按灭弧介质不同分为油断路器、压缩空气断路器、六氟化硫（SF_6）断路器、真空断路器等。

三、高压断路器的技术参数及型号

（一）高压断路器的技术参数

1. 额定电压

额定电压是指断路器长时间运行时能承受的正常工作电压（线电压）。额定电压不仅决定了断路器的绝缘水平，而且在相当程度上决定了断路器的总体尺寸。

2. 最高工作电压

考虑到线路始末端运行电压的不同及电力系统调压要求，断路器可能在高于额定电压下长期工作。因此，规定了断路器的最高工作电压。

3. 额定电流

额定电流是指断路器在规定的环境温度下允许长期通过的最大工作电流的有效值。额定电流决定了断路器导体、触头等载流部分的尺寸和结构。

4. 额定开断电流

额定开断电流是指断路器在额定电压下能正常开断的最大短路电流的有效值。它表征断路器的开断能力。

5. 额定短路关合电流

当断路器关合存在预伏故障的设备或线路时，在动、静触头尚未接触前相距几毫米时，触头间隙发生预击穿，随之出现短路电流，给断路器的关合造成阻力，影响动触头合闸速度及触头接触压力，甚至出现触头弹跳、熔焊或严重烧毁，严重时会引起断路器爆炸。

额定短路关合电流是指断路器在额定电压下能接通的最大短路电流峰值，制造厂家对关合电流一般取额定短路电流的2.55倍。它反映断路器关合短路故障的能力，主要决定断路器灭弧装置性能、触头结构及操作机构的形式。

6. 额定热稳定电流

额定热稳定电流即额定短时耐受电流，指断路器在规定的时间内（通常为4 s）内允许通过的最大短路电流的有效值。它表明断路器承受短路电流热效应的能力。

7. 额定动稳定电流

额定动稳定电流即额定峰值耐受电流，是指断路器在合闸位置时允许通过的最大短路电流峰值。它表明断路器在冲击短路电流作用下，承受电动力的能力。

8. 合闸时间

合闸时间是指断路器从接到合闸命令（合闸回路通电）起到断路器触头刚接触时所经过的时间间隔。合闸时间的长短取决于断路器操作机构及中间机构的机械特性。

9. 分闸时间

分闸时间是指断路器接到分闸命令瞬间起到各相电弧完全熄灭为止的时间间隔，它包括固有的分闸时间和灭弧时间。固有分闸时间是指断路器接到分闸命令瞬间到各相触头刚刚分离的时间。灭弧时间是指断路器触头分离瞬间到各相电弧完全熄灭时间。一般将分闸时间为0.06~0.12 s的断路器，称为快速断路器。

10. 额定操作顺序

操作顺序也是表征断路器操作性能的指标。断路器的额定操作顺序分为两大类。

一是无自动重合闸断路器的额定操作顺序。无自动重合闸断路器的额定操作顺序又有两种。一种是发生永久性故障断路器跳闸后两次强送电的情况，即分—180 s—分合—180 s—合分；另一种是断路器合闸永久故障线路上跳闸后强送电一次的情况，即分合—15 s—合分。

二是能进行自动重合闸断路器的额定操作顺序，为分—0.3 s—分合—180 s—合分。图3-1所示为高压断路器自动重合闸额定操作顺序的示意图，其中波形表示短波电流。

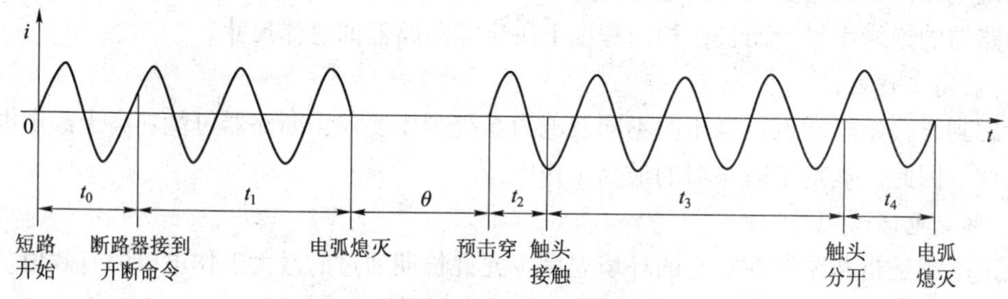

图3-1 自动重合闸额定操作顺序示意图

t_0—继电保护动作时间；θ—自动重合闸的无电流间隔时间；t_1—断路器全分闸时间

t_2—预击穿时间；t_3—金属短接时间；t_4—燃弧时间

（二）高压断路器的型号

高压断路器型号一般由英文字母和阿拉伯数字组成，表示方法如下：

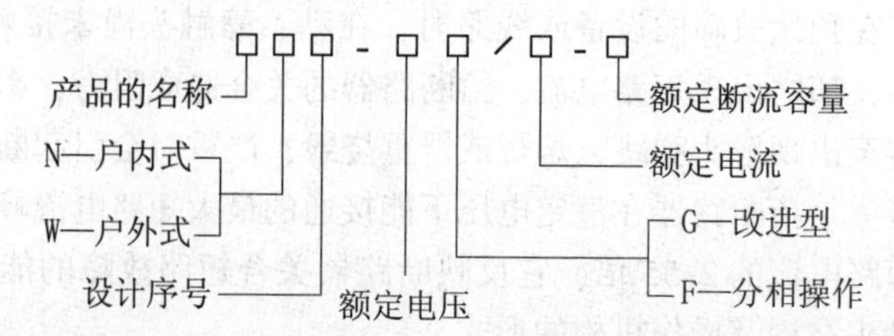

产品名称的字母代号：S—少油断路器；Z—真空断路器；L—六氟化硫断路器；K—空气断路器；Q—自产气断路器；C—磁吹断路器。

安装地点：N—户内式；W—户外式。

其他补充工作特性标志：G—改进式；C—手车式；W—防污型；Q—防震型。

例如：型号为 LW6－220/3150－40 的断路器，表示额定电压为 220 kV，额定电流为 3 150 A，额定短路开断电流为 40 kA 的户外式六氟化硫断路器。

四、真空断路器

真空断路器是指以真空作为灭弧介质和绝缘介质，在真空容器中进行电流开断和关合的断路器。气体间隙的击穿与气体压力有关，真空断路器的核心部件是真空灭弧室，为了满足绝缘强度的要求，真空度一般要求保持在 $1.33\times10^{-3}\sim1.33\times10^{-7}$ Pa。

(一) 真空断路器的结构及其工作原理

1. 真空断路器结构

真空断路器由支架、真空灭弧室、操作机构等 3 部分组成。支架是安装各种功能组件的架体。真空灭弧室是由绝缘外壳、动静触头、屏蔽罩和波纹管、法兰等组成，其结构如图 3－2 所示。

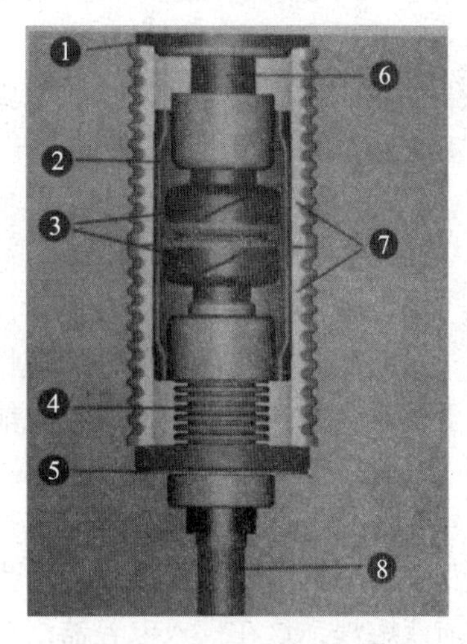

图 3－2　真空灭弧室结构

1—静端盖板；2—主屏蔽罩；3—动静触头；4—波纹管；5—动端盖板；6—静导电杆；7—绝缘外壳；8—动导电杆

(1) 绝缘外壳。外壳作为真空灭弧室的密封容器，它不仅要容纳和支持真空灭弧室内的各种部件，且当动静触头在断开位置时起绝缘作用。外壳根据制造材料的不同分为玻璃和陶瓷两种。由于玻璃外壳不能承受强烈冲击，软化温度较低，目前我国使用陶瓷外壳较多。

(2) 触头。触头即是关合时的通流元件，又是开断时的灭弧元件。常用的触头材料主要有铜铋合金和通铬合金。触头材料对电弧特性、弧隙介质恢复过程影响很大。对真空断路器触头材料除了要求开断能力大、耐压水平高及耐电磨损外，还要求含气量低、抗熔焊性好和截流水平低。目前，真空断路器的触头系统就接触方式而言广泛使用对接式，分为平板触头、横向磁场触头和纵向磁场触头，如图 3－3 所示。

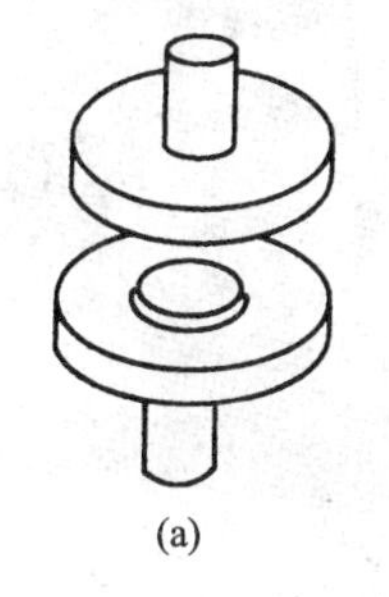
(a)

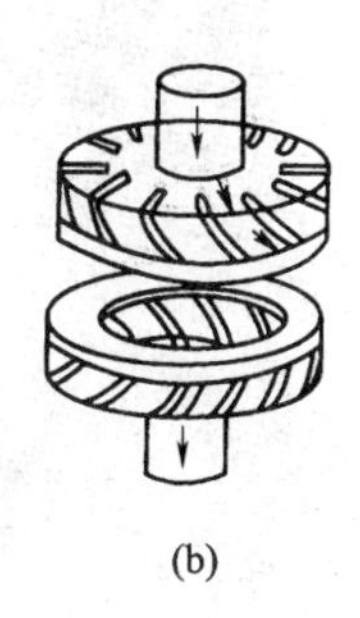
(b)

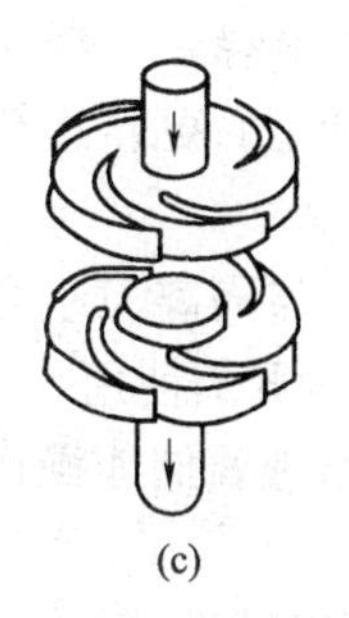
(c)

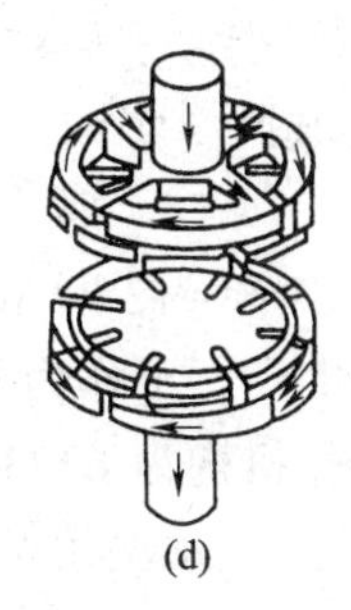
(d)

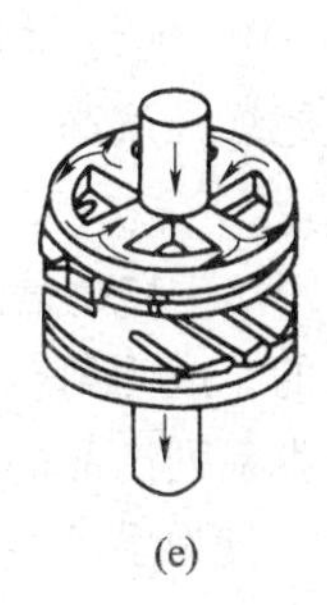
(e)

图 3－3　各种触头结构形式

(a) 平板触头；(b) 杯型触头；(c) 螺旋触头；(d) 横向磁场触头；(e) 纵向磁场触头

(3) 屏蔽罩。屏蔽罩是灭弧室不可缺少的元件，主要分为主屏蔽罩、波纹管屏蔽罩、均压屏蔽罩等。触头周围装设的屏蔽罩称为主屏蔽罩。它的作用是防止燃弧过程中触头间产生的金属蒸气和金属粒喷溅到外壳绝缘筒内壁，造成真空灭弧室外部绝缘强度降低或闪络；改善真空灭弧室内部电压的均匀分布，提高其绝缘性能，有利于真空灭弧室向小型化发展；吸收部分电弧能量，冷却和凝结电弧生成物，提高间隙介质强度恢复速度。因此要求屏蔽罩要有较高的导热率和优良的凝结能力。

(4) 波纹管。它使动触头有一定的活动范围，又不会使灭弧室的密封受到破坏，金属波纹管用来承受触头活动时的伸缩，其允许伸缩量决定了灭弧室所能获得的触头最大开距。但波纹管是真空灭弧室中最容易损坏的部件，其金属疲劳度决定了真空灭弧室的使用寿命。目前，经常使用的波纹管有液压成形和膜片焊接两种。

2. *真空断路器工作原理*

真空灭弧室内电弧点燃就是由于真空断路器刚分开瞬间，触头表面蒸发金属蒸气，在游离作用下而形成电弧造成的。真空灭弧室中电弧弧柱压差很大，质量密度差也大，因此弧柱的金属蒸气将迅速向触头扩散，由于带点质点碰撞加强了游离作用，电弧弧柱同时被拉长、拉细，从而得到更好的冷却，电弧迅速熄灭，绝缘介质强度很快恢复，从而阻止电弧在交流电流自然过零后重燃。

(二) 真空断路器的优缺点

1. *优点*

电弧在密封的容器中燃烧，没有火灾和爆炸危险；熄弧时间短，电弧能量小，触头损耗小，开断次数多；动导电杆的惯性小，适用于频繁操作；触头部分完全密封，不会因受潮、灰尘、有害气体等影响而降低性能；结构简单，维护工作量少，成本低。

2. *缺点*

在开断负载时容易引起截流过电压、三相同时开断过电压、高频重燃过电压；真空断路器开关闸时发生弹跳，不仅会产生较高的过电压而影响整个电网的稳定性，更有甚者使触头烧损或熔焊，这在投入电容器组产生涌流时及短路开断的情况下会更严重。

例如：ZW8－12/T630A 户外真空断路器系列如图 3－4 所示。

ZW8－12 系列户外高压真空断路器为额定电压 12 kV，三相交流 50 Hz 的高压户外开关设备，主要用来开断关合农网、城网和小型电力系统的负荷电流、过载电流、短路电流。该产品总体结构为三相共箱式，三相真空灭弧室置于金属箱内，利用 SMC 绝缘材料相间绝缘及对地绝缘，性能可靠，绝缘强度高，是城网、农网无油化的更新换代产品。

图 3－4　ZW8－12/T630 户外真空断路器

ZW8－12G 是由 ZW8－12 断路器与隔离刀组合而成的，成为组合断路器，可作为分段开关使用。

本系列产品的操作机构为 CT23 型弹簧储能操作机构，分为手动型和手/电动两用型。

本型号产品可内置多个 CT，以实现保护和计量功能。可实现过流延时保护、过流速断保护，CT 保护变比分为三档，以适应不同负荷线路。

数据参数如表 3－1 所示。

表 3－1　ZW8－12G 系列产品数据参数

序号	名称	单位	数值		
1	额定电压	kV	12		
2	额定电流	A		630（1 250）	
3	额定短路开断电流	kA	20	25	31.5
4	额定短路关合电流（峰值）	kA	25	31.5	50
5	工频耐压（干式）		42		
6	雷电冲击耐压（峰值）		75		
7	额定操作顺序		分 0.3 s－合分－180 s－合分		
8	机械寿命	次	10 000		
9	触头开距	mm	11 ±1		
10	三相分、合闸不同期性	ms	≤2		
11	分闸时间	s	≤0.06		
12	合闸时间	s	≤0.1		
13	各相主回路电阻	μΩ	≤200		

型号及含义及其安装图如图 3－5 所示。

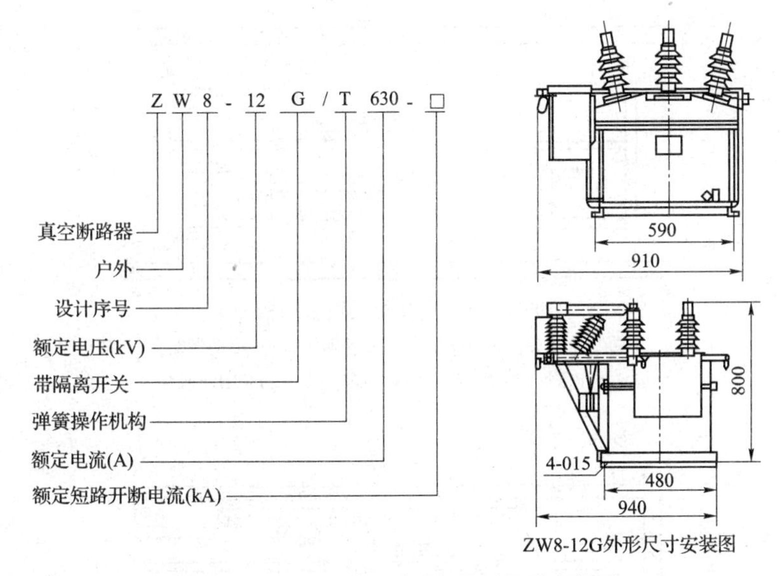

图 3－5　ZW8－12G 系列产品型号及安装图

五、SF_6断路器

SF_6断路器是一种以 SF_6作为灭弧介质和绝缘介质的断路器。该断路器具有断口耐压高、操作过电压低、允许开断次数多、开断电流大、灭弧时间短、操作时噪音小及寿命长、体积和占地面积小等优点。在我国，SF_6断路器在高压、超高压及特高压电力系统中占主导地位。

（一）SF_6气体的特点

（1）SF_6气体是一种无色、无味、无毒、不可燃的惰性气体。具有很好的导热性能和冷却电弧特性。SF_6气体热稳定好，热分解温度大约在500℃左右，易分解成硫的低氟化合物。在正常温度范围内，与电气设备中常用的金属不发生任何反应，大大延长了断路器的检修周期。

（2）SF_6气体具有良好的绝缘性能。因为SF_6气体具有很高的电负性，容易吸附电子后形成负离子，运动速度较慢的负离子会与正离子结合成不显电性的中性质点。在均匀电场作用下为同一气压时空气的2.5～3倍，在3个大气压下其介电强度相当于变压器油。

（3）SF_6气体具有良好的灭弧能力。SF_6气体灭弧能力是空气的100倍左右，这是由于它具有独特热性能和电特性。

（4）纯净的SF_6气体是无毒的，但是在电弧和高温作用下会产生SOF_2等有毒气体，而且SF_6气体与水易发生化学反应产生HF等气体，这是一种具有强腐蚀性和剧毒的气体。

（二）SF_6断路器的分类

（1）根据断路器灭弧室结构和原理，SF_6断路器分为压气式和自能式两种。

压气式SF_6断路器灭弧室在开断电流时，利用压气活塞形成SF_6气流，吹灭电弧。压气式SF_6断路器按照灭弧室结构又可以分为变开距灭弧室和定开距灭弧室。由于灭弧过程中触头的开距是变化的，故称为变开距灭弧室，变开距灭弧室结构如图3－6所示。触头系统由（工作）主触头、弧触头、中间触头组成。如图3－7所示为定开距灭弧室结构。断路器的触头由两个喷嘴的空心静触头3、5和动触头2组成。在关合时，动触头2跨接于3、5之间，构成电流通路；开断时断路器的弧隙由两个静触头保持固定的开距，故称为定开距结构。

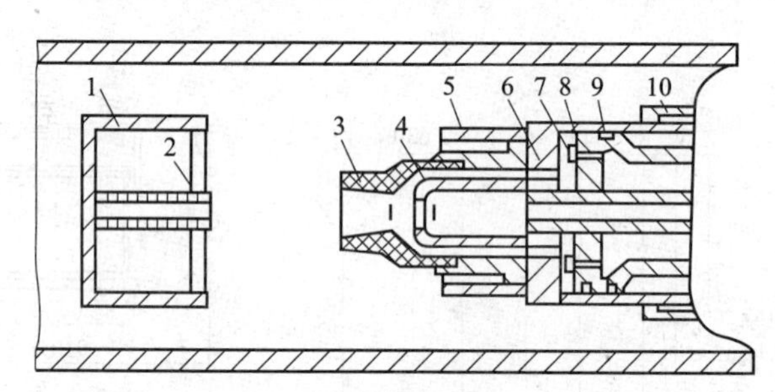

图3－6　变开距灭弧室结构

1—主触头；2—弧静触头；3—喷嘴；4—弧动触头；5—主动触头；6—压气缸；7—逆止阀；8—压气室；9—固定活塞；10—中间触头

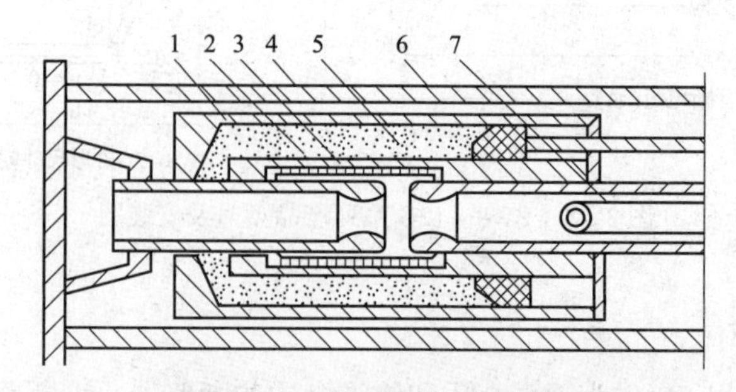

图3－7　定开距灭弧室结构

1—压气罩；2—动触头；3、5—静触头；4—压气室；6—固定活塞；7—拉杆

自能式 SF_6 断路器是利用操作机构带动汽缸和活塞做相对运动来压气熄弧，自能式 SF_6 断路器按原理可分为旋弧式、热膨胀式和混合吹弧式。旋弧式是利用设置在静触头附近的磁吹线圈在开断电流时自动地被电弧串联进回路，使电流流过线圈，在动静触头之间产生磁场，电弧在磁场驱动下高速旋转，在旋转过程中不断地与新鲜的 SF_6 气体接触，使电弧冷却而熄弧。热膨胀式是利用电弧本身的能量，加热灭弧室内的 SF_6 气体，使压力增大，存在压力差，然后通过喷嘴释放，产生强力气流吹弧，从而达到冷却和灭弧的作用。

无论是采用旋弧式还是热膨胀式灭弧，都有它自身的不足之处，为此有时候需要将几种灭弧原理同时应用在断路器灭弧室内。例如压气式加上自能式的混合式灭弧不但可以提高灭弧效能，还可以增大开断电流、减少操作功。一般混合吹弧有旋弧 + 热膨胀、压气 + 旋弧等。

（2）根据对地绝缘方式不同，SF_6 断路器又可以分为落地罐式和瓷柱式两种。

落地罐式 SF_6 断路器可以满足高压大容量的要求，主要是因为其触头和灭弧室装在了充有 SF_6 气体并接地的金属罐中，触头与罐壁之间采用支柱绝缘子绝缘，引出线靠瓷套管绝缘。在出线套管上安装电流互感器，耐压能力强，抗震性能好，但用气量大，多用于 330 kV及以上的电压等级电路里。其结构如图 3 - 8 所示。

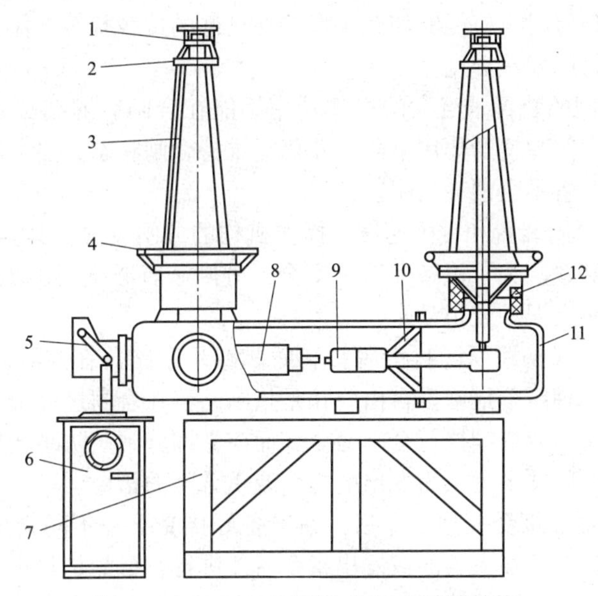

图 3 - 8　LW - 330 型罐式 SF_6 断路器结构

1—接线端子；2—上均压环；3—出线瓷套管；4—下均压环；5—拐臂箱；
6—机构箱；7—基座；8—灭弧室；9—静触头；10—盆式绝缘子；
11—壳体；12—电流互感器

瓷柱式 SF_6 断路器用气量小，结构简单，价格便宜，但抗震能力差，一般用于 110 kV 和 220 kV 电压等级。

六、高压户外断路器的操作机构

（一）操作机构的基本知识

1. 操作机构概述

操作机构是指独立于断路器本身外的对断路器进行操作的机械机操动装置。断路器操作机构可分为电磁式、弹簧式、液压式、液压弹簧式、气动式、手动式几种，一种型号的操作机构可以配用不同型号的断路器，相反也成立。断路器的操作机构由储能元件、控制元件、力传递元件组成。它的主要作用是进行断路器合闸、分闸、重合闸操作，并保持在合、分闸状态。

根据断路器故障结果分析显示，高压断路器的故障50%以上是由操作机构引起的误动或拒动，因此要根据不同型号和种类的断路器合理的选择操作机构。

2．型号含义

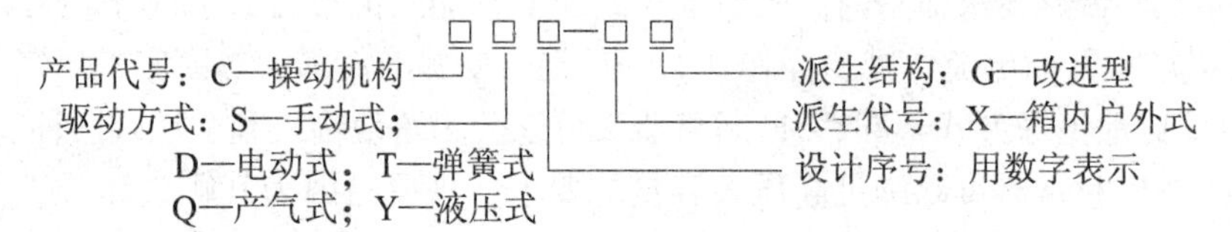

3．对操作机构的要求

（1）具有足够的操作功率。在操作合闸时，应有足够快的合闸速度和合闸功率。在异常情况下，关合到短路电流预击穿时产生的电动力，不应使触头受到电动力作用而不能正常合到位。在合闸终了位置时，应能够使触头保持在良好的接触状态，保证通过正常的工作电流时不应超过正常允许的发热温度。

（2）具有维持合闸的装置。巨大的操作功率不能在合闸后继续长时间提供。为保证当操作功率消失后，在分闸弹簧的作用下断路器仍能维持合闸状态，要求操作机构中必须有维持合闸的装置，且该装置不会消耗功率。

（3）具有可靠的分闸装置和跳闸速度。操作机构的分闸装置，其实就是解除合闸维持、释放分闸弹簧储能的装置。为了设备和系统安全，分闸装置必须要求工作可靠、灵敏度高，保证在任何情况下都不会误动或拒动。

（4）可以自由脱扣及防跳跃。自由脱扣和防跳跃是断路器在控制回路中避免部分继电器或断路器故障时的一种防范措施。自由脱扣是指断路器在合闸过程中，如果操作机构又接到分闸命令，操作机构不应继续执行合闸命令，而应立即分闸。防跳跃是指在断路器分闸后又接着合闸，而这种合闸并不是人为发出的指令或重合闸的指令。

（5）复位。断路器在接受一种指令后，在准备好接受下一不同指令的状态时，通常是在等待合闸状态。复位一般在人为的或发出指令后才进行，目的是阻止事故重复。复位的方式有电气和机械两种。

（6）要求断路器结构简单、体积小、价格便宜等。

（二）不同操作机构的特点及使用

1．电磁式操作机构

电磁式操作机构是利用直流磁铁驱动断路器合闸。它的结构简单、工作可靠、价格低，但所需功率较大、体积笨重、合闸时间长。常用的有 CD、CD2、CD3、CD10、CD11 等系列，配用于不同的断路器。各类型的操作机构合闸电磁线圈的额定电压均为直流 220 V 或 110 V，分闸脱扣器线圈的额定电压可选取 220 V、110 V、48 V。电磁式操作机构一般只用于 110 kV 及以下的油断路器。

2．弹簧式操作机构

弹簧式操作机构是一种以弹簧作为储能元件的机械式操作机构。它的储能是借助电动机的减速装置完成的，经过锁扣系统保持在储能状态。开断时，锁扣借助磁力脱扣，这是弹簧开始释放能量，以便断路器分闸。

弹簧式操作机构的优点是不需要大功率的储能源，紧急情况下可手动储能，所以适用于各种场合。而且不受天气变化影响，工作稳定性好，合闸速度很快，运行维护也比较简单。根据需要配置不同的合闸功能操作机构，这样就扩大了使用范围，一般可配用在 10 kV 到 220 kV 电压等级的断路器中。它的缺点是：结构比较复杂，机械加工工艺要求高。合闸操作时冲击力较大，要求有较好的缓冲装置。常用的弹簧式操作机构有 CT2、CT7、CT8、CT9、CT10、CTS 等型号。目前，SF_6断路器几乎全部采用弹簧式操作机构。如图 3－9 是常用 CT 型弹簧操作机构结构原理图。

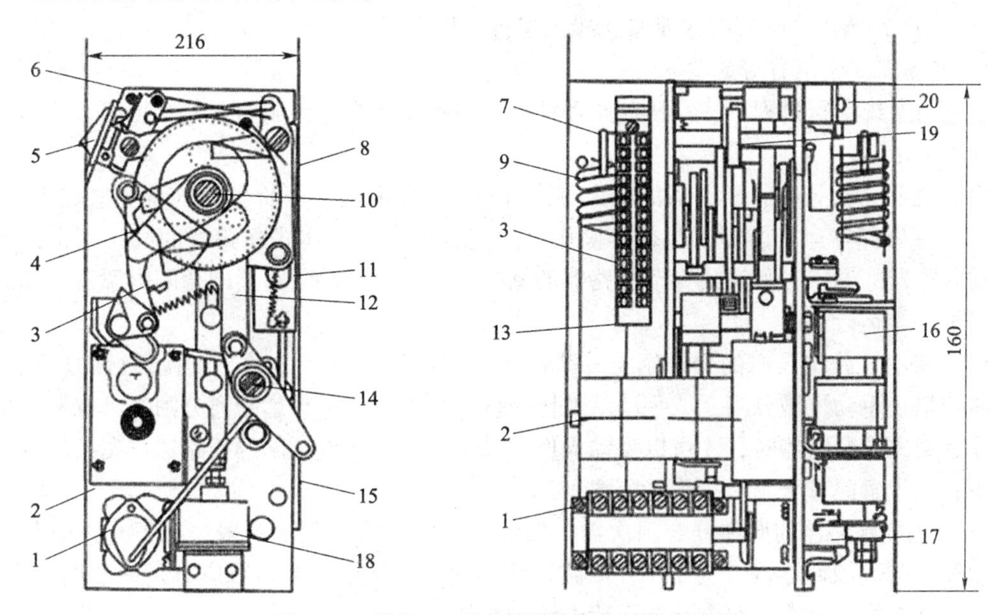

图 3－9　常用 CT 型弹簧操作机构结构原理图

1—辅助开关；2—储能电机；3—半轴；4—驱动棘爪；5—按钮；6—定位件；
7—接线端子；8—保持棘爪；9—合闸弹簧；10—储能轴；11—合闸联锁板；
12—连杆；13—分合指示器；14—输出轴；15—角钢；16—合闸电磁铁；
17—失压脱扣器；18—过电流脱扣器及分闸电磁铁；
19—储能指示；20—行程开关

3. 液压式操作机构

液压式操作机构是利用压缩气体储能，压力油作为传递动力的介质，借助操作油阀进行控制。液压式操动式的优点是压力高，动作迅速且准确，体积小，噪声和冲击力都很小，也不需要大功率合闸电源，短时失去电源仍可进行分、合闸。

这类操作机构比较复杂，制造工艺和密封要求较高。目前，我国使用的液压式操作机构主要有 CY3、CY4、CY5 等型号。主要应用在 110 kV 及以上的断路器配套中，有时在 35 kV 断路器中也使用。

4. 气动式操作机构

气动式操作机构是以压缩机产生的压缩空气作为原动力的，一般用在 110 kV 以上的断路器中，因为本身结构比较复杂，使用越来越少，目前主要使用的是型号为 CQ5、CQ7 型号的操作机构。

5. 电动式操作机构

新型电动式操作机构比常规断路器操作机构的结构简单、可靠，并采用先进的数字技术。不仅能满足对操作机构的基本要求，而且有监控等新功能，例如，可以通过调制解调器获得工作状态、报警、内部故障信息等；通过移动电动机转子（断路器触头）向前或后几毫米的动作来检查整个系统输入/输出单元到断路器触头各个部分的工作状况。电动式操作机构为断路器提供一个非常可靠、灵活的操作平台，促进了断路器控制技术的发展。

七、高压断路器的运行与维护

（一）断路器正常运行要求及禁止投入运行的情况

1. 断路器正常运行时的要求

在电力系统运行过程中，高压断路器操作比较频繁。为保证断路器安全可靠运行，对它提出几点要求：

（1）在正常运行时，断路器的最大工作电压、工作电流、开断电流不得超过其额定值。

（2）在断路器运行前要求检查其操作电源完备可靠，气体式断路器的气压正常，液压式操动断路器的油压、弹簧式操动断路器的储能、电磁式操动断路器的合闸电源及远距离操作电源等可靠运行。

（3）带有工作电压时的分合闸，一般采用远距离操作方式，对于正在运行的远距离操作断路器禁止手动机械分闸，或手动就地操作按钮分闸。只有当远距离分闸失灵或发生事故来不及远距离拉断路器时，才可以手动操作。对于装有自动重合闸的断路器，在条件可能的情况下，应先解除重合闸后再手动分闸。

（4）明确断路器的允许分合闸次数，保证一定的工作年限。一般情况下允许空载分合闸次数在 1 000 ~2 000 次。为了不让断路器频繁地进行检修，断路器应有足够的电气寿命，也就是允许连续分合闸短路电流或负荷电流的次数。

（5）禁止将有拒绝分闸缺陷或缺油、漏油、漏气等异常情况的断路器投入运行。

（6）采用真空断路器时，要保证气压在允许调整范围之内，如果超过允许值，要及时采取措施进行调整，否则停止对断路器的操作。

（7）需在同期条件下才能进行合闸的断路器，必须满足同期条件后方可合闸。

（8）在检查断路器时，运行人员应注意辅助触点的状态，如果发现触点松动等情况，要及时检修。在检查断路器合闸时，合闸后因为拉杆断开等情况造成某一相未合闸，必须立即停止运行。

2. 断路器不允许投入运行的几种情况

（1）严禁将不满足可靠性的断路器投入运行。

（2）严禁将不合格的断路器投入运行（严重漏油、漏气、绝缘介质绝缘性能很差，动作速度、跳合闸时间不合格等）。

（3）由于某种原因，某一相未合闸，立即拉开断路器，在异常情况未消除前，不可进行第二次操作。

（二）断路器运行中的巡视检查

断路器在运行过程中，值班员必须按照现场检查规程对断路器进行巡检，以便及时发现问题，并且能尽快解除问题，保证断路器的安全运行。

1. SF_6断路器巡检的要求

（1）SF_6气体中的含水量是否超过允许值。因为SF_6气体易溶于水后产生腐蚀性气体，当水分超标后，在温度降低后会凝结成水滴，黏附在绝缘表面。这些都会导致设备被腐蚀和绝缘能力降低。

（2）分、合闸位置指示正确，后台监控系统显示与现场实际位置对应。

（3）套管无破损、裂痕、放电痕迹，连接部位无发热变色，通过额定电流时接头温度不应超过70℃。

（4）断路器本体无异味和异常声响。

（5）操作机构箱内无冒烟、异味，接线端子无松动锈蚀。

（6）断路器操作前应检查控制、信号、SF_6气压、弹簧储能及其断路器本体正常。

2. 真空断路器巡检的要求

（1）分、合闸位置指示正确，后台监控系统显示与现场实际位置对应。

（2）支柱绝缘子有无裂痕、损伤，表面是否光洁。

（3）断路器本体无异味和异常声响。

（4）真空断路器无变色，放电声响，真空管无破损裂纹。

（5）接地是否良好。

3. 操作机构巡检的要求

（1）操作机构箱内无冒烟、异味，接线端子无松动锈蚀。

（2）操作机构箱清洁，加热除湿器工作良好，箱内无积水、潮气。

（3）分、合闸位置指示正确，后台监控系统显示与现场实际位置对应。

（4）机构箱门开启灵活，关闭紧密、良好。

（5）冬季或雨季，电加热器应能正常工作。

（6）各不同型号的操作机构，应及时记录油泵启动次数及打泵时间，以监视有无渗漏情况引起的频繁启动。

4. 断路器运行时特殊的巡检要求

（1）新投或大修后的断路器投运后72小时内每3小时巡检1次，其中前4小时必须每小时巡视检查1次，72小时后转入正常巡检。

（2）事故跳闸后应检查套管、接头是否正常，各部位无松动、损坏、断裂、熔化等。

（3）雪天各接头有无熔雪现象，雾天套管有无放电闪络现象，雷雨后套管有无放电闪络痕迹。

（4）断路器操作前应检查控制、信号、SF_6气压、弹簧储能及其断路器本体正常。

（5）断路器异常运行期间应进行特殊巡视，每小时1次。

5. 断路器的紧急停运情况

（1）套管有严重破损和放电现象。

（2）灭弧室有烟或内部有异常声响。

（3）断路器着火。

（4）真空断路器真空管破裂、变色，波纹管拉伤。

（5）连接部位严重过热发红。

（6）发生支柱绝缘子穿透性闪络放电。

（三）断路器常见的故障及其处理

1．断路器丧失灭弧能力故障及处理

（1）断路器拒绝分闸而情况危急，在断路器灭弧能力正常的条件下，可手动打跳该断路器。

（2）断路器真空管破裂或SF_6气体压力下降而发生分、合闸闭锁期间，断路器已失去分闸能力，为了保证安全，应立即断开故障断路器操作电源，退出重合闸，联系调度停用该断路器，并报紧急缺陷。

（3）断路器发“SF_6气压降低”信号或运行人员发现SF_6气压降低故障后，应联系调度停用断路器，并填报重大缺陷，申请专业人员检修处理。

（4）线路故障跳闸重合未成功或重合闸未重合时，应检查断路器（包括各种压力、电源等）及现场设备确无异常后，在得到调度许可后，可以试送电，但必须停用重合闸。

2．断路器拒绝合闸故障及处理

（1）不满足五防条件。检查断路器的操作是否满足五防条件，若不满足，纠正错误的操作。

（2）控制回路故障，例如控制电源消失，控制电源断开，操作控制把手故障，断路器的辅助接点接触不良，合闸线圈烧坏，回路断线，以及防跳回路、闭锁回路故障等。如果是控制电源失压，则运行人员可检查控制电源回路，试合断开的电源开关一次，若不成功，说明回路有故障。

（3）SF_6气压闭锁。SF_6气压闭锁或断路器机构故障则应联系调度停用该断路器，有旁路的可用旁路代路运行。

（4）断路器控制转换开关在“就地”位置。

（5）弹簧未储能。检查储能回路，必要时可采取手动储能。

（6）操作机构卡涩，合闸弹簧故障。

（7）同期条件不满足或同期回路故障。

3．断路器拒绝跳闸故障及处理

（1）不满足五防条件。检查断路器的操作是否满足五防逻辑条件，纠正错误的操作。

（2）控制回路故障，例如控制电源消失，操作控制把手故障，断路器的辅助接点接触不良，跳闸线圈烧坏，回路断线，以及防跳回路、闭锁回路故障等。如果是控制电源失压，则运行人员可检查控制电源回路，试合断开的电源开关一次，若不成功，说明回路有故障。

（3）SF_6气压闭锁。SF_6气压闭锁或断路器机构故障则应联系调度停用该断路器。

（4）断路器控制转换开关在“就地”位置。

（5）操作机构卡涩，分闸弹簧故障。

思考题

1．高压断路器的作用是什么？对其有哪些基本要求？

2. 高压断路器有哪几类？其技术参数有哪些？
3. 真空断路器的结构有什么特点？
4. 对断路器操作机构的要求有哪些？操作机构有哪些类型？
5. SF_6断路器有何主要特点？
6. 断路器常见的故障有哪些？
7. 断路器正常运行时有哪些要求？

任务二　高压隔离开关的运行与维护

教学目标

* 理解隔离开关的基本概念。
* 掌握隔离开关的作用及分类。
* 掌握隔离开关的基本要求及结构。
* 掌握隔离开关的技术参数及型号。
* 掌握隔离开关的运行与维护、事故处理。

重点

* 隔离开关的基本概念。
* 隔离开关的作用及分类。
* 隔离开关的基本要求及结构。
* 隔离开关的技术参数及型号。
* 隔离开关的运行与维护、事故处理。

难点

* 隔离开关的基本要求及结构。
* 隔离开关的运行与维护、事故处理。

一、隔离开关的基本概念

隔离开关又称接地刀闸，是一种高压开关电器。隔离开关本身没有灭弧装置，所以没有切断负荷电流和短路电流的能力。要与高压断路器配合使用，必须在断路器断开的状态时才能对隔离开关进行操作。

二、隔离开关的作用及分类

（一）隔离开关的作用

隔离开关是具有可靠断口的开关，而且断开间隙的绝缘及相间绝缘都是足够可靠的，可用于通断有电压而无负载的线路，还允许接通或断开空载的短线路、电压互感器及有限容量的空载变压器。

（1）隔离开关主要用来将配电装置中需要停电的部分与带电部分可靠地隔离，以保证检修工作的安全。

（2）触头全部敞露在空气中，具有明显的断开点，隔离开关没有灭弧装置，因此不能用来切断负荷电流或短路电流，否则在高压作用下，断开点将产生强烈电弧，并很难自行熄灭，甚至可能造成飞弧（相对地或相间短路），烧损设备，危及人身安全，这就是所谓“带负荷拉隔离开关”的严重事故。

（3）隔离开关还可以用来进行倒闸操作，以改变系统的运行方式。例如，在双母线电路中，可以用隔离开关将运行中的电路从一条母线切换到另一条母线上。同时，也可以用来操作一些小电流的电路，如励磁电流不超过 2 A 的空载变压器、电容电流不超过 5 A 的空载线路等。有的隔离开关带有高压传感器，可接带电显示器。

（二）隔离开关的分类

（1）按装设地点可分为户内式和户外式。

（2）按绝缘支柱可分为单柱式、双柱式和三柱式。

（3）按操作机构可分为手动式、电动式、气动式、液压式。

（4）按有无接地刀闸可分为两侧有接地刀闸、一侧有接地刀闸、无接地刀闸。

（5）按动触头运动方式可分为摆动式、水平螺旋式、插入式。

（6）按极数可分为单极和双极。

三、隔离开关的基本要求和结构

（一）隔离开关的基本要求

（1）隔离开关应具有良好的断口点且利于观察，以便运行人员能准确地观察隔离开关的分合闸状态及确定被检修的电气设备是否与电网断开。

（2）隔离开关断口处应具有良好的绝缘，以便在恶劣条件下能可靠地工作，不会发生闪络及漏电等现象，防止危及人身安全。

（3）隔离开关应具有足够的热稳定性和动稳定性，不能由于外界的条件或者电动力等因素，影响触头的正常分、合。

（4）隔离开关与断路器配合使用时必须有连锁机构，以保证正确的操作顺序，停电时先断开隔离开关再断开断路器，避免带负荷拉隔离开关引起事故。

（5）隔离开关带有接地刀闸时必须有连锁机构，以保证正确的操作顺序，先断开隔离开关后再合上接地刀闸。

（6）隔离开关应具有足够的机械强度和小的外形。

（二）隔离开关的基本结构

高压隔离开关由导电部分、绝缘部分、传动部分、操动部分和底座部分五部分组成。其外形如图 3－10 所示。

1．导电部分

由一条弯成直角的铜板构成静触头，其有孔的一端可通过螺钉与母线相连接；另一端较短，合闸时它与动刀片（动触头）相接触。

两条铜板组成接触条，又称为动触头，可绕轴转动一定角度，合闸时它夹持住静触头。

两条铜板之间有夹紧弹簧用以调节动静触头间接触压力，同时两条铜板，在流过相同方向的电流时，它们之间产生相互吸引的电动势，这就增大了接触压力，提高了运行可靠性。在接触条两端安装有镀锌钢片叫磁锁，在流过短路故障电流时，磁锁磁化后产生的相互吸引的力量，加强触头的接触压力，从而提高了隔离开关的动、热稳定性。

图 3-10　GN19-10、GN19-10C 高压隔离开关的结构

2. 绝缘部分

隔离开关的绝缘主要有两种，一是对地绝缘，二是断口绝缘。对地绝缘一般是由支柱绝缘子和操作绝缘子构成。它们通常采用实心棒形瓷质绝缘子，有的采用环氧树脂等做绝缘材料。断口绝缘具有明显可见的间隙断口，绝缘必须稳定可靠，通常以空气为绝缘介质，断口绝缘水平应较对地绝缘高 10% ~15%，以保证断口处不发生闪络或击穿。

动静触头分别固定在两套支持瓷瓶上。为了使动触头与金属的、接地的传动部分绝缘，采用了瓷质绝缘的拉杆绝缘子。

3. 传动部分

有主轴、拐臂、拉杆绝缘子等。

4. 操动部分

与断路器操作机构一样，通过手动、电动、气动、液压等方式向隔离开关的动作提供能源。

5. 底座部分

由钢架组成。支持瓷瓶或套管瓷瓶以及传动主轴都固定在底座上。底座应接地。总之，隔离开关结构简单，无灭弧装置，处于断开位置时有明显的断开点，其分合状态很直观。

四、隔离开关的技术参数

（1）额定电压。它指隔离开关长期运行时所能承受的工作电压。

（2）最高工作电压。指隔离开关能承受的超过额定电压的最高电压。

（3）额定电流。指隔离开关可以长期通过的工作电流。

（4）热稳定电流。指隔离开关在规定的时间内允许通过的最大电流。它表明了隔离开关承受短路电流热稳定的能力。

（5）极限通过电流峰值。指隔离开关所能承受的最大瞬时冲击短路电流。

五、隔离开关型号意义

隔离开关的型号一般由文字符号和数字组成。

隔离开关的型号参数及含义：□□□—□□/□。

第一位：产品字母代号（G—隔离开关，J—接地开关）。

第二位：使用环境（N—户内，W—户外）。

第三位：设计序号（1，2，3……）。

第四位：额定电压（单位 kV）。

第五位：派生代号（K—带快分装置，D—带接地刀闸，G—改进型，T—统一设计产品，C—人力操作机构）。

第六位：额定电流（单位 A）。

例如，GW4－12（40.5）DI（W）/630 户外隔离开关型号含义如下：

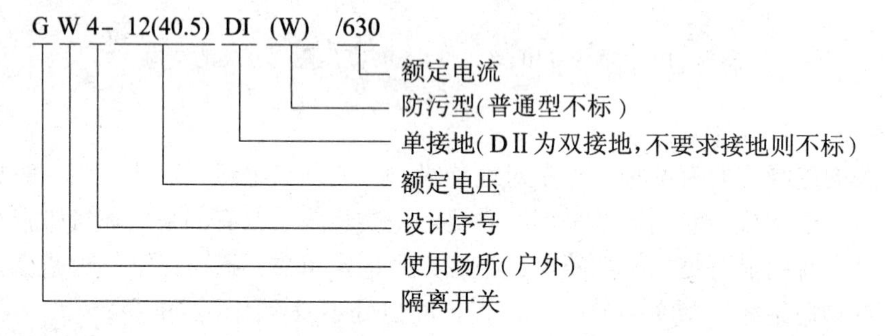

1. 使用环境条件

（1）海拔不超过 1 000 m。

（2）环境温度上限为 40℃，下限－25℃。

（3）风速不超过 35 m/s。

（4）不得有导电或化学腐蚀气体以及火灾。

（5）不得装于爆炸危险的场所。

（6）地震烈度不超过 8 度。

2. 结构及其特点

隔离开关由底座、绝缘支柱及导电部分以及操作机构等组成。每极有两个支柱，每个支柱上端各装有导电闸刀，两部分闸刀触头接触处在两支柱的中间部位。支柱的下端各装有轴承套，在操作机构的带动下，可使闸刀做水平旋转 90°，从而达到分合闸之要求。隔离开关为单极型，也可通过连杆将三极连接成能够联动的三极形式。配用 CSII 型或 CS17 型手动机构操作。其中 CS17 用于带接地的装置的隔离开关。从上述结构简介中不难看出，本隔离开关结构合理，操动灵活自如；可单极，也可三极使用，安装方便；触刀开距大，绝缘安全可靠。还可根据用户需要，不接地或配装单边接地或双接地均可。

隔离开关结构如图 3－11 所示，主要技术参数、外形及安装尺寸如图 3－12 所示。

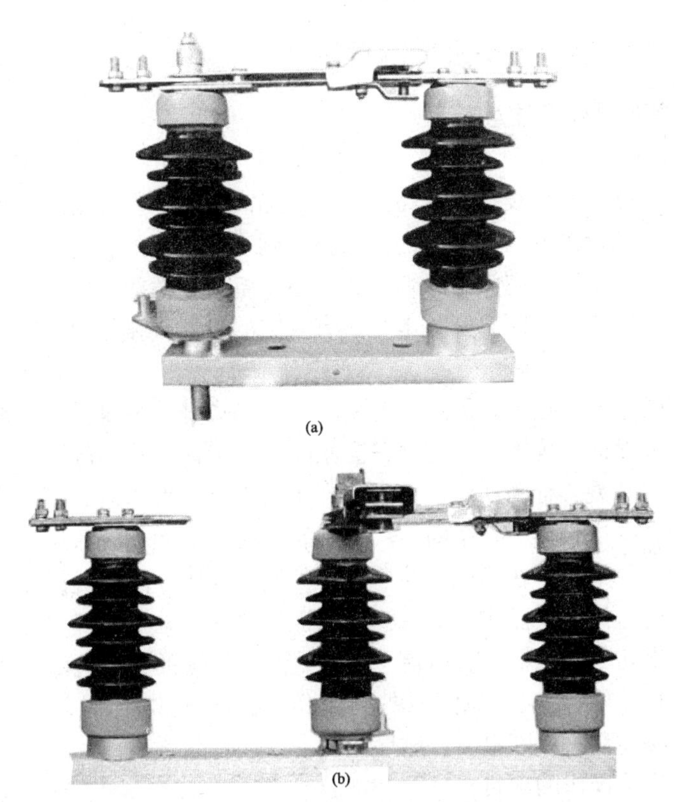

(a)

(b)

图 3－11　隔离开关结构图

（a）GW4－12、15 kV 双铜排型户外高压隔离开关

（b）GW4－12 双投型户外高压隔离开关

主要技术数据

分类	型号	额定电压/kV	额定电流/A	隔离开关		接地开关				接地开关
				额定峰值耐受电流/kA	额定知时耐受电流/kA	额定峰值耐受电流/kA		额定知时耐受电流/kA		
一般型 （防污型）	GW4	12	400~630	80	31.5(4s)	50	80	20 (4s)	31.5 (4s)	不接地、单接地、双接地
		17.5	400~1000							
		40.5	400~1250	50 80	20(4s) 31.5(4s)					

外形及安装尺寸

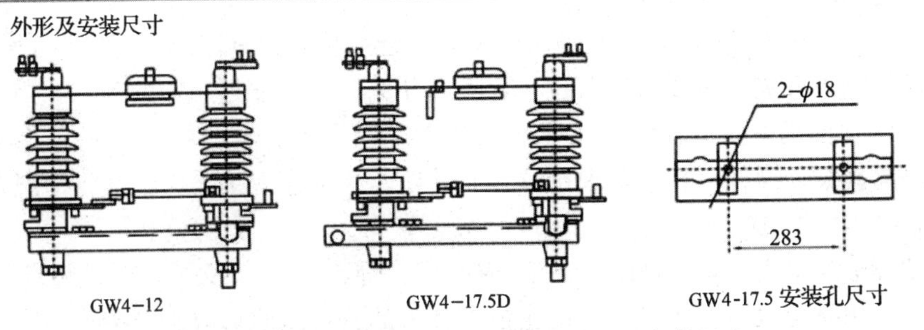

图 3－12　隔离开关主要技术数据、外形及安装尺寸

六、隔离开关的运行维护及事故处理

（一）隔离开关的操作及注意事项

在电力系统的变配电设备中，隔离开关数量最多。隔离开关主要用来使电气回路间有一个明显的断开点，以便在检修设备和线路停电时，隔离电源、保证安全。另外，用隔离开关与断路器相配合，可进行改变运行方式的操作，达到安全运行的目的。

隔离开关与断路器不同，它没有灭弧装置，不具备灭弧性能。因此，严禁用隔离开关来拉合负荷电流和故障电流，但隔离开关本身具有一定的自然灭弧能力，所以可以关断电流较小的电路。

当隔离开关与断路器、接地开关配合使用时，或隔离开关本身具有接地功能时，应有机械联锁或电气联锁来保证正确的操作程序；合闸时，在确认断路器等开关设备处于分闸位置上后，才能合上隔离开关，合闸动作快结束时，用力不宜太大，避免发生冲击；若单极隔离开关，合闸时应先合两边相，后合中间相；分闸时应先拉中间相，后拉两边相，操作时必须使用绝缘棒来操作；分闸时，在确认断路器等开关设备处于分闸位置，应缓慢操作，待主刀开关离开静触点时迅速拉开。操作完毕后，应保证隔离开关处于断开位置，并保持操作机构锁牢；用隔离开关来切断变压器空载电流、架空线路和电缆的充电电流、环路电流和小负荷电流时，应迅速进行分闸操作，以达到快速有效的灭弧；送电时，应先合电源侧的隔离开关，后合负荷侧的隔离开关；断电时，顺序相反。

隔离开关允许直接操作的项目：

（1）开、合电压互感器和避雷器回路。

（2）电压为 35 kV、长度为 10 km 以内的无负荷运行的架空线路。

（3）电压为 10 kV，长度为 5 km 以内的无负荷运行的电缆线路。

（4）电压为 35 kV 以下，无负荷运行的变压器，其容量不超过 1 000 kVA。

（5）开、合母线和直接接在母线上的设备的电容电流。

（6）开、合变压器中性点的接地线，当中性点上接有消弧线圈时，只能在系统未发生短路故障时才允许操作。

（7）与断路器并联的旁路隔离开关，断路器处于合闸位置时，才能操作。

（8）开、合励磁电流不超过 2 A 的空载变压器和电容电流不超过 5 A 的无负荷线路，对电压为 20 kV 及以上时，必须使用三相联动隔离开关。

（9）用室外三相联动隔离开关，开、合电压为 10 kV 及以下，电流为 15 A 以下的负荷电流和不超过 70 A 的环路均衡电流。

（10）严禁使用室内型三相联动隔离开关拉、合系统环路电流。

错误操作隔离开关，造成带负荷拉、合隔离开关，应按下列规定处理：

（1）当错拉隔离开关，在切口发现电弧时应急速合上；若已拉开，不允许再合上，如果是单极隔离开关，操作一相后发现错拉，而其他两相不应继续操作，并将情况及时上报有关部门。

（2）当错合隔离开关时，无论是否造成事故，都不允许再拉开，因带负荷拉开隔离开关，会引起三相弧光短路，此时应并迅速报告有关部门，以便采取必要措施。

（二）隔离开关运行维护中的检查项目及注意事项

1. 隔离开关的正常运行

隔离开关正常运行状态是指在额定条件下，连续通过额定电流而热稳定、动稳定不被破坏的工作状态。

2. 隔离开关正常巡视检查项目

隔离开关在运行中，要加强检查，及时发现异常或缺陷并做出处理，防止异常或缺陷转化为事故。检查项目包括：

（1）隔离开关本体检查。检查开关合闸状况是否良好，有无合不到位或错位现象。

（2）绝缘子检查。检查隔离开关绝缘子是否清洁完整，有无裂纹、放电现象和闪络痕迹。

（3）触头检查。检查触头有无脏污、变形锈蚀，触头是否倾斜；检查触头弹簧或弹簧片有无折断现象；检查隔离开关触头是否由于接触不良引起发热、发红。夜巡时应特别注意，看触头是否烧红，严重时会烧焊在一起，使隔离开关无法拉开。

（4）操作机构检查。检查操作连杆及机械部分有无锈蚀、损坏，各机件是否紧固，有无歪斜、松动、脱落等不正常现象。

（5）底座检查。检查隔离开关底座连接轴上的开口销是否断裂、脱落，法兰螺栓是否紧固，有无松动现象，底座法兰有无裂纹等。

（6）接地部分检查。对于接地的隔离开关，应检查接地刀口是否严密，接地是否良好，接地体可见部分是否有断裂现象。

（7）防误闭锁装置检查。检查防误闭锁装置是否良好；隔离开关在拉、合后，检查电磁锁或机械锁是否锁牢。

（三）隔离开关异常运行分析及事故处理

1. 隔离开关触头过热

触头过热时，刀片和导体接头变色发暗，接触部分变色漆变色或示温片变色、软化、位移、发亮或熔化；户外隔离开关触头过热，在雨雪天气可观察到接头处有冒汽或落雪立即融化现象；若触头严重过热，刀口可能烧红，甚至发生熔焊现象。

隔离开关运行触头过热可能是下述原因引起的：

（1）合闸不到位，使电流通过的截面大大缩小，因而出现接触电阻增大，同时产生很大的斥力，减少了弹簧的压力，使压缩弹簧或螺丝松弛，更使接触电阻增大而过热。

（2）因触头紧固件松动，刀片或刀嘴的弹簧锈蚀或过热，使弹簧压力降低；或操作时用力不当，使接触位置不正。这些情况均使触头压力降低，触头接触电阻增大而过热。

（3）刀口合得不严，使触头表面氧化、脏污；拉合过程中触头被电弧烧伤，各连动部件磨损或变形等，均会使触头接触不良，接触电阻增大而过热。

（4）隔离开关过负荷，引起触头过热。

母线、隔离开关触头过热的处理方法如下：

（1）用红外测温仪测量过热点的温度，以判断发热程度。

（2）如果母线过热，根据过热的程度和部位，调配负荷，减少发热点电流，必要时汇报调度协助调配负荷。

（3）若隔离开关触头因接触不良而过热，可用相应电压等级的绝缘棒推动触头，使触头接触良好，但不得用力过猛，以免滑脱扩大事故。

（4）若隔离开关因过负荷引起过热。应汇报调度，将负荷降至额定值或以下运行。

（5）在双母线接线中，若某一母线隔离开关过热，可将该回路倒换到另一母线上运行，然后，拉开过热的隔离开关。待母线停电时再检修该过热隔离开关。

（6）在单母线接线中，若母线隔离开关过热，则只能降低负荷运行，并加强监视，也可加装临时通风装置，加强冷却。

（7）在具有旁路母线的接线中，母线隔离开关或线路隔离开关过热，可以倒至旁路运行，使过热的隔离开关退出运行或停电检修。无旁路接线的线路隔离开关过热，可以减负荷运行，但应加强监视。

（8）在3/2接线中，若某隔离开关过热，可开环运行，将过热隔离开关拉开。

（9）若隔离开关发热不断恶化：威胁安全运行时，应立即停电处理。不能停电的隔离开关，可带电作业进行处理。

2. 隔离开关绝缘子损坏或闪络

运行中的隔离开关，有时发生绝缘子表面破损、龟裂、脱釉，绝缘子胶合部位因胶合剂自然老化或质量欠佳引起松动，以及绝缘子严重积污等现象。由于绝缘子的损坏和严重积污，当出现过电压时，绝缘子将发生闪络、放电、击穿接地。轻者使绝缘子表面引起烧伤痕迹，严重时产生短路、绝缘子爆炸、断路器跳闸。

运行中，若绝缘子损坏程度不严重或出现不严重的放电痕迹时，可暂时不停电，但应报告调度尽快处理。处理之前，应加强监视。如果绝缘子破损严重，或发生对地击穿，触头熔焊等现象，则应立即停电处理。

3. 隔离开关拒绝分、合闸

用手动或电动操作隔离开关时，有时发生拒分、拒合，其可能原因如下：

（1）操作机构故障。手动操作的操作机构发生冰冻、锈蚀、卡死、瓷件破裂或断裂、操作杆断裂或销子脱落，以及检修后机械部分未连接，使隔离开关拒绝分、合闸。若是气动、液压的操作机构，其压力降低，也使隔离开关拒绝分、合闸。隔离开关本身的传动机构故障也会使隔离开关拒绝分、合闸。

（2）电气回路故障。电动操作的隔离开关，如动力回路动力熔断器熔断，电动机运转不正常或烧坏，电源不正常；操作回路如回路器或隔离开关的辅助触点接触不良，隔离开关的行程开关、控制开关切换不良，隔离开关箱的门控开关未接通等均会使隔离开关拒分、合闸。

（3）误操作或防误装置失灵。断路器与隔离开关之间装有防止误操作的闭锁装置。当操作顺序错误时，由于被闭锁隔离开关拒绝分、合闸；当防误装置失灵时，隔离开关也会拒动。

（4）隔离开关触头熔焊或触头变形，使刀片与刀嘴相抵触，而使隔离开关拒绝分、合闸。

隔离开关拒绝分、合闸的处理：

（1）操作机构故障时，如属冰冻或其他原因拒动，不得用强力冲击操作，应检查支持销子及操作杆各部位，找出阻力增加的原因。如系生锈、机械卡死、部件损坏、主触头受阻或熔焊应检修处理。

（2）如系电气回路故障，应查明故障原因并做相应处理。

（3）确认不是误操作而是防误闭锁回路故障，应查明原因，消除防误装置失灵。或按闭锁要求的条件，严格检查相应的断路器、隔离开关位置状态，核对无误后，解除防误装置的闭锁再行操作。

4. 隔离开关自动掉落合闸

隔离开关在分闸位置时，如果操作机构的机械装置失灵，如弹簧的锁住弹力减弱、销子行程太短等，遇到较小震动，便使机械闭锁销子滑出，造成隔离开关自动掉落合闸。这不仅会损坏设备，而且也易造成对工作人员的伤害。如某变电所35 kV一隔离开关自动掉落，引起系统带接地线合闸事故，使一台大容量变压器烧坏，而且，接地线烧断，电弧对近旁的控制电缆放电，高电压传到控制室，烧坏了许多二次设备，险些危及人身安全。

5. 误拉、合隔离开关

在倒闸操作时，由于误操作，可能出现误拉、误合隔离开关。由于带负荷误拉、误合隔离开关会产生异常弧光，甚至引起三相弧光短路，故在倒闸操作过程中，应严防隔离开关的误拉、误合。

当发生带负荷误拉、合隔离开关时，按隔离开关传动机构装置型式的不同，分别按下列方法处理：

（1）对手动传动机构的隔离开关，当带负荷误拉闸时，若动触头刚离开静触头便有异常弧光产生，此时应立即将触头合上，电弧便熄灭，避免发生事故。若动触头已全部拉开，则不允许将动触头再合上。若再合上，会造成带负荷合刀闸，产生三相弧光短路，扩大事故。

（2）对电动传动机构的隔离开关，因这种隔离开关分闸时间短（如GW6－200型只需6 s），比人力直接操作快，当带负荷误拉闸时，应将最初操作继续操作完毕，操作中严禁中断，禁止再合闸。

（3）对手动蜗轮型的传动机构，则拉开过程很慢，在主触点断开不大时（2～3 mm以下）就能发现火花。这时应迅速做反方向操作，可立即熄灭电弧，避免发生事故。

（4）当带负荷误合隔离开关时，即使错合，甚至在合闸时产生电弧，也不允许再拉开隔离开关。否则，会形成带负荷拉刀闸，造成三相弧光短路，扩大事故。只有在采取措施后，先用断路器将该隔离开关回路断开，才可再拉开误合的隔离开关。

思考题

1. 隔离开关的主要作用是什么？
2. 隔离开关型号的含义是什么？
3. 高压隔离开关是如何进行分类的？
4. 对隔离开关有哪些基本要求？

5. 隔离开关拉不开怎么办？
6. 隔离开关有哪些异常运行情况，应该怎样进行处理？
7. 隔离开关拒绝合闸、分闸的原因是什么？

任务三　熔断器的运行与维护

教学目标

* 理解熔断器的基本概念。
* 掌握熔断器的种类及用途、技术参数及型号。
* 掌握高压熔断器的基本结构及工作原理。
* 了解熔断器的选择及校验。
* 掌握高压熔断器的运行与维护。

重点

* 熔断器的基本概念。
* 熔断器的种类及用途、技术参数及型号。
* 高压熔断器的基本结构及工作原理。
* 高压熔断器的运行与维护。

难点

* 高压熔断器的基本结构及工作原理。
* 高压熔断器的运行与维护。

一、高压熔断器概念及用途

熔断器是一种最原始和最简单的保护电器，俗称保险。它是在电路中人为地设置一个易熔断的金属元件，当电路发生短路或者过负荷时，元件会因为本身过热达到它的熔点而自行熔断，从而切断电路，使回路中的其他电气设备得到保护。

熔断器有结构简单、体积小、质量轻、价格低廉、使用灵活、维护方便等优点，一般应用在 60 kV 及以下的电压等级的小容量装置中，主要作为小功率辐射型电网和小容量变电所等电路的保护，也常用来保护电压互感器。在 3 kV ~ 60 kV 系统中，还与负荷开关及断路器等其他开关电器配合使用，用来保护电力线路、变压器及电容器组。在 1 kV 及以下的装置中，熔断器使用最多，一般与刀开关电器在一个壳体内组合成负荷开关或熔断器或刀开关。

二、高压熔断器的种类

熔断器的种类很多，一般按以下方法进行分类：

(1) 按电压等级，分为低压和高压两类。

（2）按使用环境，分为户内式和户外式。

（3）按结构形式，分为螺旋式、插入式、管式以及开敞式、半封闭式和封闭式等。

（4）按有无填料，分为填充料式和无填充料式。

（5）按工作特性，分为有限流作用和无限流作用。

（6）按动作性能，可分为固定式和自动跌开式。

三、高压熔断器的基本结构及工作原理

（一）熔断器的基本结构

如图 3－13 所示，高压熔断器由金属熔体（熔丝）、触头、灭弧装置（熔管）、绝缘底座组成。

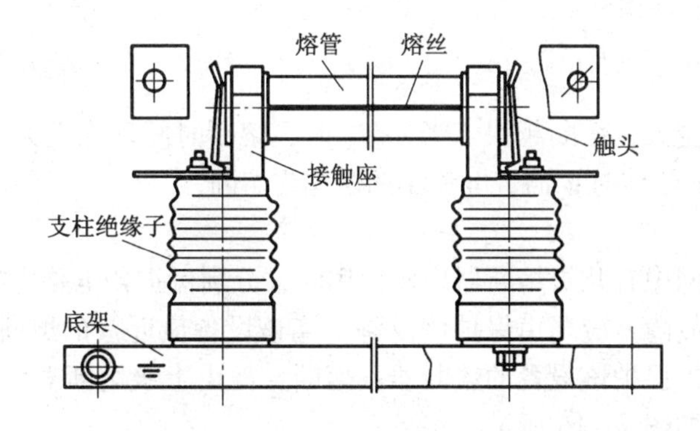

图 3－13　RN1 型熔断器的外形图

（1）熔断体（熔体、熔丝，核心）：正常工作时起导通电路的作用，在故障情况下熔体将首先熔化，从而切断电路实现对其他设备的保护。

（2）熔断器载熔件：用于安装和拆卸熔体，常采用触点的形式。

（3）熔断器底座：用于实现各导电部分的绝缘和固定。

（4）熔管：用于放置熔体，限制熔体电弧的燃烧范围，并可灭弧。

（5）充填物：一般采用固体石英砂，用于冷却和熄灭电弧。

（6）熔断指示器：用于反映熔体的状态，即完好或已熔断。

熔体是熔断器内的主要元件。它由金属制成，具有一定的截面。常用金属材料有铜、银、铅、铅锡合金和锌。铅、铅锡合金和锌的熔点低，电阻率较大，所以制成的熔体截面积大，形成的电弧截面也大，不易熄弧。铜、银的电阻率小，热传导率高，制成的熔体截面小，缺点是熔点高，小而持久的过负荷时不易熔化。

解决方法：在铜或银熔体的表面焊上小锡球或小铅球，当熔体发热到锡或铅的熔点时，锡或铅的小球先熔化，渗入铜或银的内部，形成合金（电阻大，熔点低），在小球处熔断，即冶金效应法。

（二）熔断器的工作原理

1. 熔断器的保护特性

熔断器熔体的熔断时间与熔体的材料和熔断电流的大小有关。熔断时间与电流的大小关系，称为熔断器的安秒特性，也称为熔断器的保护特性，如图 3－14 所示。

熔断器的保护特性为反时限的保护特性曲线，其规律是熔断时间与电流的平方成反比，如图 3－15 所示。I_{∞}称为最小熔化电流或称临界电流。熔体的额定电流 I_{RN}应小于 I_{∞}。

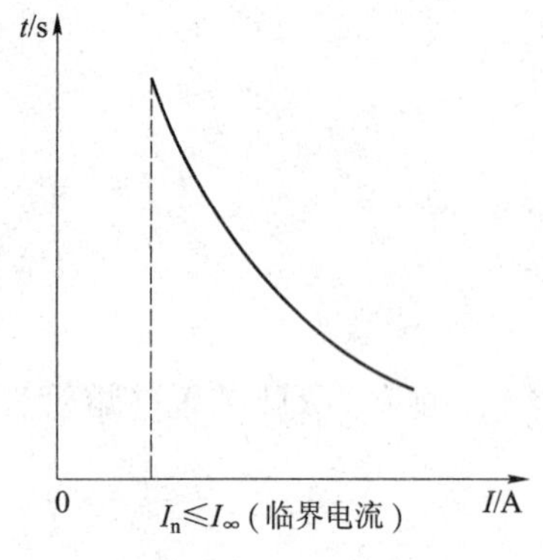

图 3－14　熔断时间与电流关系

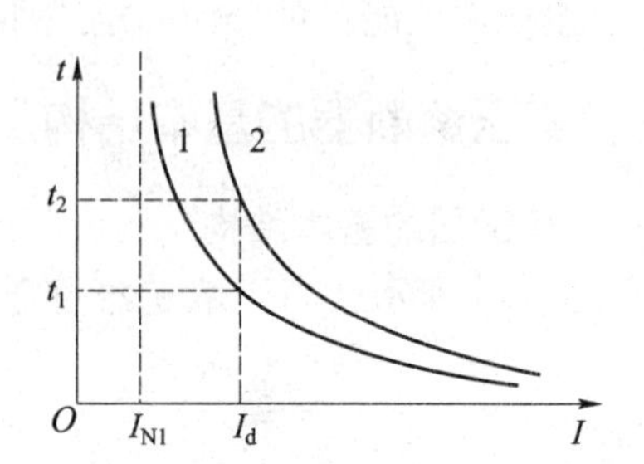

图 3－15　熔断器保护特性曲线

熔体上通过电流越大，熔断越快。当 $I < I_{N1}$ 时，熔断时间理论上为∞；当同一短路电流 I_d流过不同额定电流的熔体时，额定电流小的熔体先熔断。

2. 选择特性

选择特性指当电网中有几级熔断器串联使用时，分别保护各电路中的设备，如果某一设备发生过负荷或短路故障，应当由保护该设备（离该设备最近）的熔断器熔断，切断电路，即为选择性熔断。如果保护该设备的熔断器不熔断，而由上级熔断器熔断或者断路器跳闸，即为非选择性熔断，如图 3－16 所示。

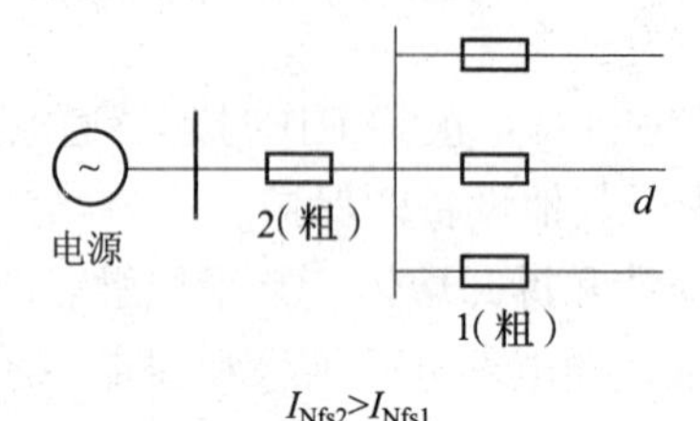

图 3－16　熔断器之间的保护配合

对于 d 点短路而言，熔断器 1 熔断是选择性熔断，而熔断器 2 熔断则是非选择性熔断。

四、高压熔断器的技术参数及型号

（一）高压熔断器的技术参数

1. 额定电压

它既是绝缘所允许的电压等级，又是熔断器允许的灭弧电压等级。

2. 额定电流

它指一般环境（≤40℃）下熔断器壳体载流部分和接触部分允许通过的长期最大工作电流。

3. 额定开断电流

它指熔断器能够正常开断的最大电流。若被开断的电流大于此电流时，有可能导致熔断器损坏，由于电弧不能熄灭引起相间短路。

4. 熔体的额定电流

它指熔体允许长期通过而不致发生熔断的最大有效电流。该电流可以不大于熔断器的额定电流，但不能超过。

(二) 高压熔断器的型号

高压熔断器型号一般由英文字母和阿拉伯数字组成，表示方法如下：

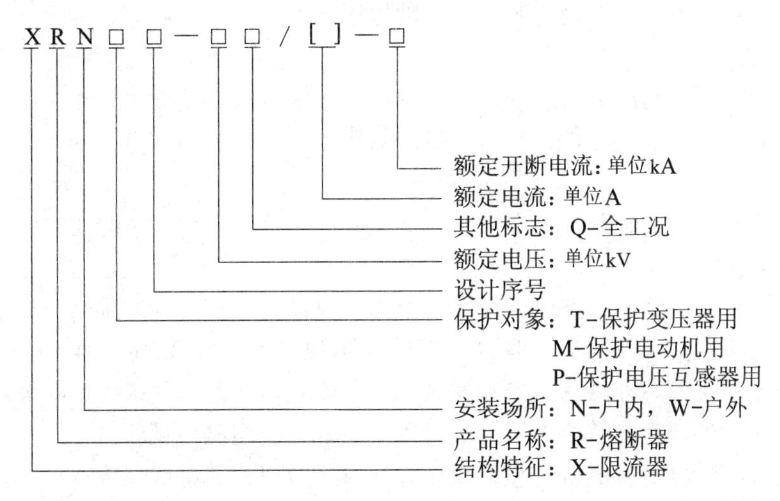

例如：RW4－10/50型，即指额定电流50 A、额定电压10 kV、户外4型高压熔断器。

1. 户内高压熔断器的类型说明

如图3－17所示，为RN1型高压熔断器外形。以RN1型为典型代表的设计序号为奇数系列的熔断器，用于3～35 kV的电力线路和电气设备的过载和短路保护；以RN2型为代表的设计序号为偶数系列的熔断器，专门用于保护电压互感器，用于对高压电压互感器的过载及短路保护，其额定电流很小，即 $I_N=0.5$ A。RN1、RN2型熔管结构如图3－18所示。

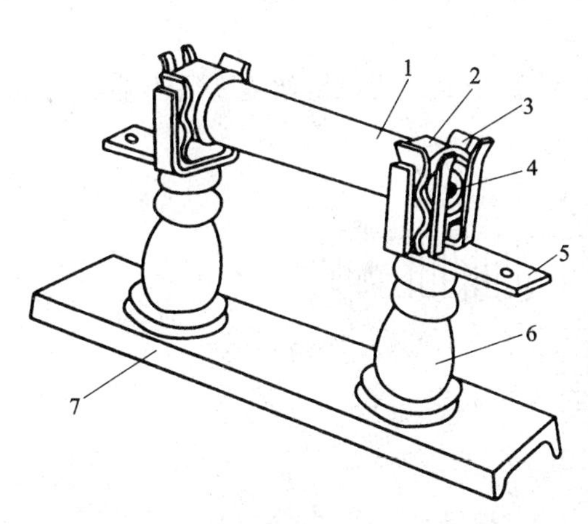

图3－17　RN1型高压熔断器外形

1—磁熔管；2—金属管帽；3—弹性触座；4—熔断指示灯；5—接线端子；6—磁绝缘子；7—底座

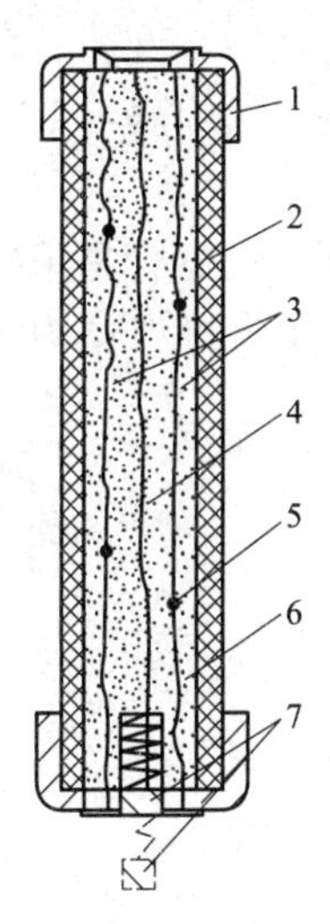

图3－18　RN1、RN2型熔管结构示意图

1—管帽；2—熔管；3—工作熔体；4—指示熔体；5—锡球；6—石英砂；7—熔断指示器

限流型高压熔断器：户内高压熔断器全部是限流型熔断器。熔断器的熔断时间（包括熄弧时间）小于短路电流达到最大值的时间，即认为熔断器限制了短路电流的发展。一般熔管内充填有石英砂。利用石英砂的冷却作用，增强去游离，使电弧在短路电流未达到最大值（冲击值）时就熄灭，起到限流作用。因为灭弧时间很短，电流变化很大，会产生过电压。可能会超过正常电源电压的几倍。用限流型熔断器保护的设备，可以不校验动稳定和热稳定——电压互感器不校验热稳定和动稳定的原因之一。

2. 户外高压熔断器类型说明

户外高压熔断器分为限流式和跌落式两种类型。限流式熔断器主要作用于电压互感器及其他用电设备的过载与短路保护，跌落式熔断器用于输配电线路和电力变压器的过载和短路保护。

(1) RW 系列跌落式熔断器（非限流式）：如 RW4 型，用于 3 ~ 35 kV 的线路和变压器的过载和短路保护。

一般户外跌落式熔断器短路电流产生的电弧，仅靠灭弧管内壁纤维物质被烧灼分解产生的气体来纵吹灭弧，其灭弧能力不强，灭弧速度不快，不能在 0.01 s 内灭弧，因而不能躲过短路冲击电流，所以户外跌落式熔断器属于非限流式熔断器。跌落式熔断器在灭弧时会喷出大量游离气体，外部声光效应大，一般只用于户外。有明显可见断口。

户外跌落式熔断器具有经济实惠、操作方便、适应户外环境性强等特点。

大多数跌落式熔断器的熔管设计为逐级排气结构。在开断小短路电流时，由于上端被一薄膜封闭，形成单端（下端）排气（纵吹），使管内保持较大的气压，以利于熄灭小电流短路电弧。在开断大短路电流时，由于管内分解的气体很多，气压很大，从而使上端薄膜被冲开，形成上下两端排气，以减小管内压力，防止熔管爆裂。

(2) 户外支柱式限流高压熔断器——35 kV 电气设备保护。

熔断器由瓷套、熔管及棒形支柱绝缘子和接线端帽等组成。RW10 型限流式熔断器——支柱式。结构：水平安装、石英砂填料。熔管装于瓷套中，熔件放在充满石英砂填粒的熔管内。熔断器的灭弧原理与 RN 系列限流式有填料的高压熔断器的灭弧原理基本相同，均有限流作用。

这种熔断器的熔管是用抱箍固定在棒形支柱绝缘子上，所以熔丝熔断后不能自动跌开，更无可见的断开间隙，结构原理如图 3-19 所示。

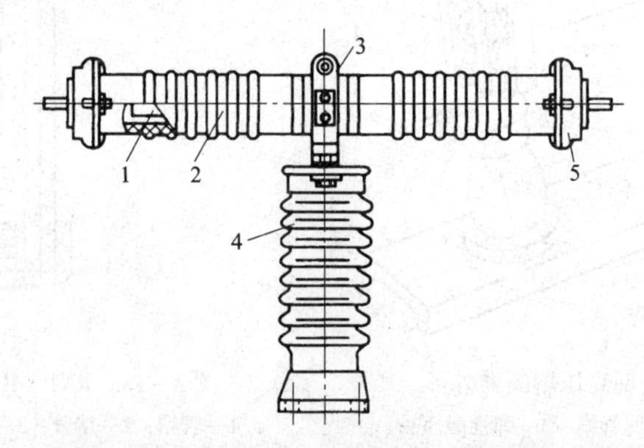

图 3-19　RW10-35 型限流熔断器的结构原理

1—熔管；2—瓷套管；3—接线端帽；4—棒式支柱绝缘子；5—瓷绝缘子

五、高压熔断器的选择与校验

（一）选择额定电压

非限流型：$U_N \geqslant U_{NS}$。

限流型：$U_N \equiv U_{NS}$。

原因：若把限流型熔断器用在 $U_N \equiv U_{NS}$ 的系统中，过电压倍数约 2～2.5 倍；但如果把限流型熔断器用在 $U_N \geqslant U_{NS}$ 的系统中，过电压倍数可达 3.5～4 倍，会损坏电气设备的绝缘。

真空断路器是指以真空作为灭弧介质和绝缘介质，在真空容器中进行电流开断和关合的断路器。气体间隙的击穿与气体压力有关，真空断路器的核心部件是真空灭弧室，为了满足绝缘强度的要求，真空度一般要求保持在 $1.33\times10^{-3}\sim1.33\times10^{-7}$ Pa。

（二）选择额定电流

（1）$I_{Nft} \geqslant I_{Nfs}$（一种规格的熔断器底座可以装设多种规格的熔断体）。

（2）I_{Nfs} 考虑：

① 保护 35 kV 及以下电力变压器，需要计及励磁涌流、电动机启动等因素。当熔断器通过变压器回路的最大工作电流 I_{max}、变压器的励磁涌流、保护范围外的短路电流及电动机自启动等冲击电流时，其熔体不应误熔断，则 $I_{Nfs}=K\times I_{max}$（K 为可靠系数）。

② 用于保护电力电容器，需要计及涌流和波形畸变。当系统电压升高或波形畸变引起回路电流增大或运行中产生涌流时，其熔体不应误熔断。则 $I_{Nfs}=K\times I_{nc}$（I_{nc} 为电力电容器回路的额定电流）。

六、高压熔断器的运行与维护

（一）高压熔断器运行时注意事项

为使熔断器能更可靠、安全的运行，应按规定要求严格选择合格产品及配件外，在进行运行和维护时也应该注意以下事项：

（1）检查瓷绝缘部分有无损伤和放电痕迹。

（2）检查熔断器的额定值与熔体的配合和负荷电流是否相适应。

（3）室内型熔断器瓷管的密封是否完好，导电部分与固定底座静触头的接触是否紧密。

（4）室外型熔断器导电部分接触是否紧密，弹性触点的推力是否有效，熔体本身是否有损伤，绝缘管有无损坏和变形。

（5）室外型熔断器的安装角度有无变化，分、合闸操作时应动作灵敏，熔体熔断时熔丝管掉落应迅速，以形成明显的隔离间隔，上、下触点应对准。

（二）停电检修时对熔断器检查内容

（1）检查熔断器上下连接引线有无松动、放电、过热现象。

（2）熔断器转动部位是否灵活，有无锈蚀、转动不灵等异常，零部件是否损坏。

（3）熔管经多次动作管内产气用消弧管是否烧伤及日晒雨淋后是否损伤变形。

（4）静、动触点接触是否吻合，紧密完好。

（5）清扫绝缘子并检查是否有伤，拆开上、下引线后，用 2 500 V 摇表测试，绝缘电阻应大于 300 MΩ。

思考题

1. 熔断器有哪些技术参数？
2. 熔断器的基本结构是什么？
3. 熔断器的保护特性是什么？与哪些因素有关？
4. 高压熔断器的分类有哪些？各自适用哪些场合？
5. 高压熔断器运行维护时应注意的检查项目有哪些？

任务四　负荷开关的运行与维护

教学目标

* 理解负荷开关的基本概述。
* 掌握不同类型负荷开关工作原理。
* 掌握高压负荷开关的运行与维护。

重点

* 负荷开关的基本概述。
* 不同类型负荷开关工作原理。
* 高压负荷开关的运行与维护。

难点

* 不同类型负荷开关工作原理。
* 高压负荷开关的运行与维护。

一、负荷开关的概述

高压负荷开关是一种功能介于高压断路器和高压隔离开关之间的电器，高压负荷开关常与高压熔断器串联配合使用，用于控制电力变压器。高压负荷开关具有简单的灭弧装置，因为能通断一定的负荷电流和过负荷电流。但是它不能断开短路电流，所以它一般与高压熔断器串联配合使用，借助熔断器来进行短路保护。

负荷开关及组合电器适用于三相交流 10 kV、50 Hz 的电力系统中，或与成套配电设备及环网开关柜、组合式变电站等配套使用，广泛用于域网建设改造工程、工矿企业、高层建筑和公共设施等，可作为环网供电或者终端，起着电能的分配、控制和保护的作用。

二、负荷开关工作原理

负荷开关种类较多，从使用环境上分，有户内式、户外式；从灭弧形式和灭弧介质上分，有压气式、产气式、真空式、六氟化硫式等。对于 10 kV 高压用户来说，老用户用的多为户内压气式或产气式的；新用户采用环网柜，用的多为六氟化硫式的。而10 kV架空线路上用的则为户外式的。

（一）转动式压气负荷开关

下面将介绍以FN2－10为代表的户内压气式负荷开关、以FN4－10为代表的真空式负荷开关、以FN5－10为代表的户内产气式负荷开关以及户内六氟化硫负荷开关和以FW－10为代表的户外式负荷开关。以FN2－10为重点。图3－20是FN2－10型高压负荷开关的外形图。

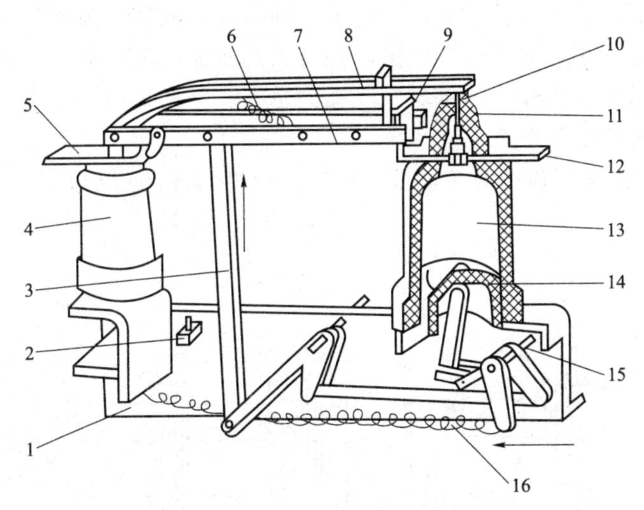

图3－20　FN2－10型负荷开关结构图

1—框架；2—分闸缓冲器；3—绝缘拉杆；4—支柱绝缘子；5—出线；6—弹簧；7—主闸刀；8—弧闸刀；9—主触头；10—弧触头；11—喷口；12—出线；13—气缸；14—活塞；15—主轴；16—跳闸弹簧

现就FN2－10的结构及工作原理简介如下。

1．导电部分

出线连接板、静主触头及动主触头接通时，流过大部分电流，而与之并联的静弧触头与动弧触头则流过小部分电流；动弧触头及静弧触头的主要任务是在分、合闸时保护主触头，使它们不受电弧烧蚀。因此，合闸时弧触头先接触，然后主触头才闭合；分闸时主触头先断开，这时弧触头尚未断开，电路尚未切断，不会有电弧。待主触头完全断开后，弧触头才断开，这时才燃起电弧。然而动、静弧触头已迅速拉开，且又有灭弧装置的配合，电弧很快熄灭，电路被彻底切断。

2．灭弧装置

灭弧装置包括气缸、活塞、喷口等。

3．绝缘部分

绝缘部分包括支持瓷瓶借以支持动触头；气缸绝缘子借以支持静触头并作为灭弧装置的一部分。

4．传动部分

传动部分包括主轴、拐臂、分闸弹簧、传动机构、绝缘拉杆、分闸缓冲器等。

5．底座

底座为钢制框架。

总之，负荷开关的结构虽比隔离开关复杂些，但仍比较简单，且断开时有明显的断开点。由于它具有简易的灭弧装置，因而有一定的断流能力。

现在再简要地叙述一下其分闸过程：分闸时，通过操作机构使主轴转90°，在分闸弹簧迅速收缩复原的爆发力作用下，主轴的这一转动完成得非常快，主轴转动带动传动机构，使绝缘拉杆向上运动，推动动主触头与静主触头分离，此后，绝缘拉杆继续向上运动，又使动弧触头迅速与静弧触头分离，这是主轴作分闸转动引起的一部分联动动作。同时，还有另一部分联动动作：主轴转动，通过连杆使活塞向上运动，使气缸内的空气被压缩，缸内压力增大，当动弧触头脱开静弧触头引燃电弧时，气缸内强有力的压缩空气从喷嘴急速喷出，使电弧很快熄灭，弧触头之间分离速度快，压缩空气吹弧力量强，使燃弧持续时间不超过0.03 s。

（二）管式产气式负荷开关

FN5－10D型户内高压负荷开关是具有产气式灭弧装置的负荷开关。图3－21是它的外形图。

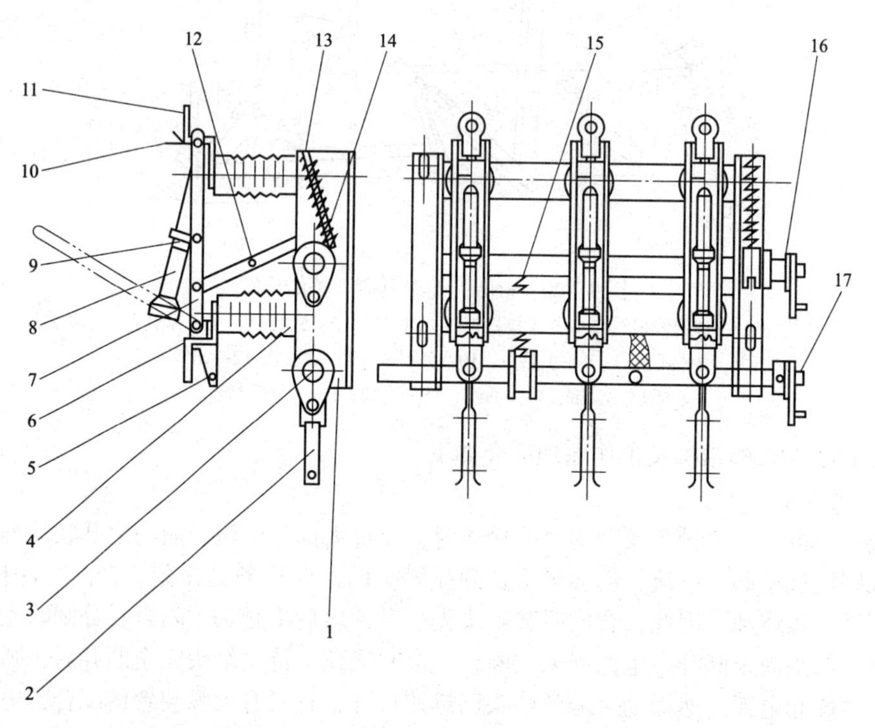

图3－21　FN5－10D负荷开关外形图

1—框架；2—接地刀片；3—接地开关转轴；4—支柱绝缘子；5—接地转轴；6—支座接线板；7—刀片；8—灭弧管；9—拉簧及扭簧销轴；10—导向片；11—触座接线板；12—拉杆；13—负荷开关转轴；14—负荷开关弹簧储能机构；15—接地开关弹簧储能机构；16—负荷开关操作机构；17—接地开关操作机构

FN5－10的外形与一般户内隔离开关相似。开关底部为框架，传动机构装在其中，框架上装有六只支柱瓷瓶。支柱瓷瓶上分别装有触座、支座。导电部分由闸刀、触座（上）、支座（下）组成，闸刀与支座之间靠拉簧与销子固定。每相闸刀都由隔开的、平行的两片组成，在两片之间平行地装有灭弧管，管内有被电弧烤热就能产生气体的材料做的内衬管。

拉开负荷开关引燃电弧时，电弧的高热使灭弧管内产生大量气体，管内压力急剧升高，由管端的喷口高速喷出气体，从而使电弧熄灭。这就是“产气式”名称的由来。

这种负荷开关可根据用户要求带接地刀，也可既带接地刀又带熔管，这时还具有脱扣装置。

（三）真空负荷开关

FN4－10 型采用真空灭弧室，因而具有频繁操作能力，适用于电炉变压器、高压电动机、高压电容器组等设备的控制与保护。其外形如图 3－22 所示。

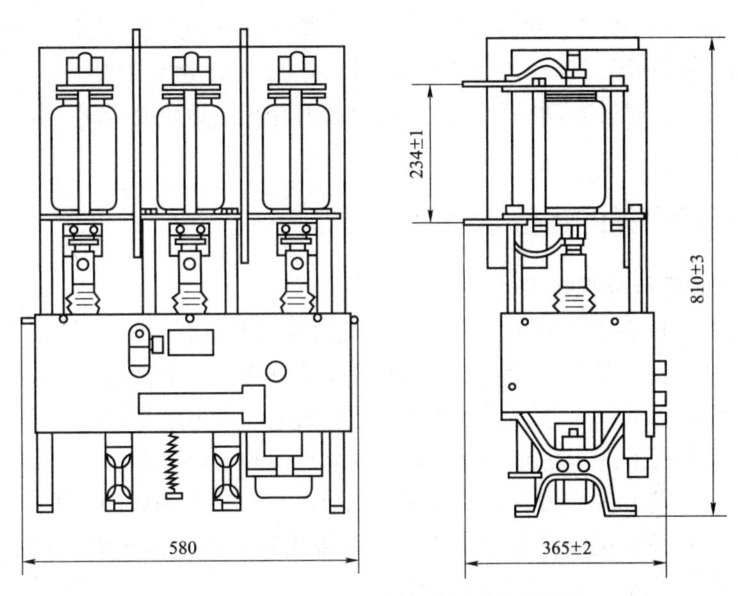

图 3－22　FN4－10 型负荷开关外形图

FN4－10 由真空灭弧室和机构两部分组成，机构采用落地式结构。机构底架的下部有分闸及合闸电磁铁、分闸弹簧、辅助开关；机构底架的上部有断路器主轴、合闸支架、分闸跳板。三个环氧树脂绝缘子通过内、外连接头与真空灭弧室的动导电杆相连接。机构外部有钢板外罩，罩上有手动分、合闸装置，供调整时分合闸用。真空灭弧室装于绝缘撑板上，用八根绝缘杆与底架绝缘。板上用九根绝缘杆及压板固定三相灭弧室。

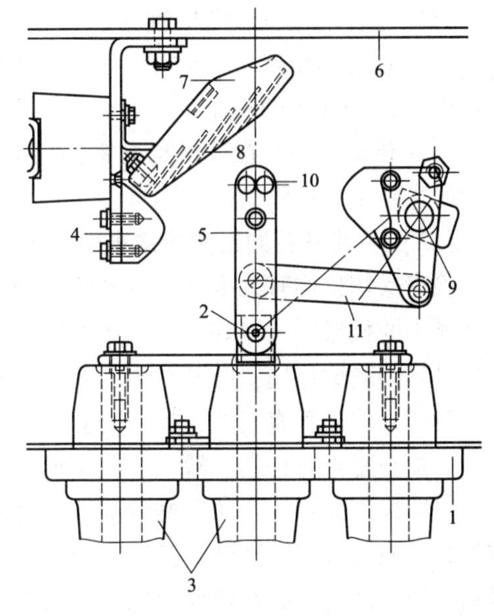

图 3－23　SF_6负荷开关结构示意图

1—前箱板；2—动触片轴；3—绝缘套管；4—定（静）触头；5—动触片；6—母线；7—灭弧室；8—消电离栅片；9—开关主轴；10—铆钉触头；11—绝缘推拉杆

（四）SF_6负荷开关

现在用得越来越多的环网柜中的负荷开关用六氟化硫（SF_6）灭弧介质的。在环网柜中，负荷开关、高压熔断器、接地刀闸和带自动脱扣的操作机构组合成一体。如图 3－23 所示。

开关箱是一个由不锈钢板焊成的密封箱体，所有开关的活动部件都密封在箱体内，开关的套管和轴承均用密封圈与箱体固定，而转轴则用双重特殊密封结构。箱体在抽真空后充以高度干燥的 SF_6气体，同时添入一些二氧化二铝吸收气体中的微量水分，并能在开关带负荷动作后使 SF_6再生。

从图中可以看到，镀镍的铜母线 6 固定在静触头 4 上，动触头刀片 5 的上端有两个特殊铆钉 10，它们是动触头，铆钉一方面起干式润滑作用，另一方面还可使触头在短路电流下不会被焊住。7 是由消电离栅片 8 组成的灭弧室。开关断开时产生的电弧在 SF_6 的气氛中（在灭弧室内）迅速被去电离、被冷却、被熄灭。通过操作机构使开关主轴 9 顺时针转动，在绝缘推拉杆 11 的推动下，动触刀片绕轴逆时针转动，使动触头 10 迅速与静触头 4 接触合闸。如使开关主轴 9 逆时针转动一角度，则可使动刀片相应地顺时针转一角度，使动触头与静触头分离、断开。

三、高压负荷开关的运行与维护

（一）负荷开关运行巡视检查的内容

（1）观察有关的仪表指示应正常，以确定负荷开关现在的工作条件正常。如果负荷开关的回路上装有电流表，则可知道该开关是轻载还是重载，甚至是过负荷运行，如果过负荷运行，并且有电压表指示母线电压，则可知道是在额定电压下还是过电压运行，这些都是表明该开关目前实际运行条件，它会直接影响到负荷开关的工作状态。

（2）运行中，负荷开关应没有异常响声，如放电声、过大的震动声等。

（3）运行中的负荷开关应没有异常气味，如果出现有绝缘漆或者塑料护套的气味，说明与负荷开关连接的母线在连接点附近过热。

（4）连接点应无腐蚀、无过热变色现象。

（5）在合闸位置时应接触良好，切、合深度适当，无侧击。

（6）在分闸位置时，分开的垂直距离应合乎要求。

（7）动静触头的工作状态到位。

（8）传动机构、操作机构的零部件完整，连接件紧固，操作机构的分合指示应与负荷开关的实际工作一致。

（二）负荷开关的维护注意事项

检查操作机构有无卡住。合闸时三相触头是否同期接触，其中心有无偏移现象；负荷开挂主触头的接触应该良好，触点无发热现象。安全分闸时，刀开关张开角度应大于 58°，以达到可靠隔离的作用，断开时应有明显的断开点。

负荷开关应垂直安装，运行时分闸加速弹簧不可拆除。投入运行前，应把绝缘子擦拭干净，并检查是否有外伤、缺损、闪络痕迹，绝缘是否良好。

定期检查灭弧装置的完好情况。当负荷开关操作到一定次数后，灭弧装置的灭弧腔将逐渐损坏，使灭弧能力降低，甚至不能灭弧，如不及时发现和更换，严重时会造成接地或相间短路事故。因此，必须定期停电检查灭弧腔的完好情况并进行检修。

对油浸式负荷开关要检查油面，缺油时要及时加油，以防操作时引起爆炸。在和高压熔断器配合使用时，应选择合理的熔断器进行使用。

检查并拧紧紧固件，以防在多次操作后松动。负荷开关的操作一般比较频繁，在运行时要保证传动部件的运行良好，防止生锈，要经常检查螺栓有无松动现象。

思考题

1. 负荷开关有何特点？它为什么经常与熔断器串联使用？
2. 负荷开关在结构上应满足哪些要求？
3. 负荷开关的作用是什么？
4. 负荷开关在结构原理上与隔离开关有哪些区别？
5. 高压负荷开关运行与维护应该注意哪些事项？

任务五　裸导线的运行与维护

教学目标

* 理解裸导线的基本概述。
* 掌握不同裸导线的运行与维护。

重点

* 裸导线的基本概述。
* 不同裸导线的运行与维护。

难点

* 不同裸导线的运行与维护。

一、裸导线概述

没有绝缘包皮的导电线叫裸导电线。电力系统中的裸导线有硬导线和软导线两种。裸导电线分为单股线和多股绞合线两种，主要用于室外架空线路。其中，位于系统中汇集和分配电能的裸导线称为母线；位于户外长距离输送电能的裸导线称为架空导线。

裸导电线的材料、形状和尺寸常用如下方法表示：铜用字母“T”表示；铝用“L”表示；钢用“G”表示；硬型材料用“Y”表示；软型材料用“R”表示；绞合电线用“J”表示；截面面积用数字表示；单线线径用“Φ”表示。例如：LJ－35 表示截面为 35 mm^2 的铝质绞合电线；TΦ4 表示直径为 4 mm 的单股铜导线。

圆单线：常用的有铜质和铝质两类，铝质单线有 LY、LR 两种，一般作为电线、电缆的线芯用。铜质单线有 TY、TR 两种。

裸绞线：裸绞线是将多根圆单线绞合在一起的绞合线，这种导线较软并有足够的强度、架空电力线、电缆芯线大都采用绞合线，其股数和单股直径的表示方法是将股数和直径写在一起，如 7×2.11 表示 7 股直径为 2.11 mm 的单线交合而成。架空线路中常用的绞线有 LJ

型硬铝绞线，LGJ 钢芯铝绞线及 TJ 型硬铜绞线。LJ 和 TJ 主要用于低压及高压架空输电，LGJ 主要用于提高拉力强度的架空输电线路。

铁线：铁线常用于小功率架空线路中，其中以镀锌铁线应用较广泛。

二、不同裸导线的运行与维护

（一）母线

1. 母线的用途及种类

在变电所中各级电压配电装置的连接，以及变压器等电气设备和相应配电装置的连接，大都采用矩形或圆形截面的裸导线或绞线，统称为母线。母线的作用是汇集、分配和传送电能。由于母线在运行中，有巨大的电能通过，短路时，承受着很大的发热和电动力效应，因此，必须合理地选用母线材料、截面形状和截面积，以符合安全经济运行的要求。

母线按结构分为硬母线和软母线。硬母线又分为矩形母线和管形母线。

矩形母线一般使用于主变压器至配电室内，其优点是施工安装方便，运行中变化小，载流量大，但造价较高。

软母线用于室外，因空间大，导线有所摆动也不至于造成线间距离不够。软母线施工简便，造价低廉。

1）铜母线

铜的电阻率低，机械强度高，防腐蚀性能好，是很好的母线材料。

但我国铜的储量不多，比较贵重，因此，除在含有腐蚀性气体（如靠近化工厂、海岸等）或有强烈震动的地区应采用铜母线之外，一般都采用铝母线。

2）铝母线

铝的比重只有铜的 30%，电阻率约为铜的 1.7～2 倍。所以在长度和电阻相同的情况下，铝母线的重量只有铜母线的一半。而铝的储量较多，价格比铜低廉。总的来说，用铝母线比用铜母线经济。因此目前我国在室内和户外配电装置中都广泛采用铝母线。

3）钢母线

钢的优点是机械强度高，焊接简便，价格便宜。但钢的电阻率很大，为铜的 7 倍，用于交流时会产生很强的趋肤效应，并造成很大的功率损耗，因此仅用于高压小容量电路，如电压互感器、避雷器回路的引接线以及接地网的连接线等。

近年来，在变电所的设计中，对于 35 kV 以上的母线，有采用铝合金材料制成的管形母线。这种母线结构，可以减小母线相间距离。结线清晰，维护量小，但母线固定金具比较复杂。

电流通过母线时，是要发热的。发热量与母线通过的电流平方成正比。硬母线因热胀冷缩将对母线瓷瓶产生危险的应力。加装母线补偿器就可以有效地减弱这种应力作用。

补偿器可用 0.2～0.5 mm 铜片或铝片（用于铝母线）制成，其总截面不应小于原母线截面的 1.2 倍。补偿器不得有裂纹、折皱或断片现象，各片间应去除氧化层，铝片应涂中性凡士林或复合脂，铜片应搪锡。

固定母线的夹板，如果采用铁质材料会形成闭合磁路。在交流电流的作用下，将在闭合回路中产生感应电流，即涡流。它会使母线局部发热，并且增加电能损耗，母线电流越大，则损耗越严重。所以，固定母线的夹板，不应形成闭合磁路。

为了防止产生涡流，母线固定夹板处应采取下列措施：

（1）两块夹板可以一块是铁质的，另一块是铝质或铜质的。

（2）当两块夹板为铁质时，则两个紧固螺栓应该一个为铁质的，另一个为铜质的。

（3）可用铁质材料做成开口卡子固定母线。

2. 母线的截面与排列

母线的截面形状有圆形、管形、矩形、槽形等。

（1）圆形截面母线的曲率半径均匀，无电场集中表现，不易产生电晕，但散热面积小，曲率半径不够大，作为硬母线则抗弯性能差，故采用圆形截面的主要是钢芯铝绞线。

（2）管形截面母线是空芯导体，集肤效应小，曲率半径大，不易电晕，材料导电利用率、散热、抗弯强度和刚度都较圆形截面好。

（3）矩形截面母线的优点是散热面积大，集肤效应小，安装和连接方便。但矩形截面母线周围的电场很不均匀，易产生电晕。

（4）槽形截面母线的电流分布均匀，比矩形母线载流量大。当工作电流很大，每相需要三条以上的矩形母线才能满足要求时，一般采用槽形母线。

母线的排列应按设计规定，如无设计规定时，应按下述要求排列。

（1）垂直布置的母线。交流：A、B、C 相的排列由上向下；直流：正、负的排列由上向下。

（2）水平布置的母线。交流：A、B、C 相的排列由内向外（面对母线）；直流：正、负的排列由内向外。

（3）引下线排列。交流：A、B、C 相的排列由左向右（面对母线）；直流：正、负的排列由左向右。

3. 母线的定相与着色

户内母线安装完毕后，均要刷漆。刷漆的目的是为了便于识别相序、防止腐蚀、提高母线表面散热系数。实验结果表明：按规定涂刷相色漆的母线可增加载流量 12% ~ 15%。

母线应按下列规定刷漆着色。

（1）三相交流母线：A 相刷黄色，B 相刷绿色，C 相刷红色，由三相交流母线引出的单相母线，应与引出相的颜色相同。

（2）直流母线：正极刷赭色，负极刷蓝色。

（3）交流中性线：不接地者刷白色，接地者刷紫色。

户外母线为了减小对太阳辐射热的吸收，所以不刷漆。

4. 母线的运行与维护

（1）产品安装场所为户内或户外，并应符合下列要求。

① 环境温度：-30℃ ~40℃。

② 海拔：不超过 1 000 m。

③ 风速：平均 45 m/s。

④ 相对湿度：90%。

（2）运行前的检查。

① 投入运行前应对产品全面仔细检查一次，特别注意以下几点：

a. 母线表面的损伤。

b. 接地连接的正确性（单独接地或串联接地）。

c. 所有电气连接的接触质量。

d. 紧固件的转矩。

② 绝缘电阻测量：绝缘母线安装完毕后，要用兆欧表测量各相绝缘母线绝缘电阻，要求绝缘电阻值在 3 000 MΩ 以上。

③ 工频耐压试验（耐压：1 min）：

如果要进行工频耐压试验，变压器应适应母线系统的电容。单根母线或绝缘套筒的电容可以在试验报告中找到，可以计算出总的电容。

进行高压试验的试验值应与铭牌所提供的数值相符。当进行第二次试验时，试验值应按铭牌所提供的数值的 80% 进行。

④ 测量产品的介质损耗因数（tanδ），测量电压为 10 kV，产品的 tanδ 不得大于 0.007，测量时温度应在 10℃ ~30℃，可以对单根母线或绝缘套筒分别进行。

⑤ 测量局部放电量，预加 80% 工频耐受电压，持续时间不少于 60 s，视在放电量不大于 5 pC 时，可以对单根母线或绝缘套筒分别进行。

(3) 运行维护。

① 正常情况绝缘母线是免维护的，在重污染的情况下，必要时所有暴露的耐电部分和伞裙应进行清理。

② 日常巡视注意绝缘母线运行时有无放电声响、电晕及影响绝缘母线正常运行的情况发生。同时可用远红外测温仪，对各段绝缘母线及接头测量表面温度，记录温度变化情况。在额定电流下，绝缘母线表面温度限值为 65℃左右。

③ 拆装、换件及长时间停运应对绝缘母线进行 5.2 条绝缘电阻测量及 5.3 条工频耐压试验（试验电压为出厂试验电压的 80%）。

④ 必要时可以停电后对绝缘筒进行拆装检查（要有厂家技术人员指导和有一定安装该母线经验的安装人员操作）。

⑤ 母线运行一年后，或主变检修时，随时对绝缘母线绝缘电阻测量：3 000 MΩ 以上。工频耐压试验：出场工频耐压值的 80%，1 min。以后隔 3 ~5 年检修时对绝缘母线进行一次工频耐压试验，耐压值可以递减。

(4) 运行规则。

绝缘母线在运行过程中，接地连接须可靠，否则不仅影响产品绝缘性能，而且会危及人身和设备的安全。

储存期间母线应该存放在干燥的环境中，应避免直接遭受日晒雨淋，存放处应高出地面 50 mm 以上，其最低气温不得低于该产品规定的环境温度。

(二) 架空导线

架空导线是架空电力线路的主要组成部件，其作用是传输电流，输送电功率。由于架设在杆塔上面，导线要承受自重及风、雪、冰等外加荷载，同时还会受到周围空气所含化学物质的侵蚀。因此，不仅要求导线有良好的电气性能、足够的机械强度及抗腐蚀能力，还要求尽可能质轻且价廉。

1. 架空导线

架空导线的材料有铜、铝、钢、铝合金等。其中铜的导电率高、机械强度高，抗氧化抗腐蚀能力强，是比较理想的导线材料，但由于铜的蕴藏量相对较少且用途广泛，价格昂贵，故一般不采用铜导线。铝的导电率次于铜，密度小，也有一定的抗氧化抗腐蚀能力，且价格比较低，故广泛应用于架空线路中。但由于铝的机械强度低，不适应大跨度架设，因此采用铜芯铝绞线或铜芯铝合金绞线，可以提高导线的机械强度。

架空导线的结构总的可以分为三类：单股导线、多股绞线和复合材料多股绞线。单股导线由于制造工艺上的原因，当截面增加时，机械强度下降，因此单股导线截面一般都在 10 mm^2 以下，目前广为使用最大到 6 mm^2。多股绞线由多股细导线绞合而成，多层绞线相邻层的绞向相反，防止放线时打卷扭花，其优点是机械强度较高、柔韧、适于弯曲；且由于股线表面氧化电阻率增加，使电流沿股线流动，集肤效应较小，电阻较相同截面单股导线略有减小。复合材料多股绞线是指两种材料的多股绞线，常见的是钢芯铝绞线，其线芯部位由钢线绞合而成，外部再绞合铝线，综合了钢的机械性能和铝的电气性能，成为目前广泛应用的架空导线。

1）裸导线

（1）铜绞线（TJ）。常用于人口稠密的城市配电网、军事设施及沿海易受海水潮气腐蚀的地区电网。

（2）铝绞线（LJ）。常用于 35 kV 以下的配电线路，且常作分支线使用。

（3）钢芯铝绞线（LGJ）。广泛应用于高压线路上。

（4）轻型钢芯铝绞线（LGJQ）。一般用于平原地区且气象条件较好的高压电网中。

（5）加强型钢芯铝绞线（LGJJ）。多用于输电线路中的大跨越地段或对机械强度要求很高的场合。

（6）铝合金交心（LHJ）。常用于 110 kV 及以上的输电线路上。

（7）钢绞线（GJ）。常用作架空地线、接地引下线及杆塔的拉线。

2）绝缘导线

架空电力线路一般采用多股裸导线，但近几年来城区内的 10 kV 架空配电线路逐步改用架空绝缘导线。运行证明其优点较多，线路故障明显降低，一定程度上解决了线路与树木间的矛盾，降低了维护工作量，线路的安全可靠性明显提高。

架空绝缘导线按电压等级可分为中压（10 kV）绝缘线和低压绝缘线；按绝缘材料可分为聚氯乙烯绝缘线、聚乙烯绝缘线和交链聚乙烯绝缘线。

聚氯乙烯绝缘线（JV）：有较好的阻燃性能和较高的机械强度，但介电性能差、耐热性能差。

聚乙烯绝缘线（JY）：有较好的介电性能，但耐热性能差，易延燃、易龟裂。

交链聚乙烯绝缘线（JKYJ）：是理想的绝缘材料，有优良的介电性能，耐热性好，机械强度高。

2. 杆塔

电杆是架空配电线路中的基本设备之一，按所用材质可分为木杆、水泥杆和金属杆三种。水泥杆具有使用寿命长、维护工作量小等优点，使用较为广泛。水泥杆中使用最多的是拔梢杆，锥度一般均为 1/75，分为普通钢筋混凝土杆和预应力型钢筋混凝土杆。

电杆按其在线路中的用途可分为直线杆、耐张杆、转角杆、分支杆、终端杆和跨越杆等。

（1）直线杆：又称中间杆或过线杆。用在线路的直线部分，主要承受导线重量和侧面风力，故杆顶结构较简单，一般不装拉线，如图 3－24 所示。

图 3－24　直线杆

（2）耐张杆：为限制倒杆或断线的事故范围，需把线路的直线部分划分为若干耐张段，在耐张段的两侧安装耐张杆。耐张杆除承受导线重量和侧面风力外，还要承受邻档导线拉力差所引起的沿线路方面的拉力。为平衡此拉力，通常在其前后方各装一根拉线。耐张杆是在线路终点或转弯的地方，会在很长的直线线路中间用到，让线路不能过紧也不能过松。耐张杆就是起这样的作用，如图 3－25 所示。

（3）转角杆：用在线路改变方向的地方。转角杆的结构随线路转角不同而不同：转角在 15°以内时，可仍用原横担承担转角合力；转角在 15°～30°时，可用两根横担，在转角合力的反方向装一根拉线；转角在 30°～50°时，除用双横担外，两侧导线应用跳线连接，在导线拉力反方向各装一根拉线；转角在 45°～90°时，用两对横担构成双层，两侧导线用跳线连接，同时在导线拉力反方向各装一根拉线，如图 3－26 所示。

图 3－25　耐张杆

图 3－26　转角杆

(4) 分支杆：设在分支线路连接处，在分支杆上应装拉线，用来平衡分支线拉力。分支杆结构可分为丁字分支和十字分支两种：丁字分支是在横担下方增设一层双横担，以耐张方式引出分支线；十字分支是在原横担下方设两根互成90°的横担，然后引出分支线，如图3－27所示。

(5) 终端杆：设在线路的起点和终点处，承受导线的单方向拉力，为平衡此拉力，需在导线的反方向装拉线，如图3－28所示。

图3－27　分支杆

图3－28　终端杆

当配电线路路径确定后，就可以测量确定杆位了。首先确定首端杆和终端杆的位置，并且打好标桩作为挖坑和立杆的依据；若线路因地形限制或用电需要而有转角时，将转角杆的位置确定下来；这样首端杆、转角杆和终端杆就把线路划分为若干直线段；在直线段内均匀分配档距，就可一一确定直线杆的位置了；若线路较长，在必要时可再划分几个耐张段，耐张段长度一般不大于2 km。架空线路的档位需根据配电线路电压等级、导线的对地距离及地形等情况确定。档距越大，电杆数越少，但为保证导线对地的安全距离，电杆就得加高。因此高压配电线路档距一般为：在集镇和村庄为40～50 m，在田间为60～100 m；低压配电线路使用铝铰线时，在集镇和村庄档距一般为40～50 m，在田间为50～70 m；低压配电线路使用绝缘导线时的档距一般为30～40 m，最大不超过50 m。对于高低压同杆架设的配电线路，其档距应满足低压线路的技术要求。

杆位确定还需注意以下几个问题：

① 档距尽量一致，只有在地形条件限制时才可适当前后挪移杆位。

② 在任何情况下导线的任一点对地应保证有足够的安全距离。

③ 遇到跨越时，若线路从被跨越物上方通过，电杆应尽量靠近被跨越物（但应在倒杆范围以外），若线路从被跨越物下方通过，交叉点应尽量放在档距之间；跨越铁路、公路、通航河流等时，跨越杆应是耐张杆或打拉线的加强直线杆。

在送电线路中，用汉语拼音字母及数字代号来表示杆塔型号。

- 表示杆塔用途分类的代号：

Z——直线杆塔；ZJ——直线转角杆塔；N——耐张杆塔；J——转角杆塔；D——终端杆塔；F——分支杆塔；K——跨越杆塔；H——换位杆塔。

- 表示杆塔外形或导线、避雷线布置型式的代号：

S——上字型；C——叉骨型；M——猫头型；Yu——鱼叉型；V——V 字型；
J——三角型；G——干字型；Y——羊角型；Q——桥型；B——酒杯型；
Me——门型；Gu——鼓型；Sz——正伞型；SD——倒伞型；T——田字型；
W——王字型；A——A 字型。

- 表示杆塔的塔材和结构（即种类）的代号：

G——钢筋混凝土杆。
T——自立式铁塔。
X——拉线式铁塔（不带 X 者为无拉线）。

- 表示杆塔组立方式的代号：

L——拉线式。
自立式可不表示。

- 表示分级的代号：

同一种塔型要按荷重进行分级，其分级代号用角注数字 1、2、3……表示。

- 表示高度的代号：

杆塔的高度是指下横担对地的距离（单位 m），即称呼高，用数字表示。

3. 电力线路金具

升压变电所和降压变电所的配电装置中的设备与导体、导体与导线、输电线路导线自身的连接及绝缘子连接成串，导线、绝缘子自身的保护等所用附件均称为金具。

（1）悬垂金具：这种金具主要用来悬挂导线或光缆于绝缘子或者杆塔上（多用于直线杆塔），如图 3－29 所示。

（2）耐张金具：这种金具用来紧固导线终端，使其固定在耐张绝缘子串上，也可以用于地线、光缆及拉线上（多用于转角或者终端杆塔上），如图 3－30 所示。

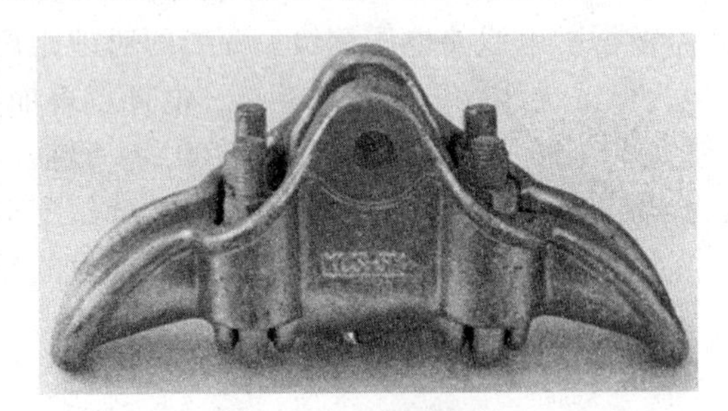

图 3－29 悬垂金具

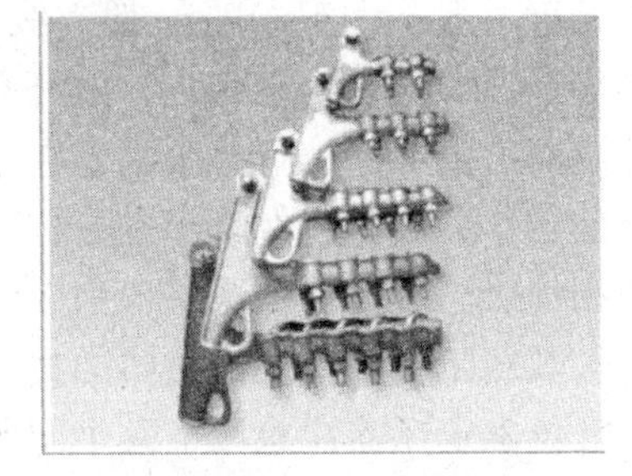

图 3－30 耐张金具

（3）连接金具：又称为挂线零件。主要用于绝缘子连接成串及金具与金具的连接。它承受机械载荷，如图 3－31 所示。

（4）接续金具：这种金具专用于各种裸导线、地线的接续。接续金具承担与导线相同的电气负荷及机械强度，如图 3－32 所示。

图 3－31　连接金具

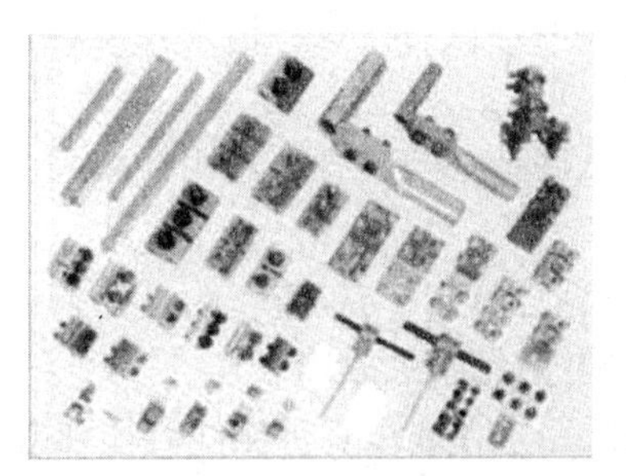

图 3－32　接续金具

（5）防护金具：这种金具用于保护导线、绝缘子等。如均压环、防震锤、护线条等，如图 3－33 所示。

（6）接触金具：这种金具用于硬母线、软母线与电气设备的出线端子相连接，导线及不承受力的并线连接等，如图 3－34 所示。

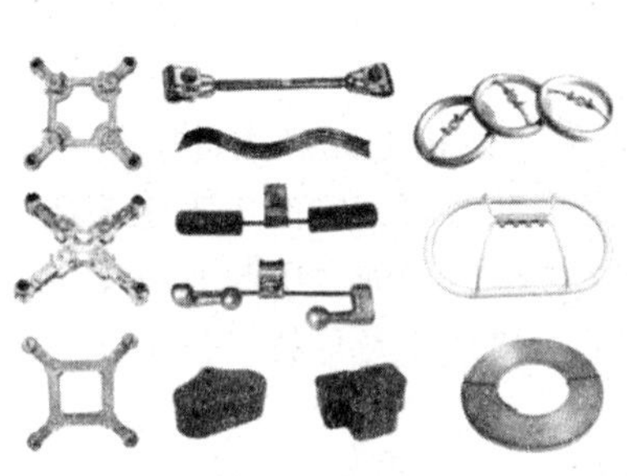

图 3－33　防护金具

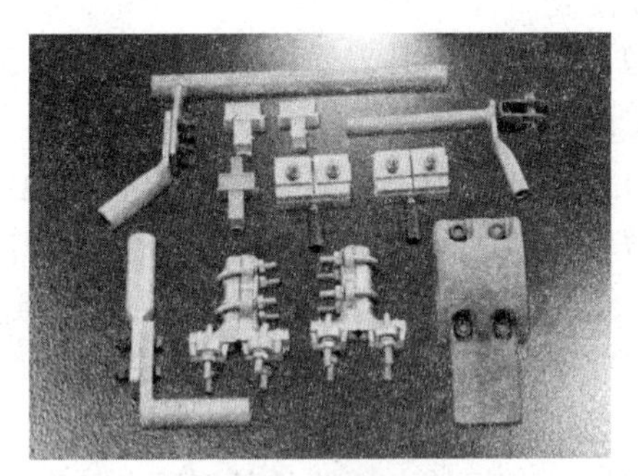

图 3－34　接触金具

（7）固定金具：这种金具用来紧固导线终端，使其固定在耐张绝缘子串上，也可以固定在地线、光缆及拉线上（多用于转角或者终端杆塔上），如图 3－35 所示。

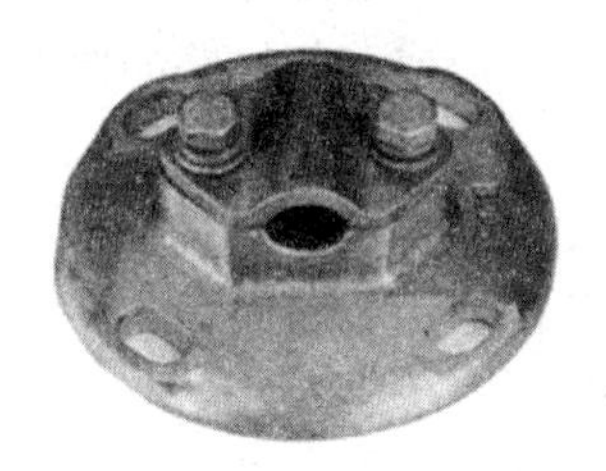

图 3－35　固定金具

4．架空导线的运行与维护

1）线路的巡视与检查

线路的巡视与检查可分为下列几种。

（1）定期巡视与检查：由专职巡线人员负责，一般每半月进行一次。其目的在于经常掌握线路各部件运行状况及沿线的环境变化等情况。

（2）特殊巡视与检查：是在气候剧烈变化（大雾、导线覆冰、狂风暴雨等）、自然灾害（地震、河水泛滥、森林起火等）、线路过负荷和其他特殊情况时，对全线、某几段或某些部件进行巡视与检查，以发现线路的异常现象及部件的变形损坏。

(3) 夜间巡视与检查：检查导线连接点有无发热打火现象，绝缘子表面有无闪络放电等情况。

(4) 故障巡视与检查：查明线路发生故障接地、跳闸的原因，找出故障点并查明故障情况。

(5) 登杆塔巡视与检查：为了弥补地面巡视的不足，而对杆塔上部部件的巡查。

2) 架空线路常见故障

架空线路常见故障有机械性破坏和电气性故障两种。

按设备机械性破坏分为以下几种。

(1) 倒杆：由于外部的原因（如杆基失土、洪水冲刷、外力撞击等）使杆塔的平衡状态失去控制，造成倒杆（塔），供电中断。在架空线路中，倒杆是一种恶性故障。某些时候，电杆严重歪斜，虽然还能继续运行，但由于各种电气距离（对交叉跨越物的垂直距离、对外侧临近物的水平距离等）发生很大变化，继续运行将会危及设备和人身安全，必须停电予以修复。

(2) 断线：因外界原因造成导线的断裂，致使供电中断。

按设备电气性故障分为以下几种。

(1) 单相接地：线路一相的一点对地绝缘性能丧失，该相电流经由此点流入大地，这就叫做单相接地。单相接地是电气性故障中出现机会最多的故障，它的危害主要在于使三相平衡系统受到破坏，非故障相的电压升高到原来的1.732倍，可能会引起非故障相绝缘的破坏。造成单相接地的因素很多，如一相导线的断线落地、树枝碰及导线、过引线因风偏对杆塔放电等。

(2) 两相短路：线路的任意两相之间造成直接放电，是通过导线的电流比正常时增大许多倍，并在放电点形成强烈的电弧，烧坏导线，造成供电中断。两相短路包括两相短路接地，比单相接地情况要严重得多。形成两相短路的原因有：混线、雷击、外力破坏等。

(3) 三相短路：在线路的同一地点三相间直接放电。三相短路（包括三相短路接地）是线路上最严重的电气故障，不过它出现的机会极少。造成三相短路的原因有：线路带地线合闸、线路倒杆造成三相接地等。

(4) 缺相；断线而不接地，通常又称缺相运行，送电端三相有电压，受电端一相无电流，三相电动机等设备无法正常运转。造成缺相运行的原因有：保险丝一相熔断，耐张杆塔的一相过引线因接头不良或烧断而造成缺相等。

检查杆塔、拉线和基础应无下列缺陷和运行情况的变化：

(1) 杆塔倾斜、横担歪扭及各部件锈蚀、变形。

(2) 杆塔部件的固定情况或缺螺栓或螺帽，螺栓丝扣长度不够、螺栓松动，铆焊处裂纹、开焊，绑线断裂或松动。

(3) 混凝土杆出现的裂纹及其变化，混凝土脱落，钢筋外露，脚钉缺少。

(4) 拉线及部件锈蚀、松弛、断股抽筋、张力分配不均，缺螺栓、螺帽等。

(5) 杆塔上有无共杆架设的通信线、农窃电、临时电线及其他电力线路。

(6) 杆塔及拉线基础培土情况，周围土壤突起沉陷，基础裂纹、损伤下沉或上拔，护基沉蹋或被冲刷。

(7) 杆塔周围杂草过高，杆塔上有危及安全的鸟巢及蔓藤类植物附生。

（8）拉线、拉线棒、UT 型线夹及其他部件丢失、损坏。

（9）拉线绑扎线锈蚀、断股。

（10）拉线与过引线之间的距离应符合要求。

（11）防洪设施坍塌或损坏。

检查导线（绝缘导线）、避雷线（耦合地线、屏蔽线）应无下列缺陷和运行情况的变化：

（1）导线、避雷线锈蚀、断股、损伤或闪络烧伤。

（2）导线、避雷线驰度变化，相分裂导线间距的变化。

（3）导线、避雷线的上扬、振动、舞动、脱冰跳跃情况，相分裂导线的鞭击、扭绞。

（4）导线接续金具过热、变色、变形、滑移。

（5）导线在线夹内滑动，释放线夹船体部分自挂架中脱出。

（6）跳线断股、歪扭变形，跳线与杆塔空气间隙的变化。

（7）导线对地、对交叉跨越设施及对其他物体距离的变化。

（8）导线、避雷线上悬挂的风筝及其他异物。绝缘导线绝缘层鼓包。

检查绝缘子（复合绝缘子）、绝缘横担及金具应无下列缺陷和运行情况的变化：

（1）绝缘子与瓷横担脏污、瓷质裂纹、破碎，钢脚及钢帽锈蚀，钢脚弯曲，钢化玻璃绝缘子自爆。

（2）绝缘子与瓷横担有闪络痕迹和局部火花放电现象。

（3）绝缘子串、瓷横担严重偏斜。

（4）瓷横担绑线松动、断股、烧伤。

（5）金具锈蚀、磨损裂纹、开焊，开口销及弹簧销缺损或脱出。

另外，复合绝缘子其巡视周期与瓷、玻璃绝缘子相同，并结合线路检修 2 ~ 3 年登杆塔检查一次，检查时禁止踩踏绝缘子伞套。在污染严重的地段（磷酸盐、水泥、纸浆、石灰、化工炼油等厂附近）应加强巡视，应无下列缺陷和运行情况的变化：

（1）硅橡胶伞套表面无蚀损、漏电起痕、树枝状放电或电弧烧伤痕迹。

（2）无出现硬化、脆化、粉化、开裂等现象。

（3）伞裙无变形、伞裙之间粘接部位无脱胶现象。

（4）端部金具连接部位无明显变化滑移。

（5）钢脚或钢帽无锈蚀、钢脚弯曲、电弧烧伤、锁紧销缺少等现象。

检查防雷设施应无下列缺陷和运行情况的变化：

（1）放电间隙变动、烧损。

（2）避雷器、避雷针、消雷器和其他设备的连接固定应可靠、牢固。

（3）阀型避雷器的瓷套、复合绝缘部分应完好，无裂纹、破损、闪络现象，表面无脏污，底部密封应完好。

（4）对装有消雷器、避雷器的线路杆塔，要定期测试其接地电阻应符合规定要求。

（5）检查避雷器的计数器动作情况。

检查接地装置应无下列缺陷和运行情况的变化：

（1）避雷线、接地引下线、接地装置间的连接固定情况。

（2）接地引下线断股、断线、严重锈蚀。

(3) 接地装置严重锈蚀，埋入地下部分外露、丢失。

检查附件及其他应无下列缺陷和运行情况的变化：

(1) 预绞丝滑动、断股或烧伤。

(2) 防震器滑跑离位、偏斜、钢丝断股，阻尼线变形、烧伤，绑线松动。

(3) 相分裂导线的间隔棒松动、离位及剪断，连接处磨损和放电烧伤。

(4) 均压环、屏蔽环锈蚀及螺栓松动、偏斜。

(5) 防鸟设施损坏、变形或缺少。

(6) 附属通信设施损坏情况。

(7) 各种检测装置损坏、丢失。

(8) 相位牌、警告牌损坏、丢失，线路名称、杆塔号字迹不清或丢失。

沿线环境应无影响线路安全运行的下列情况：

(1) 防护区内的建筑物，可燃、易爆物品和腐蚀性气体。

(2) 防护区内栽植树、竹。

(3) 防护区进行的土方挖掘、建筑工程和施工爆破；防护区内架设或敷设架空电力线路、架空通信线路、架空索道、各种管道和电缆。

(4) 线路附近修建道路、铁路、码头、卸货场、射击场等。

(5) 线路附近出现高大机械及可移动的设施。

(6) 防护区内的油气井。

(7) 不法分子窃电。

(8) 有无可能被风刮起的草席、塑料布、风筝及其他杂物等。

(9) 线路附近的污源情况。

(10) 其他不正常现象，如江河泛滥、山洪、杆塔被淹、森林起火等。

思考题

1. 简述裸导线的定义及表示方法。
2. 简述母线的用途及种类。
3. 架空导线在运行维护上注意哪些事项？
4. LGJ－50/20 表示的含义是什么？
5. 母线着色有何规定？

任务六 电缆的运行与维护

教学目标

* 了解高压电缆的发展。
* 掌握电缆的用途及分类。
* 掌握电缆的结构及型号。

* 掌握电力电缆的运行与维护。

重点

* 电缆的用途及分类。
* 电缆的结构及型号。
* 电力电缆的运行与维护。

难点

* 电缆的结构。
* 电力电缆的运行与维护。

一、高压电缆的发展概况

1890年世界首次出现电力电缆，英国开始用10 kV单相电力电缆，1908年英国有了20 kV的电缆网，1910年德国的30 kV电缆网已具有现代结构，1924年法国首先使用了单芯66 kV电缆，1927年美国开始采用132 kV充油电缆，并于1934年，完成第一条220 kV电缆的敷设。1952—1955年法国制成了380～425 kV充油电缆，并于1960年左右试制了500 kV大容量充油电缆，至70年代初期已在一些国家投入运行。

我国电力电缆的生产是20世纪30年代开始的，1951年研制成功了6.6 kV橡胶绝缘护套电力电缆。在此基础上，生产了35 kV及以下黏性油浸绝缘电力电缆。1968年和1971年先后研制生产了220 kV和330 kV充油电力电缆。1983年研制成功500 kV充油电缆。

随着绝缘材料的快速发展，在发达的资本主义国家。20世纪30年代已能生产中低压交联聚乙烯电缆，特别是二次世界大战后期，聚乙烯、交联聚乙烯发展速度很快，电压等级越来越高。1965年，国外已能生产77 kV交联聚乙烯电缆。1969年即可生产110 kV等级。目前已有大量的500 kV电缆使用。

由于交联聚乙烯电缆的优良性能。从20世纪70年代开始，国外已在用量上超过油纸电缆。20世纪80年代末至20世纪90年代初，油纸电缆基本被淘汰。我国是从20世纪80年代后期，快速发展交联电缆，特别是20世纪90年代后期已淘汰传统的油纸电缆。交联电缆目前占绝对优势。在中低压等级完全取代油纸电缆。

二、电力电缆的用途及分类

电力电缆线路是电网能量传输和分配的主要元件之一，与架空线相比，电缆的结构较复杂，除具有传输能量外，还具有承受电网电压的绝缘层和使其不受外界环境影响和防止机械损伤的铠装层，金属屏蔽层。

（一）电力电缆的优缺点

1. 电缆线路的优点

电缆敷设在地下，基本上不占用地面空间，同一地下电缆通道，可以容纳多回电缆线路；在城市道路和大型工厂采用电缆输配电，有利于市容、厂容整齐美观；电缆供电，对人身比较安全，自然气象因素（如风雨、雷电、盐雾、污秽等）和周围环境对电缆影响很小，因此，电缆线路供电可靠性较高；电缆线路运行维护费用比较小。

2. 电缆线路缺点

建设投资费用较高，一般电缆线路工程总投资是相同输送容量架空线路的 5 ~ 7 倍；电缆线路故障测寻和修复时间长；电缆不容易分支。另外电缆沟防火，防可燃气体爆炸是一个新课题。

（二）对电力电缆的要求

电力电缆用于电力的传输与分配网络。因此，必须满足输电、配电对电力电缆提出的各项要求。

（1）能传送需要传输的功率。包括正常和故障情况下的电流。

（2）能满足安装、敷设、使用所需要的机械强度和可曲度，并耐用可靠。

（3）能承受电网电压。包括工作电压、故障过电压和大气、操作过电压。

（4）材料来源丰富、经济、工艺简单、成本低。

（三）电力电缆的分类

电力电缆的种类很多，一般按构成绝缘材料不同可分为以下几种。

1. 油浸纸绝缘电力电缆

油浸纸绝缘电力电缆是历史最久、应用最广泛和最常用的一种电缆。成本低，寿命长，耐热、耐电性能稳定，适用于 35 kV 及以下的输配电线路。

油浸纸绝缘电力电缆是以纸为主要绝缘，以绝缘浸渍剂充分浸渍制成的。根据浸渍情况的不同，油浸纸绝缘电力电缆又可以分为黏性浸渍纸绝缘电缆和不滴流浸渍纸绝缘电缆。黏性浸渍纸绝缘电力电缆又称为普通油浸纸绝缘电力电缆，电缆的浸渍剂是由矿物油和松香混合而成的黏性浸渍剂，它的优点是成本低、工作寿命长、结构简单、制造方便、绝缘材料来源充足、易于安装和维护。不滴流浸渍绝缘电缆。浸渍剂在工作温度下不滴流，适宜高落差敷设，结构如图 3 - 36 所示。

2. 聚氯乙烯绝缘电力电缆

电缆结构如图 3 - 37 所示。它的主要绝缘采用聚氯乙烯，内护套大多也是采用聚氯乙烯。安装工艺简单，聚氯乙烯化学稳定性高，具有非燃性，材料来源充足，能适应高落差敷设，敷设维护简单方便，聚氯乙烯电气性能低于聚乙烯，主要用于 6 kV 及以下的电压等级的线路。

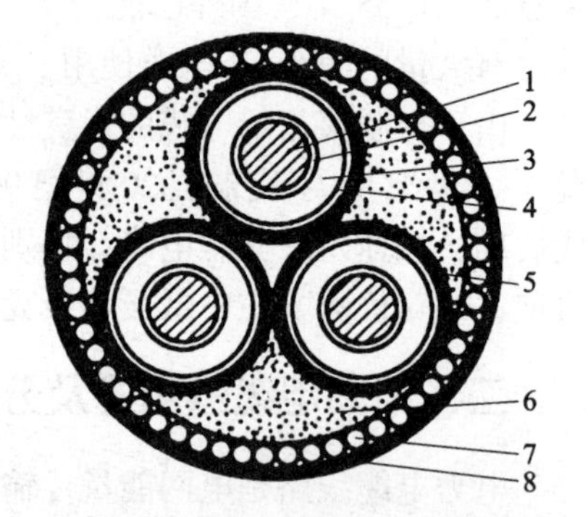

图 3 - 36　油浸纸绝缘电力电缆结构

1—导电线芯；2—相绝缘；3—带绝缘；4—填充材料；5—铅层；6—内衬层；7—铠装；8—外被层

3. 交联聚乙烯电力电缆

电缆结构如图 3 - 38 所示。为提高局部放电起始电压和绝缘耐冲击特性，改善绝缘层与外半导电层界面光滑度和黏着度，在封闭型、全干式交联生产流水线上，导体屏蔽、绝缘层和绝缘屏蔽采用三层同时挤出工艺。实行“三层共挤”，能使层间紧密结合，减少气隙、防止杂质和水分污染。具有优良的电气性能，耐电强度（长期工频 20 ~ 30 MV/m，冲击击穿强度 40 ~ 65 MV/m）。损耗小、介电常数小、耐热性能好（连续工作温度 90℃）、载流量大、不受落差限制，但也有明显缺点：耐局放能力差、热膨胀系数大、热机械效应严重。

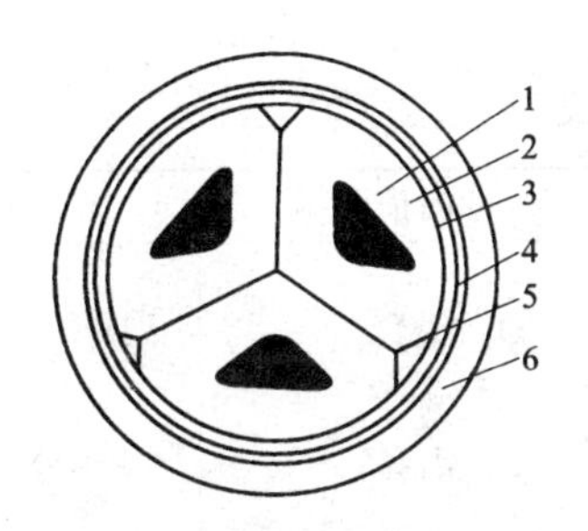

图 3－37　聚氯乙烯绝缘电力电缆结构

1—线芯；2—聚氯乙烯绝缘；3—聚氯乙烯内护套；
4—铠装层；5—填充料；6—聚氯乙烯外护套

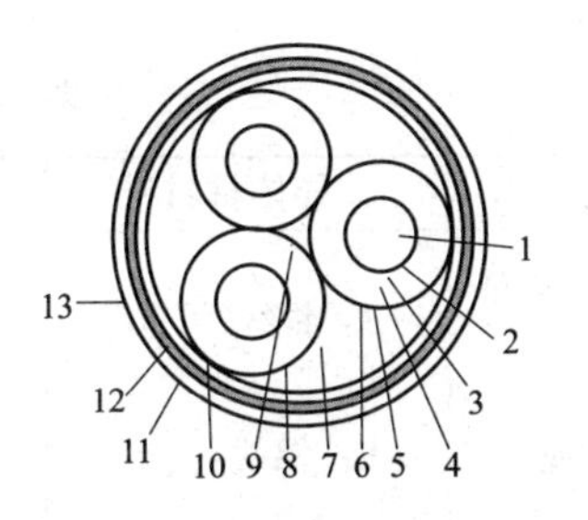

图 3－38　交联聚乙烯绝缘电力电缆结构

1—线芯；2—线芯屏蔽；3—交联聚乙烯；
4—绝缘屏蔽；5—保护带；6—铜丝屏蔽；
7—螺旋铜带；8—塑料带；9—中心填芯；10—填料；
11—内护套；12—铠装层；13—外护层

三、电力电缆的结构

电缆线路由电缆本体、电缆附件（户内、户外、中间接头、可分离终端、可分离连接器）、其他设备及材料（支架、包箍，井盖、防火设施、监控设备等）组成。

电缆本体主要由导体、绝缘层和防护层三大部分组成。导体是电缆中具有传导电流特定功能的部件，常用金属铜和铝。为满足电缆的柔软性和可曲度，导体由多根导线绞合而成。绞合后导体根据需要可制成圆形、扁形、腰圆形和中空圆形等几何形状。绞合导体再经过紧压模紧压成为紧压型导体。

绝缘层具有耐受电网电压的特点功能，要求具有较高的绝缘电阻和工频、脉冲击穿强度，优良的耐树枝放电和耐局部放电性能，较低的介质损耗，抗高温、抗老化和一定的柔软性和机械强度。主要有油纸绝缘、塑料绝缘、压力绝缘电缆等。

护层是覆盖在绝缘层外面的保护层，其作用是电缆在使用寿命期间保护绝缘层不受水分、潮气及其他有害物质侵入，承受敷设条件下的机械力。保证一定的防外力破坏能力和抗环境能力，确保电缆长期稳定运行。

屏蔽层是改善电缆绝缘内电力线分布，降低故障电流的有效措施。具体根据作用可分为导体屏蔽（也称内屏蔽），其作用是均匀线芯表面不均匀电场，减少因导丝效应所增加的导体表面最大场强，绝缘屏蔽（也称外屏蔽），它是包覆于绝缘表面的金属或金属屏蔽，使被屏蔽的绝缘层有良好的界面。与金属护套等电位，减少绝缘层与护套之间产生局放，使电场方向与绝缘半径方向相同，承担不平衡电流，防止轴向表面放电等功能。

四、电力电缆的型号

电缆型号的内容包含有：用途类别、绝缘材料、导体材料、铠装保护层等，电缆型号含义如表 3－2 所示，一般型号表示如下：

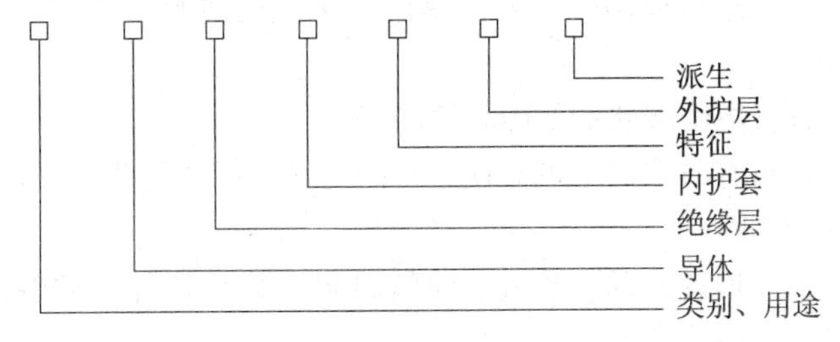

表 3-2 电缆型号的意义

用途类别	导体材料	绝缘材料	内护套	特征
电力电缆（省略不表示）	T：铜线(可省略)	Z：油浸纸	Q：铅套	D：不滴油
K：控制电缆	L：铝线	X：天然橡胶	L：铝套	F：分相
P：信号电缆		(X) D 丁基橡胶	H：橡套	CY：充油
YT：电梯电缆		(X) E 乙丙橡胶	(H) P：非燃性	P：屏蔽
U：矿用电缆		VV：聚氯乙烯	HF：氯丁胶	C：滤尘用或重型
Y：移动式软缆		Y：聚乙烯	V：聚氯乙烯护套	G：高压
H：市内电话缆		YJ：交联聚乙烯	Y：聚乙烯护套	
UZ：电钻电缆		E：乙丙胶	VF：复合物	
DC：电气化车辆用电缆			HD：耐寒橡胶	

例如：

10 kV 电缆型号为 YJLV22－8.7/10 3×240 表示额定电压为 8.7/10 kV，导体截面为 240 mm^2 的三芯交联聚乙烯绝缘，聚氯乙烯护套铝芯钢带铠装电力电缆。

35 kV 电缆型号为 YJV－26/35 1×300 表示额定电压为 26/35 kV，导体截面为 300 mm^2 的单芯交联聚乙烯绝缘，聚氯乙烯护套铜芯非铠装电力电缆。

五、电力电缆运行与维护

（一）运行管理

1. 电缆的巡视

为保证电缆及设备的安全可靠运行，除严格执行部颁运行规程外，还制定电缆现场运行规程和电缆管沟运行规程，并结合当地的实际情况采取了相应措施。

1）巡视类别

（1）定期巡视：掌握线路基本的运行状况。电缆本体及附件，构筑物等是否正常运行。

（2）特殊巡视：在气候恶劣（如大雾等异常天气）情况下，对电缆线路进行特殊巡视，从而查出在正常天气很难发现的缺陷。

（3）夜间巡视：在线路负荷高峰或阴雾易闪络天气时进行。检查接点有无发热、电缆头、绝缘子有无爬闪。

（4）故障巡视：查找电缆线路的故障和原因。

（5）监察性巡视：对有缺陷而又可监视运行的线路，保电线路等进行的加强性巡视。

2）巡视主要注意事项

（1）电缆线路上不应堆置瓦砾、矿渣、建筑材料、笨重物件、酸碱性排泄物或砌堆石灰坑等。

(2) 对于通过桥梁的电缆，应检查桥堍两端电缆是否拖拉过紧，保护管或槽有无脱开或锈烂现象。

(3) 对户外与架空线连接的电缆和终端头应检查终端头是否完整，引出线的接点有无发热现象和电缆铅包有无龟裂漏油，靠近地面一段电缆是否被车辆碰撞等。

(4) 隧道内的电缆要检查电缆位置是否正常，接头有无变形漏油，温度是否正常，构建是否失落，通风、排水、照明等设施是否完整。特别要注意防火设施是否完善。

2. 电缆的检修

1) 户外、户内终端维护检修

清扫电缆终端，检查有无电晕放电痕迹；检查终端接点接触是否良好；核对线路铭牌、相位颜色；油漆支架及电缆铠装；检查接地线并测量接地电阻；按预试周期测量电缆主绝缘电阻，外护层、内衬层绝缘电阻，交叉互联系统的电气试验；对有压力的电缆终端、中间接头记录其压力，有无渗漏现象；检查装有油位指示器的终端油位；对单芯电缆还应测量记录各相接地环流。例行的防污闪工作。

2) 电缆井口及电缆沟盖板

及时更换丢失、损坏的电缆井口和电缆沟盖板，减少“马路杀手”。

3) 电缆土建设施维护检修工作

主要包括电缆工井、排管、电缆沟、电缆隧道、电缆夹层等的维护检修。清扫电缆沟并检查电缆本体及电缆接头，排除电缆沟内积水，采取堵漏措施。

4) 电缆桥架、支架维护检修工作

基础底角螺丝完整无松动，焊接良好无开裂，无锈蚀，桥堍两侧电缆的松弛部分有无变化。

5) 其他附属设备维护检修工作

包括自动排水、温度监控、气体监测、烟气报警系统等。

6) 电缆标识维护和分支箱、环网柜维护检修工作

(1) 外观检查：有无损伤、锈蚀，有无双重编号及警示标志。

(2) 断路器、接地刀的实际位置和显示位置检查。

(3) 断路器灭弧室内 SF_6 气体压力检查。

(4) 电压表、电流表检查。

(5) 带电显示器的检查。

(二) 电缆故障主要分为四类

1. 外力破坏

防外力破坏措施：

电缆及附属设备在正常运行中，经常受到外力破坏。其中机械损伤是造成故障的主要因素之一。要降低故障率，重点要做好以下工作：

(1) 加强电缆及电缆附属设备的巡视，重点部位派人盯防。

(2) 加强与施工单位的联系，及时了解工地开工时间及工程进展情况。

(3) 在施工工地增加电缆临时标识，提示施工人员电缆位置。

(4) 增强巡视人员和设备主人的责任心，同时把外力破坏定为人员责任事故，加大考核力度。

（5）加大对盗窃电力物资的打击力度。

（6）加强护线宣传。

（7）对电缆终端杆塔周围500 m范围内爆破作业加强巡视力度，必要时与当地政府部门沟通，及时处理。

（8）每周对市政工程危险点分析，提醒运行班组道路施工的具体地点、联系方式等。

2. 电缆施工质量原因

1）电缆附件制作工艺

电缆附件安装工艺不合格是造成障碍的主要原因之一，包括附件接线端子、接管压接不良和制作过程中的电缆主绝缘、电缆附件损伤。

2）野蛮施工

随着电缆化改造工程的增加，施工人员专业水平参差不齐，极易造成施放过程中电缆损伤。

防止措施：

（1）点压工艺，使电缆导体和导电金具的连接部位产生较大塑性变形，压接后金具外形的变形也较大。因此，点压能使金具和导体得到良好的接触，构成良好的导电通路。但是，其连接机械强度比较差。

（2）围压工艺，导体外层塑性变形大，内层变形较小，导体和金具总体变形较小，导体外层塑性变形大，内层变形较小，导体和金具总体变形较小，轴向延伸明显。因此，导体跟金属的接触和点压相比要差些，但连接机械强度比较好。同时，围压的外形完整性较好，有利于均匀电场。

3. 电缆及附件质量原因

防止措施：根据《城市电力电缆线路设计技术规定》，选取绝缘特性、机械强度和机械保护特性满足要求的电缆附件。

4. 电缆本体绝缘老化

大量运行的用户电缆由于企业经营情况及其他原因电缆本体绝缘老化问题比较严重，另外电缆长期运行在水中，公路、铁路等震动较严重地段，容易产生老化和疲劳。针对此类电缆，定期对电缆附件各连接点、电缆外护套、接地点、电缆排列密集处或散热较差的地点，应加强巡视和跟踪监督。

思考题

1. 电力电缆和架空线路相比有哪些优点？
2. 电力电缆有哪几种分类？
3. 电力电缆常见的故障有哪些？
4. 电缆的结构包括哪些？各有什么作用？
5. 电缆的型号含义包括哪些内容？
6. 对电缆进行巡视时应注意哪些事项？

任务七　绝缘子的运行与维护

教学目标

* 掌握绝缘子的定义及作用。
* 掌握绝缘子的分类及特点。
* 熟悉绝缘子的电气性能及防污闪。
* 掌握绝缘子的运行与维护。

重点

* 绝缘子的定义及作用。
* 绝缘子的分类及特点。
* 绝缘子的运行与维护。

难点

* 绝缘子的运行与维护。

一、绝缘子的定义及作用

绝缘子俗称绝缘瓷瓶。绝缘子用以悬吊和支持接触悬挂并使带电体与接地体间保持电气绝缘。

绝缘子是接触网中应用非常广泛的重要部件之一。它用来保持接触悬挂对地（或接地体）的绝缘以及接触悬挂之间的绝缘，同时又起机械连接的作用，承受着很大的机械负荷。绝缘子的性能好坏，对接触网能否正常地工作有很大的影响。它广泛地应用在水电站和变电所的配电装置、变压器、各种电器以及输电线路中。

二、绝缘子的分类及特点

（一）绝缘子的构造

绝缘子一般为瓷质，即在瓷土中加入石英和长石烧制而成，表面涂有一层光滑的釉质。

由于绝缘子承受接触悬挂的负载且经常受拉伸、压缩、弯曲、扭转、振动等机械力，故在制造时其机械破坏负荷均应留有裕度，一般安全系数按2.0~2.5选取。

（二）绝缘子的分类

按安装地点，可分为户内式或者户外式两种。户外式绝缘子由于它的工作环境条件要求，应有较大的伞裙，用以增长沿面放电距离。并且能够阻断水流，保证绝缘子在恶劣的雨、雾等气候条件下可靠地工作。在有严重的灰尘或有害绝缘气体存在的环境中，应选用具有特殊结构的防污型绝缘子。户内式绝缘子表面无伞裙结构，故只适用于室内电气装置中。

接触网常用的绝缘子从形状上分为悬式绝缘子、棒式绝缘子、针式绝缘子和柱式绝缘子四大类。从材质上分为瓷绝缘子、钢化玻璃绝缘子及硅橡胶绝缘子等。下面从形状分类分别进行介绍。

1. 悬式绝缘子

在接触网上，悬式绝缘子用量最多，其主要用于承受拉力的悬吊部位，如线索下锚处、软横跨上、电分段等处。使用时一般由 3 个或 4 个悬式绝缘子连接在一起形成悬式绝缘子串，在污染严重地区可加设 1 个绝缘子或改用防污型绝缘子。悬式绝缘子按其材质可分为瓷质、钢化玻璃、硅橡胶等几种。

目前所用的绝缘子多数是瓷质的。瓷质绝缘子由瓷土加入石英砂和长石烧制而成，表面涂一层光滑的釉质，以防水分渗入体内。绝缘子的材质要求质地紧密而均匀，在任何断面上都不应有裂纹和气孔。由于绝缘子要承受机械负荷，故钢连接件与瓷体之间是用高标号（525#）水泥浇注在一起的，以保证足够的机械强度。

悬式绝缘按其钢连接件的形状可分为耳环悬式绝缘子和杵头悬式绝缘子，按其抗污能力又可分为普通型和防污型，外形如图 3－39 和图 3－40 所示。普通型适用于一般地区和轻污区，在污染严重地区采用防污型，接触悬挂主绝缘都采用防污型，附加悬挂或用于接地跳线的副绝缘可采用普通型。

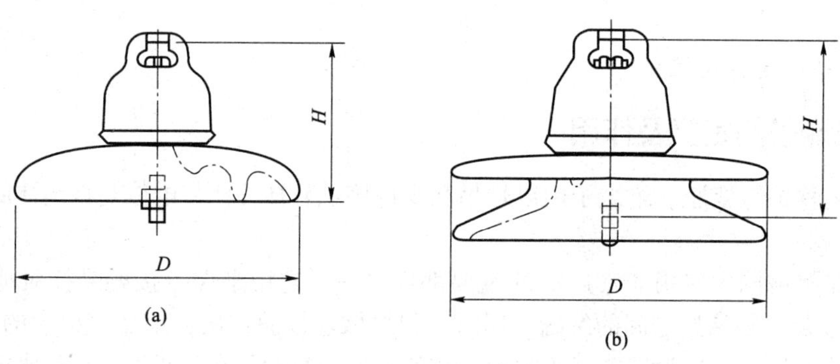

图 3－39　耳环悬式绝缘子外形图

（a）普通型；（b）防污型

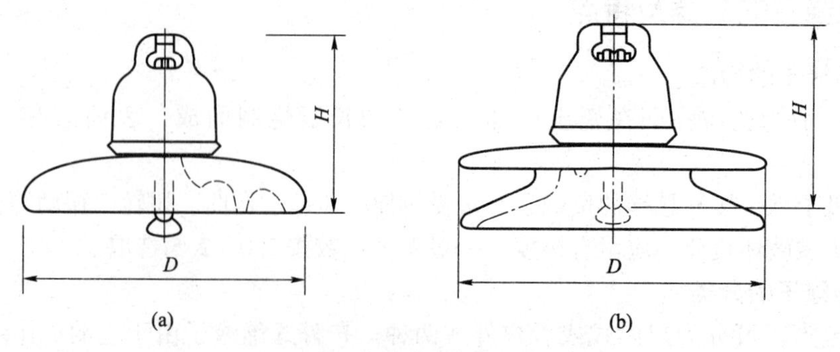

图 3－40　杵头悬式绝缘子外形图

（a）普通型；（b）防污型

2. 棒式绝缘子

瓷质棒式绝缘子按其使用场所及安装方式分为腕臂支撑用和隧道悬挂、定位用两类；按其抗污能力分为普通型和防污型；按绝缘方式分为单绝缘方式和双重绝缘方式两种。

棒式绝缘子一般用于承受压力和弯矩的部位，如用在腕臂、隧道定位和隧道悬挂等地方。近年来腕臂不管受拉或受压都采用水平腕臂加棒式绝缘子形式，为防止受拉脱落，棒式绝缘子与水平腕臂连接处多用螺栓固定，也可将铁帽压板上做一小柱，以防脱落。如图 3－41所示。

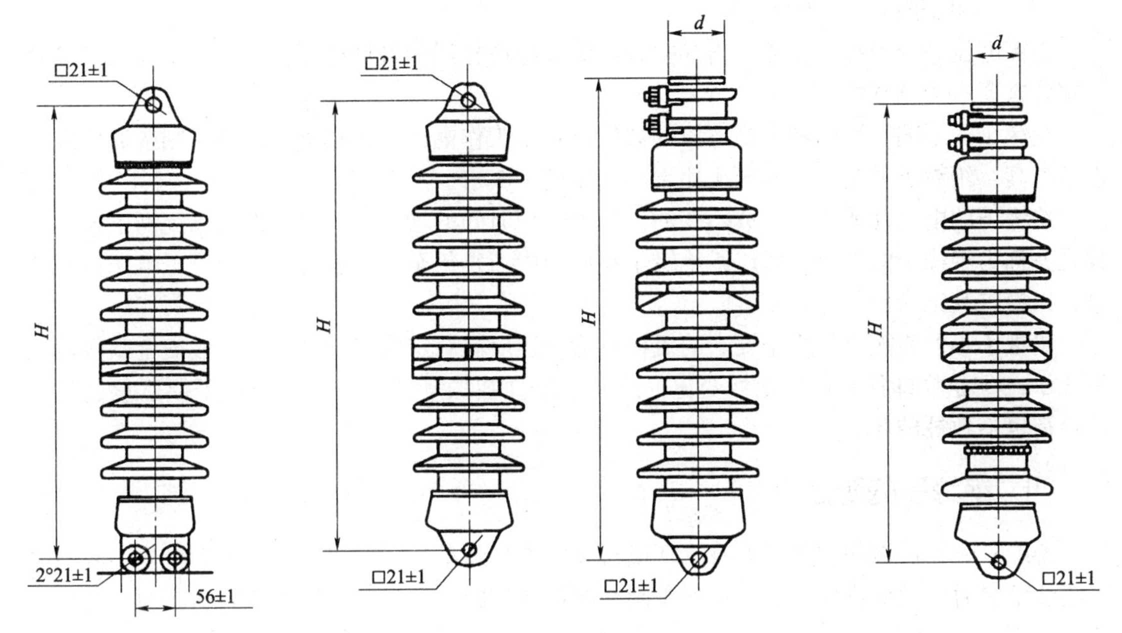

图 3－41　棒式绝缘子外形图

（三）绝缘子的特点

高压绝缘子一般是用电工瓷制成的绝缘体，电工瓷的特点是结构紧密均匀、不吸水、绝缘性能稳定、机械强度高。绝缘子也有采用钢化玻璃制成的，具有质量轻、尺寸小、机电强度高、价格低廉、制造工艺简单等优点。

一般高压绝缘子应可靠地在超过其额定电压 15% 的电压下安全运行。绝缘子的机械强度用抗弯破坏荷重表示。抗弯破坏荷重，对支柱绝缘子而言是将绝缘子底端法兰盘固定，在绝缘子顶帽的平面加与绝缘子轴线相垂直方向上的机械负荷，在该机械负荷作用下绝缘子被破坏。

三、绝缘子的电气性能

绝缘子在接触网中不仅起着绝缘作用，而且还承受着一定的机械负荷，特别是在下锚处所用的绝缘子，承担着下锚线索的全部张力，所以对绝缘子的电气性能和机械性能都有严格的要求。

绝缘子的电气性能用干闪电压、湿闪电压和击穿电压来表示。

（一）绝缘子的干闪电压

干闪电压是指绝缘子表面在清洁和干燥状态时，施工电压使其表面达到闪络时的最低电压。干闪电压主要对室内绝缘子有意义。

（二）绝缘子的湿闪电压

湿闪电压指雨水的降落方向与绝缘子表面呈45°时，施加电压使其表面闪络的最低电压。

绝缘子发生闪络时，只是沿瓷体表面放电，而瓷体本身未受损害，闪络消失后绝缘性能仍能恢复。但发生闪络后会使其绝缘性能有所下降，容易再次发生闪络。

（三）绝缘子的击穿电压

击穿电压是指绝缘子瓷体被击穿损害而失去绝缘作用的最低电压，是表示了绝缘子满足一定防雷要求的电气性能指标。

绝缘子的干闪、湿闪和击穿电压的数值决定于工作电压。工作电压越高，则各数值的要求就越高，绝缘子的击穿电压至少比干闪电压高1.5倍。

绝缘子的电气性能不是一成不变的，随着使用时间的增长，其绝缘强度且逐渐下降，这种现象称为绝缘子的老化。所以，绝缘子在使用中，每年至少应进行一次绝缘子电压分布测量，以检查其绝缘性能是否正常。

绝缘子不但要能承受规定要求的机械负荷，还应有一定的安全系数，一般安全系数规定为2.5~3。这样即使在负荷剧烈变化下或接触悬挂在振动和摆动时，绝缘子偶然承受较大的负荷也不致被破坏。

四、绝缘子的防污

绝缘子表面污秽的主要原因有：环境污染；货物装载运行中煤、炭、化学粉尘；内燃电力混合牵引时内燃机排放的烟尘；列车闸瓦磨损产生的金属屑等。解决污闪问题的主要措施为：采用防污绝缘子。

五、绝缘子的运行与维护

（一）绝缘子的使用与检查

绝缘子连接件不允许机械加工和热加工处理。绝缘子在安装使用前应严格检查，当发现绝缘于瓷体与连接件间的水泥浇注物有辐射状裂纹及瓷体表面破损面积超过时，应禁止使用该绝缘子。

为了保证绝缘子性能可靠，应对每个绝缘子按具体情况进行定期或不定期的清扫和检查。

为了将绝缘子固定在支架上和将载流导体固定在绝缘子之上，绝缘子的瓷质绝缘体两端还要牢固地安装金属配件。金属配件与瓷制绝缘体之间多用水泥胶合剂黏合在一起。瓷制绝缘体表面涂有白色或棕色的硬质瓷釉，用以提高其绝缘性能和防水性能。运行中的绝缘子表面瓷釉遭到损坏之后，应尽快处理或更换绝缘子。绝缘子的金属附近与瓷制绝缘体胶合处黏合剂的外露表面应涂有防潮剂，以阻止水分浸入到黏合剂中去。金属附件表面需镀锌处理，以防金属锈蚀。

（二）绝缘子使用注意事项

（1）绝缘子的瓷体易碎，所以在运输和安装使用中应防止瓷体与瓷体或瓷体与其他物体发生碰撞，造成绝缘损坏。

（2）绝缘子的金属连接部件不允许机械加工或进行热加工处理（如切削、电焊焊接等），不应锤击与绝缘子直接连接的部件。

（3）绝缘子在安装使用前应严格进行下列检查：

① 铁件镀锌良好，与瓷件结合紧密不松动。

② 绝缘子瓷件与金属连接间浇注的水泥不得有辐射状裂纹。

③ 瓷釉表面光滑，无裂纹、气泡、斑点和烧痕等缺陷，瓷釉剥落面积不得超过 300 mm^2。

（4）为使使用中的绝缘子保持良好的电气性能，应对绝缘子按具体使用情况进行定期和不定期的检查和清除表面的污尘。

思考题

1. 简述绝缘子的作用。
2. 简述绝缘子的分类及每种类型的结构特点。
3. 绝缘子在使用时注意哪些事项？
4. 绝缘子的电气性能包括哪三方面？定义分别是什么？
5. 绝缘子表面污秽主要形成原因有哪些？
6. 绝缘子在运行维护时应注意哪些事项？

单元二　保护间隔设备的运行与维护

任务一　互感器的运行与维护

教学目标

* 掌握互感器的分类、作用。
* 掌握不同类型电流互感器的工作特性、型号、结构、工作原理。
* 掌握不同类型电压互感器的工作特性、型号、结构、工作原理。
* 掌握互感器的运行维护与事故处理。

重点

* 互感器的分类、作用。
* 不同类型电流互感器的工作特性、型号、结构、工作原理。
* 不同类型电压互感器的工作特性、型号、结构、工作原理。
* 互感器的运行维护与事故处理。

难点

* 不同类型电流互感器的结构、工作原理。
* 不同类型电压互感器的结构、工作原理。
* 互感器的运行维护与事故处理。

一、互感器的分类、作用

（一）互感器的分类

互感器分为电压互感器（TV）和电流互感器（TA），是电力系统中一次系统和二次系统之间的联络元件，用以变换电压或电流，分别为测量仪表、保护装置和控制装置提供电压或电流信号，反映电气设备的正常运行和故障情况。

（二）互感器的作用

（1）将一次回路的高电压和大电流变为二次回路的标准值。电压互感器的额定二次电压为 100 V 或 100 V，电流互感器的额定二次电流为 5 A、1 A 或 0.5 A。

（2）利用互感器使所有二次设备可用低电压、小电流的控制电缆来连接，可以实现远距离控制和测量。

（3）二次回路不受一次回路的限制，对二次设备进行维护、调换以及调整试验时，不需中断一次系统的运行。

（4）使一次设备和二次设备实电气隔离，保证了设备和人身安全，提高了一次系统和二次系统的安全性和可靠性。

（5）取得零序电流、电压分量供反应接地故障的继电保护装置使用。

（三）互感器与系统的连接

互感器是一种特殊的变压器，其基本结构与变压器相同，工作原理也相同。它的一次、二次绕组与系统的连接方式如图 3－42 所示。

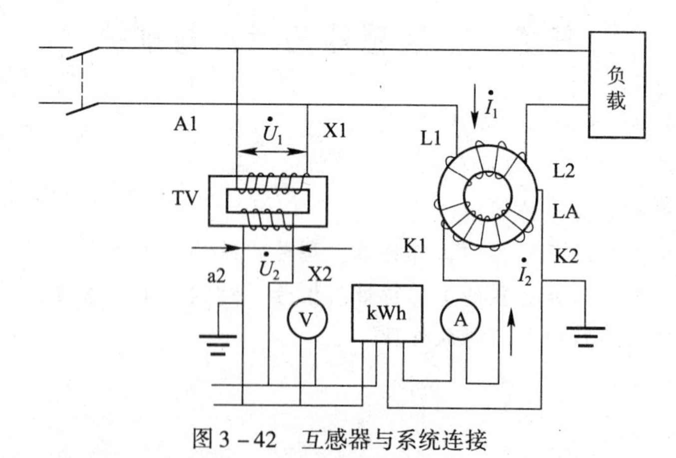

图 3－42　互感器与系统连接

电流互感器一次绕组串接于电网，二次绕组与测量仪表或继电器的电流线圈相串联。电压互感器一次绕组并接于电网，二次绕组与测量仪器或继电器电压线圈并联。

二、电流互感器

电流互感器原理是依据电磁感应原理的。电流互感器是由闭合的铁芯和绕组组成。它的一次绕组匝数很少，串在需要测量的电流的线路中，因此它经常有线路的全部电流流过，二次绕组匝数比较多，串接在测量仪表和保护回路中，电流互感器在工作时，它的二次回路始终是闭合的，因此测量仪表和保护回路串联线圈的阻抗很小。

（一）电流互感器的特性

（1）一次绕组串接于一次回路，匝数少、阻抗小，其一次侧电流由负荷电流决定。

（2）二次侧所接表计阻抗小。

（3）使用时二次侧严禁开路。

（4）电流互感器的结构应满足热稳定和动稳定的要求。

（5）电流互感器一次电流变化范围很大。

（二）电流互感器的种类及型号

1. 电流互感器的分类

按结构型式分：正立（二次绕组在互感器下部）和倒立式（二次绕组在互感器上部）。正立式抗地震性能好，倒立式抗短时电流冲击的性能较好。

按绝缘介质分：充油和充 SF_6 气体。

按外绝缘型式分：瓷质和硅橡胶。瓷质表面稳定性能较好，硅橡胶外套的抗污闪和抗震性能较好。

按密封型式分：微正压和全密封（充 SF_6 或氮气）。目前充油互感器大多采用微正压型式。

按设备类型分：户外和室内。

2. 电流互感器的型号

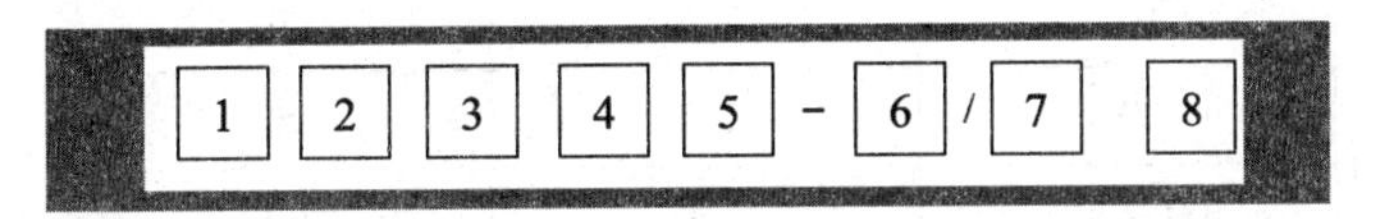

1　产品名称：L——电流互感器。

2　一次绕组形式：M——母线式；F——贯穿复匝式；D——贯穿单匝式；Q——线圈式。安装形式：A——穿墙式；B——支持式；Z——支柱式；R——装入式。

3　绝缘形式：Z——浇注结构；C——瓷绝缘；J——树脂浇注；K——塑料绝缘。

4　结构形式：W——户外式；M——母线式；G——改进式；Q——加强式。

用途：B——保护用；D——差动保护用；J——接地保护用；X——小体积柜用；S——手车柜用。

5　设计序号；表示同类产品在技术性能和结构尺寸变化的改型设计，为了与原设计相区别，在型号的字母之后加注阿拉伯数1、2、3……，表示第几次改型设计。

6　额定电压（kV）。

7　准确度等级。

8　额定电流（A）。

例如，LQ－0.5－100，表示线圈式、准确度等级为0.5级、一次额定电流为100 A的电流互感器。

（三）电流互感器的技术参数

（1）额定电压：是指一次绕组对二次绕组和地的绝缘额定电压。

（2）额定电流：设计生产厂家规定的运行状态下，通过电流互感器一次、二次绕组的电流。

（3）额定二次负载：是指在二次电流为额定值、二次负载为额定阻抗时，二次侧输出的视在功率。

（4）额定电流比：电流互感器一、二次侧额定电流之比称为电流互感器的额定电流比，也称为额定互感比。

（5）准确度等级：电流互感器的测量误差，可以用准确度等级来表示，根据测量误差的不同，划分出不同的准确级。电流互感器的准确度等级分为0.2、0.5、1.0、3.0、10和D/B/C几级。一般误差限值如表3-3所示。

表3-3 电流互感器的准确级和误差限值

准确级	一次电流占额定电流的百分数（%）	误差限值		二次负荷变化范围
		比值差（±%）	相位差（±′）	
0.2	10	0.5	20	（0.25～1）S_e
	20	0.35	15	
	100～200	0.2	10	
0.5	10	1.0	60	（0.25～1）S_e
	20	0.75	45	
	100～200	0.5	30	
1	10	2.0	120	（0.25～1）S_e
	20	1.5	90	
	100～200	1.0	60	
3	50～120	3	不规定	（0.25～1）S_e
10	50～120	10		
D（B、C）	100	3	不规定	S_e
	100	-10		

（四）电流互感器的结构及工作原理

1. 干式和浇注绝缘互感器

1）LDZ1-10、LDZJ1-10型环氧树脂浇注绝缘单匝式电流互感器

一次导电杆为铜棒或铜管，互感器铁芯采用硅钢片卷成，两个铁芯组合对称地分布在金属支持件上，二次绕组绕在环形铁芯上。一次导电杆、二次绕组用环氧树脂和石英粉的混合胶浇注加热固化成型，在浇注体中部有硅铝合金铸成的面板。板上预留有安装孔，如图3-43所示。

2）LMZ1－10、LMZD1－10 型环氧树脂浇注绝缘单匝母线式电流互感器

该互感器具有两个铁芯组合，一次绕组可配额定电流大（2 000～5 000 A）的母线。这种互感器的绝缘、防潮、防霉性能良好，机械强度高，维护方便，多用于发电机、变压器主回路，如图 3－44 所示。

图 3－43　LDZ1－10、LDZJ1－10 型环氧树脂浇注绝缘单匝式电流互感器

图 3－44　LMZ1－10、LMZD1－10 型环氧树脂浇注绝缘单匝母线式电流互感器

3）LFZB－10 型环氧树脂浇注绝缘有保护级复匝式电流互感器

LFZB－10 型环氧树脂浇注绝缘有保护级复匝式电流互感器为半封闭浇注绝缘结构，铁芯采用硅钢叠片呈二芯式，在铁芯柱上套有二次绕组，一、二次绕组用环氧树脂浇注整体，铁芯外露，如图 3－45 所示。

2. *油浸式电流互感器*

35 kV 及以上户外式电流互感器多为油浸式结构，主要由底座（或下油箱）、器身、储油柜（包括膨胀器）和瓷套四大件组成。瓷套是互感器的外绝缘，并兼作油的容器。63 kV 及以上的互感器的储油柜上装有串并联接线装置。全密封互感器采用金属膨胀器避免了油与外界空气直接接触。贮油柜多用铝合金铸成，也可用铸铁贮油柜或薄钢板制成。

1）LCW 型户外油浸式瓷绝缘电流互感器

瓷外壳内充满变压器油，并固定在金属小车上；带有二次绕组的环型铁芯固定在小车架上，一次绕组为圆形并套住二次绕组，构成两个互相套着的形如“8”字的环。换接器用于在需要时改变各段一次绕组的连接方式，方便一次绕组串联或并联。互感器上部由铸铁制成的油扩张器，用于补偿油体积随温度的变化，其上装有玻璃油面指示器。放电间隙用于保护瓷外壳。只用于 35～110 kV 电压级，一般有 2～3 个铁芯，如图 3－46 所示。

图 3－45　LFZB－10 型环氧树脂浇注绝缘有保护级复匝式电流互感器

图 3－46　LCW 型户外油浸式瓷绝缘电流互感器

2）LCLWD3－220 型户外瓷箱式电流互感器

一次绕组呈“U”字型，一次绕组绝缘采用电容均压结构，用高压电缆纸包扎而成；绝缘共分十层，层间有电容屏（金属箔），外屏接地，形成圆筒式电容串联结构；有四个环型铁芯及二次绕组，分布在“U”型一次绕组下部的两侧，二次绕组为漆包圆铜线，铁芯由优质冷轧晶粒取向硅钢板卷成。110 kV 及以上电压级中广泛的应用，图 3－47 为 LCLWD3－220 型户外瓷箱式电流互感器结构图。

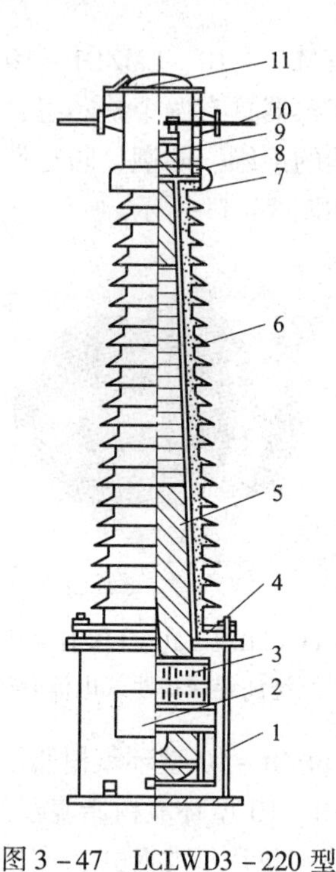

图 3－47　LCLWD3－220 型户外瓷箱式电流互感器结构图

1—油箱；2—二次接线盒；3—环形铁芯及二次绕组；4—压圈式卡接装置；5——次绕组；6—瓷套管；7—均压护罩；8—贮油箱；9——次绕组切换装置；10——次接线端子；11—呼吸器

3）L－110 型串级式

互感器由两个电流互感器串联组成。Ⅰ级属高压部分。Ⅱ级属低压部分。Ⅰ级的二次绕组接在Ⅱ级的一次绕组上，作为Ⅱ级的电源，Ⅱ级的互感比为20/5A。两级串级式电流互感器，每一级绝缘只承受装置对地电压的一半，因而可节省绝缘材料。图3－48为L－110 型串级式电流互感器外形及原理接线图。

3．SF_6 气体绝缘电流互感器

图 3－49 为 SF_6 气体绝缘电流互感器，SF_6 气体绝缘电流互感器有 SAS、LVQB 等系列，电压为 110 kV及以上。

LVQB－220 型 SF_6 气体绝缘电流互感器由壳体、器身（一、二次绕组）、瓷套和底座组成。

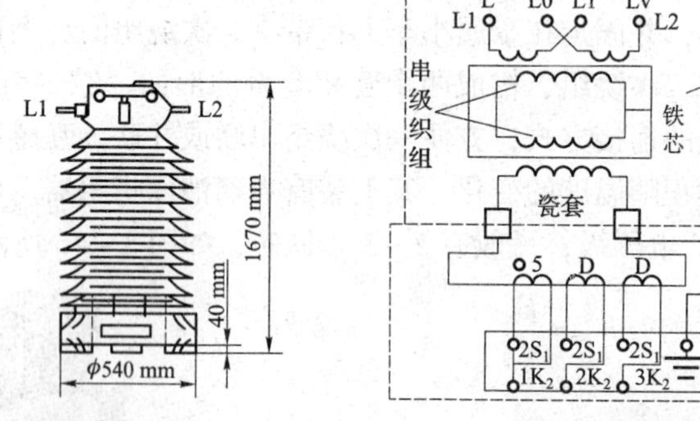

图 3－48　L－110 型串级式电流互感器外形及原理接线图

电流互感器工作原理：

一次电流 I_1 流过一次绕组，建立一次磁动势（N_1I_1），也被称为一次安匝，其中 N_1 为一次绕组的匝数；一次磁动势分为两部分，其中小一部分用于励磁，在铁芯中产生磁通，另一部分用来平衡二次磁动势（N_2I_2），亦被称为二次安匝，其中 N_2 为二次绕组的匝数。励磁电流设为 I_0，励磁磁动势（N_1I_0），亦被称为励磁安匝。平衡二次磁动势的这部分一次磁动势，其大小与二次磁动势相等，但方向相反。磁势平衡方程式如下：

$$\dot{I}_1N_1+\dot{I}_2N_2=\dot{I}_0N_1$$

在理想情况下，励磁电流为零，即互感器不消耗能量，则有：

$$\dot{I}_1N_1+\dot{I}_2N_2=0$$

若用额定值表示，则：

$$\dot{I}_{1N}N_1=-\dot{I}_{2N}N_2$$

额定一次、二次电流之比为电流互感器额定电流比：

$$K_N=\frac{I_{1N}}{I_{2N}}$$

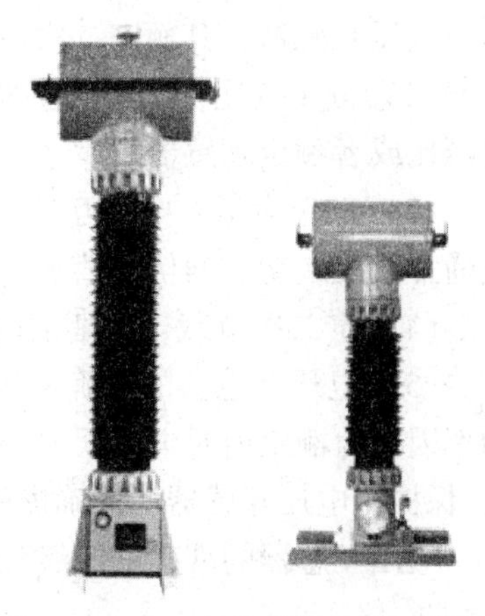

图 3－49　SF_6 气体绝缘电流互感器

三、电压互感器

目前电力系统广泛应用的电压互感器，用 TV 表示。按其工作原理可分为电磁式和电容分压式两种。对于500 kV 电压等级，我国只生产电容分压式。

（一）电压互感器的工作特性

（1）正常运行时，电压互感器二次绕组近似工作在开路状态。

（2）运行中的电压互感器二次绕组不允许短路。

（3）电压互感器一次侧电压决定一次电力网的电压，不受二次负载的影响。

（二）电压互感器的种类及型号

按安装地点分：户内式、户外式。20 kV 及以下电压等级一般为户内式，35 kV 及以上电压等级一般为户外式。

按相数分：单相式、三相式。20 kV 以下电压等级制成三相式，35 kV 及以上电压等级制成单相式。

按绕组数分：双绕组、三绕组、四绕组式。

按结构原理分：电磁式、电容式。

按绝缘方式分：干式、浇注式、油浸式、气体绝缘式。

1 2 3 4 5 - 6

1　产品名称：J——电压互感器。

2　相数：D——单相；S——三相。

3　绝缘形式：J——油浸式；G——空气干式；Z——浇注成型固体；Q——气体；C——瓷绝缘；R——电容分压式。

4　结构形式：X——带剩余绕组；B——三柱带补偿绕组式；W——五柱三绕组；C——串极式带剩余绕组；F——测量和保护分开的二次绕组。

5　设计序号。

6　额定电压（kV）。

（三）电压互感器的技术参数

（1）额定一次电压：作为电压互感器性能基准的一次电压值。供三相系统相间连接的单相电压互感器，其一次额定电压应为国家标准额定线电压；对于接在三相系统相与地间的单位电压互感器，其额定一次电压应为上述值的1/3，即相电压。

（2）额定变比：电压互感器的额定变比是指一次、二次绕组额定电压之比，也称额定电压比或者额定互感器比。

（3）额定容量：电压互感器的额定容量是指对应于最高准确度等级时的容量。额定容量通常以视在功率的伏安值表示。

（4）定二次负载：保证准确等级为最高时，电压互感器二次回路所允许接带的阻抗值。

（5）电压互感器的准确度等级：指在规定的一次电压和二次负载变化范围内，负载的功率因数为额定值时电压误差的最大值。测量用电压互感器的准确级有0.1、0.2、0.5、1、3，保护用电压互感器的准确度等级规定有3P和6P两种。

电压互感器的准确度等级和误差限值如表3-4所示。

表3-4　电压互感器的准确度等级和误差限值

准确度等级	误差限值		一次电压变化范围	频率、功率因数及二次负荷变化范围
	电压误差（±%）	角误差（′）		
0.1	0.1	3	$(0.8\sim1.2)\ U_{N1}$	$(0.25\sim1)\ S_{N2}$ $\cos\varphi_2=0.8$ $f=f_N$
0.2	0.2	10		
0.5	0.5	20		
1	1.0	40		
3	3.0	不规定		
3P	3.0	120	$(0.25\sim1)\ U_{N1}$	
6P	6.0	240		

（四）电压互感器的结构及原理

1. 电磁式电压互感

1）电磁式电压互感器的工作原理

电磁式电压互感器的工作原理、构造和接线方式都与变压器相似。它与变压器相比有如下特点：

（1）容量很小，通常只有几十到几百VA。

（2）电压互感器一次侧的电压U_1为电网电压，不受互感器二次侧负荷的影响，一次侧电压高，需有足够的绝缘强度。

（3）互感器二次侧负荷主要是测量仪表和继电器的电压线圈，其阻抗很大，通过的电流很小，所以电压互感器的正常工作状态接近于空载状态。

电压互感器一、二次绕组额定电压之比称为电压互感器的额定变（压）比，即

$$K_u=U_{N1}/U_{N2}\approx N_1/N_2\approx U_1/U_2$$

式中　N_1，N_2——互感器一、二次绕组匝数。

U_1，U_2——互感器一次实际电压和二次电压测量值。

U_{N1}等于电网额定电压，U_{N2}已统一为100 V，所以K_u也标准化了。

2）电压互感器误差

电压互感器的等值电路与普通变压器相同，其简化相量图如图 3－50 所示。由于存在励磁电流和内阻抗，使得从二次侧测算的一次电压近似值 $K_u U_2$ 与一次电压实际值 U_1 大小不等，相位差也不等 180°，产生了电压误差和相位误差，两种误差定义如下。

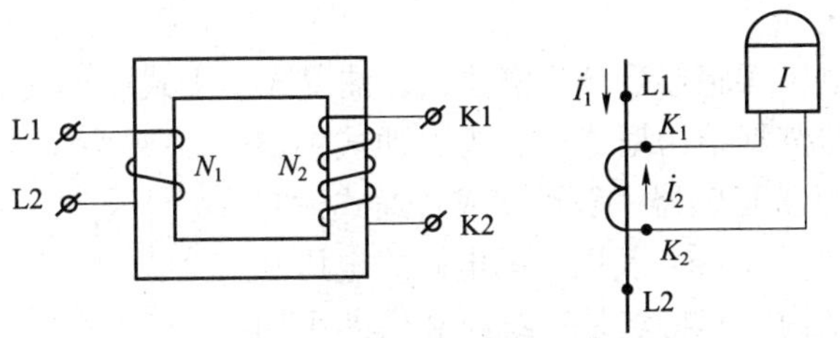

图 3－50　电磁式电压互感器简化相量

电压误差为

$$f_u = (K_u U_2 - U_1) / U_1 \times 100\%$$

$K_u U_2 - U_1 < 0$ 时，f_u 为负，反之为正。

相位误差为旋转 180° 的二次电压相量 $-U_2'$ 与一次电压相量 U_1 之间成夹角 δ_u，并规定 $-U_2'$ 超前于 U_1 时相位误差为正，反之为负。

这两种误差除受互感器构造影响外，还与二次侧负荷及其功率因数有关，二次侧负荷电流增大，其误差也增大。国家规定电压互感器准确级等级分为四级，即 0.2、0.5、1 和 3。

电压互感器的准确级，是指在规定的一次电压和二次负荷变化范围内，负荷功率因数为额定值时，电压误差的最大值。我国电压互感器准确级和误差限值标准如表 3－6 所示。

由于电压互感器误差与二次负荷有关，所以同一台电压互感器对应于不同的准确级便有不同的容量。通常，额定容量是指对应于最高准确级的容量。电压互感器按照在最高工作电压下长期工作容许发热条件，还规定了最大容量。例如：JSTW－10 型三相五柱式电压互感器的铭牌参数。

准确级：0.5，1，3，最大容量。

额定容量（VA）：120，200，480，960。

电压互感器二次侧的负荷为测量仪表及继电器等电压线圈所消耗的功率总和 S_2，选用电压互感器时要使其额定容量 $S_{N2} \geq S_2$，以保证准确级等级要求。其最大容量是根据持久工作的允许发热决定的，即在任何情况下都不许超过最大容量。具体参考表 3－5。

表 3－5　电压互感器的准确级和误差限值

准确级	误差极限		一次电压误差范围	频率、功率因数及二次负荷变化范围
	电压误差（±%）	相位误差（±）		
0.2 0.5 1 3	0.2 0.5 1.0 3.0	10 20 40 不规定	$(0.8 \sim 1.2)\ U_{N1}$	$(0.25 \sim 1)\ S_{N2}$ $\cos\varphi 2 = 0.8$ $f = f_n$
3P 6P	3.0 6.0	120 240	$(0.05 \sim 1)\ U_{N1}$	

3）电磁式电压互感器的分类和使用特点

电磁式电压互感器由铁芯和绕组等构成。

根据绕组数不同，电压互感器可分为双绕组式的和三绕组式的。

按相数分，电压互感器可分为单相式的和三相式的，20 kV 以下才有三相式，且有三相三柱式和三相五柱式之分。

按绝缘方式分，电压互感器可分为浇注式、油浸式、干式、充气式的。

油浸式电压互感器按其结构型式可分为普通式和串级式的。3 ~ 35 kV 的电压互感器一般均制成普通式，它与普通小型变压器相似。110 kV 及以上的电磁式电压互感器普遍制成串级式结构。其特点是：绕组和铁芯采用分级绝缘，以简化绝缘结构；绕组和铁芯放在瓷套中，可减少质量和体积。图 3 – 51 为 220 kV 串级式电压互感器的原理接线图。互感器由两个铁芯（元件）组成，一次绕组分成匝数相等的四个部分，分别套在两个铁芯的上、下铁芯柱上，按磁通相加方向顺序串联，接在相与地之间。每一元件上的绕组中点与铁芯相连，二次绕组绕在末级铁芯的下铁芯柱上。当二次绕组开路时，一次绕组电位分布均匀，绕组边缘线匝对铁芯的电位差为 $U_{ph}/4$（U_{ph}为相电压）。因此，绕组对铁芯的绝缘只需按 $U_{ph}/4$ 设计，而普通结构的则需要按 U_{ph} 设计，故串级式的可大量节约绝缘材料和降低造价。

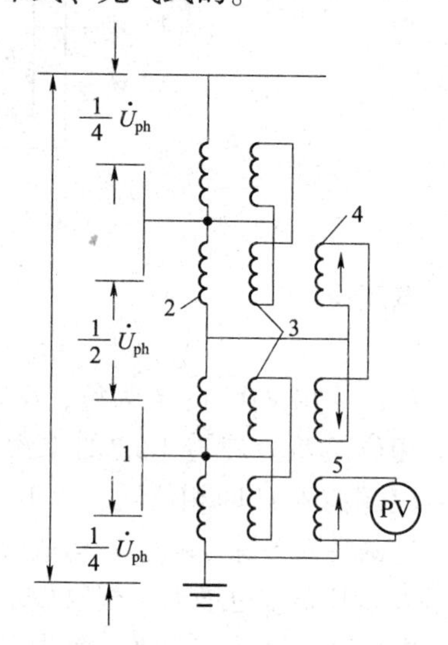

图 3 – 51　220 kV 串级式

1—铁芯；2—一次绕组；3—平衡绕组；4—连耦绕组；5—二次绕组

当二次绕组接通负荷后，由于负荷电流的去磁作用，末级铁芯内的磁通小于其他铁芯的磁通，从而使各元件感抗不等，磁通磁势与电压分布不均，准确级下降。为了避免这一现象，在两铁芯相邻的铁芯柱上，绕有匝数相等的连耦绕组（绕向相同，反向对接）。这样，当各个铁芯中磁电压互感器的磁通不相等时，连耦绕组内出现电流，使磁通较大的铁芯去磁，磁通较小的铁芯增磁，从而达到各级铁芯内磁通大致相等和各元件绕组电压均匀分布的目的。在同一铁芯的上、下铁芯柱上，还设有平衡绕组（绕向相同、反向对接），借平衡绕组内的电流，使两铁芯柱上的安匝分别平衡。

电压互感器接线方式一般为：单相接线方式，V – V 接线方式、三台单相的接线方式为 Y 0/Y 0/C，三相三柱式的接线方式为 Y/Y。

电磁式电压互感器安装在中性点非直接接地系统中，且当系统运行状态发生突变时，有可能发生并联铁磁谐振。为防止此类铁磁谐振的发生，可在电压互感器上装设消谐器，亦可在开口三角端子上接入电阻或白炽泡。

电压互感器与电力变压器一样，严禁短路。若发生短路，则应采用熔断器保护。110 ~ 500 kV 电压级一次侧没有熔断器，直接接入电力系统（一次侧无保护）。35 kV 及以下电压级一次侧通过带或不带限流电阻的熔断器接入电力系统。电压互感器的一次电流很小，熔断器的熔件截面只能按机械强度选取最小截面，它只能保护高压侧，也就是说只有一次绕组短路才熔断，而当二次绕组短路和过负荷时，高压侧熔断器不可能有可靠动作，所以二次侧仍需装熔断器，以实现二次侧过负荷和过电流保护。

但需注意在以下几种情况下，不能装熔断器：

（1）中性线、接地线不准装熔断器。

（2）辅助绕组接成开口三角形的一般不装熔断器。

（3）V形接线中，b相接地，b相不准装熔断器。

用于线路侧的电磁式电压互感器，可兼作释放线路上残余电荷的作用。如线路断路器无合闸电阻，为了降低重合闸时的过电压，可在互感器二次绕组中接电阻，以释放线路上残余电荷，并且此电阻还可以消除断路器断口电容与该电压互感器的谐振。

2. 电容式电压互感器

随着电力系统输电电压的增高，电磁式电压互感器的体积越来越大，成本随之增高，因此研制了电容式电压互感器，又称CVT。目前我国500 kV电压互感器只生产电容式的。

1）电容式电压互感器的工作原理

电容式电压互感器采用电容分压原理，如图3－52所示。在图中，U_1为电网电压；Z_2表示仪表、继电器等电压线圈负荷。$U_2=U_{C2}$，因此

$$U_2=U_{C2}=U_1\times C_1/(C_1+C_2)=K_uU_1$$

式中，K_u——分压比，$K_u=C_1/(C_1+C_2)$。

由于U_2与一次电压U_1成比例变化，故可以U_2代表U_1，即可测出相对地电压。

为了分析互感器带上负荷Z_2后的误差，可利用等效电源原理，将图3－52画成图3－53所示的电容式电压互感器等值电路。

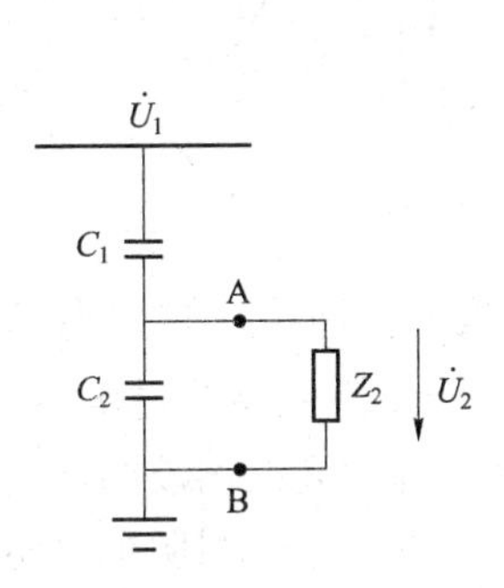

图3－52　电容分压原理

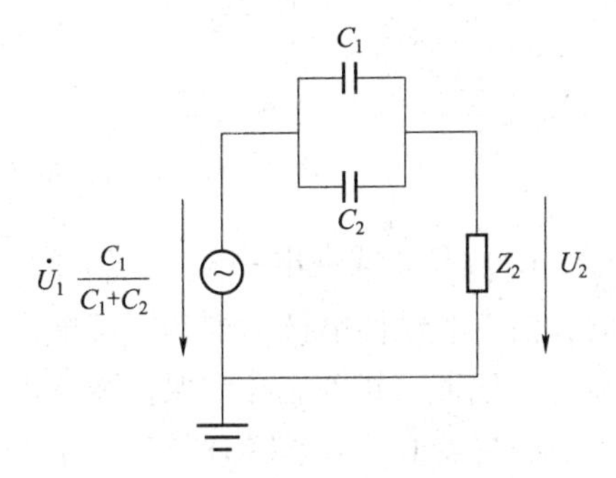

图3－53　电容式电压互感器等值电路

从图3－53可看出，内阻抗

$$Z=1/j\omega(C_1+C_2)$$

当有负荷电流流过时，在内阻抗上将产生电压降，从而使U_2与$U_1\times C_1/(C_1+C_2)$不仅在数值上而且在相位上有误差，负荷越大，误差越大。要获得一定的准确级，必须采用大容量的电容，这是很不经济的。合理的解决措施是串联一个电感，如图3－54所示。电感L应按产生串联谐振的条件选择，即$2\pi fL=1/2\pi f(C_1+C_2)$ $f=50$ Hz。

所以　$L=1/4\pi 2f_2(C_1+C_2)$。

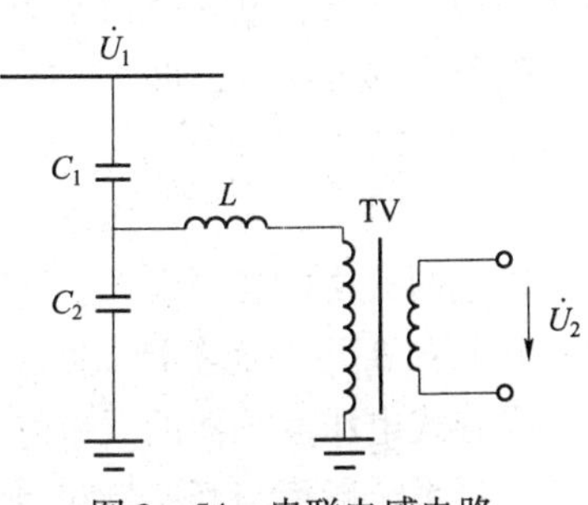

图3－54　串联电感电路

理想情况下，$Z_2' = j\omega L - j1/\omega(C_1 + C_2) = 0$，输出电压 U_2 与负荷无关，误差最小，但实际上，$Z_2' = 0$ 是不可能的，因为电容器有损耗，电感线圈也有电阻，$Z_2' \neq 0$，负荷变大，误差也将增加，而且将会出现谐振现象，谐振过电压将会造成严重的危害，应力争设法完全避免。

为了进一步减小负荷电流所产生误差的影响，将测量电器仪表经中间电磁式电压互感器（TV）升压后与分压器相连。

2）电容式电压互感器的基本结构

电容式电压互感器基本结构如图 3－55 所示。其主要元件是：电容（C_1，C_2），非线性电感（补偿电感线圈）L_2，中间电磁式电压互感器 TV。为了减少杂散电容和电感的有害影响，增设一个高频阻断线圈 L_1，它和 L_2 及中间电压互感器一次绕组串联在一起，L_1、L_2 上并联放电间隙 E_1、E_2，起保护作用。

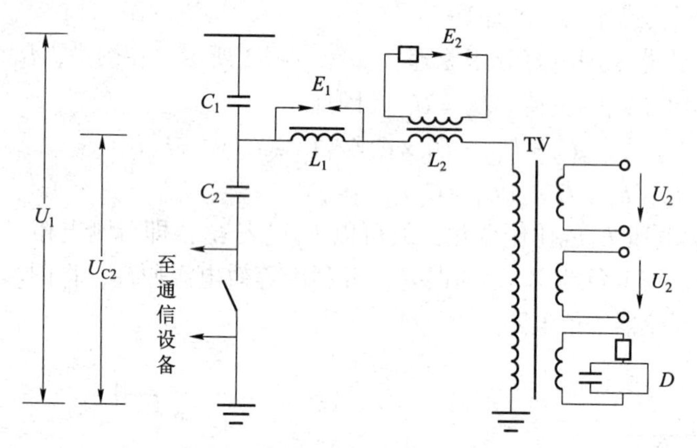

图 3－55　电容式电压互感器基本结构

电容（C_1，C_2）和非线性电感 L_1 和 TV 的一次绕组组成的回路，当受到二次侧短路或断路等冲击时，由于非线性电抗的饱和，可能激发产生次谐波铁磁谐振过电压，对互感器、仪表和继电器造成危害，并可能导致保护装置误动作。为了抑制高次谐波的产生，在互感器二次绕组上装设阻尼器 D，阻尼器 D 具有一个电感和一电容并联，一只阻尼电阻被安插在这个偶极振子中。阻尼电阻有经常接入和谐振时自动接入两种方式。

3）电容式电压互感器的误差

电容式电压互感器的误差是由空载电流、负载电流以及阻尼器的电流流经互感器绕组产生压降而引起的，其误差由空载误差 f_0 和 δ_0，负载误差 f_L 和 δ_L，阻尼器负载电流产生的误差 f_D 和 δ_D 等几部分组成，即

$$f_u = f_0 + f_L + f_D$$

$$\delta_u = \delta_0 + \delta_L + \delta_d$$

以上两式中的各项误差，可仿照本节前述的方法求得。当采用谐振时自动投入阻尼器者，其 f_D 和 δ_D 可略而不计。

电容式电压互感器的误差除受一次电压、二次负荷和功率因数的影响外，还与电源频率有关，当系统频率与互感器设计的额定频率有偏差时，由于 $\omega_L \neq 1/[\omega(C_1 + C_2)]$，因而会产生附加误差。

电容式电压互感器由于结构简单、重量轻、体积小、占地少、成本低，且电压越高效果越显著，分压电容还可兼作载波通信耦合电容。因此它广泛应用于 110 kV ~ 500 kV 中性点直接接地系统。电容式电压互感器的缺点是输出容量较小、误差较大，暂态特性不如电磁式电互感器。

（五）电容式电压互感器的典型结构

如图 3－56 所示为法国 ENERTEC 生产的 CCV 系列电容式电压互感器结构图。图中电容器每一电容元件由高纯度纤维纸张——优质的 VOLTAM 和铝膜卷制而成，组装成一个电容单元，经真空、加热、干燥，予以除气和去湿。然后装入套管内，浸入绝缘油中。

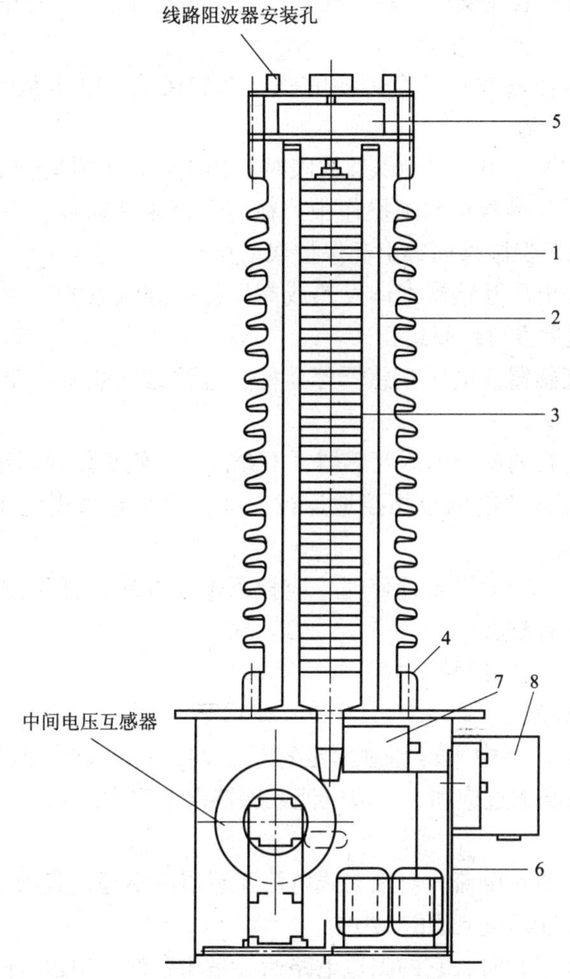

图 3－56　CCV 系列电容式电压感器结构图

1—电容器；2—瓷套管；3—高介电强度的绝缘油；4—密封设施；
5—膜盒；6—密封金属箱；7—阻尼器；8—低压接线盒

在高压电网中，电容部分由若干个叠装的单元构成，可拆卸运输。互感器最上部（首部）有一帽盖，系由铝合金制成，上有阻波器的安装孔。电压连接端也直接安置于帽盖的顶部，是一种圆柱状或扁板状的连接端子，可供选择。

帽盖内含有一个弹性的腰鼓形膨胀膜盒，用以补偿运行时随温度变化而改变的油的容积。侧面的油位指示器可观察油面的变化。整个膨胀膜盒均与外界隔绝，密封面不与气室相接触。

四、互感器的运行维护及事故处理

（一）互感器的运行要求

互感器在变电站中属于高压配电装置，称为四小器（电流互感器、电压互感器、耦合电容器、避雷器）。虽是小型电器，但是其一次侧直接连接在母线上，一旦发生事故，往往造成全厂或全站停电，甚至引起系统故障。高压互感器爆炸是一种威胁很大的恶性事件，可能会引起大火，损坏其他电气设备，甚至威胁人身安全。因此，运行中的维护和检查是十分重要的。

（1）互感器的二次侧应按规定有可靠的一点保护接地；电压互感器二次侧不能短路，电流互感器二次侧不能开路。

（2）多组电压互感器合用一组绝缘监视表时，禁止同处于测量位置。

（3）两组母线电压互感器在倒闸操作中，在高压侧未并联前，不得将二次并联，以免发生电压互感器反充电、保险熔断等引起保护误动作。

（4）正常运行时，电压互感器本体发热或高压保险连续熔断两次，则应测量绝缘电阻和直流电阻值，无问题后方可恢复运行。

（5）在倒换电压互感器或电压互感器停运前，应注意防止其所带的保护装置、自动装置的失压或误动。

（6）经开关联络运行的两组电压互感器，不允许二次侧长期并列运行。

（7）中性点不直接接地电网单相接地运行期间，应注意监视电压互感器的发热情况。如有两台，可倒换运行。

（8）与电压互感器连接的设备检修时，应拔下电压互感器低压侧熔断器，以免低压回路窜电经互感器升压危机安全。

（二）电流互感器的运行维护

1．电流互感器运行原则

（1）电流互感器在运行中不得超过额定容量长期运行。如果电流互感器过负荷运行，则会使铁芯磁通密度饱和或过饱和，造成电流互感器误差增大，表计指示不正确，不容易掌握实际负荷。

（2）电流互感器的负荷电流，对独立式电流互感器应不超过其额定值的110%，对套管式电流互感器，应不超过其额定值的120%。

（3）电流互感器在运行时，它的副边电路始终是闭合的，副边线圈应该经常接有仪表。

（4）电流互感器的二次线圈在运行中不允许开路。因为出现开路时，将使二次电流消失，这时，全部一次电流都成为励磁电流，使铁芯中的磁感应强度急剧增加，其有功损耗增加很多，因而引起铁芯和绕组绝缘过热，甚至造成互感器的损坏。

（5）油浸式电流互感器应装设油位计和吸湿器，以监视油位在减少时免受空气中水分和杂质的影响。

（6）电流互感器的二次绕组，至少应有一个端子可靠接地，防止电流互感器主绝缘故障或击穿时，二次回路上出现高电压，危及人身和设备安全。

2. 电流互感器的运行维护

(1) 按规定做必要的测量和试验工作。

(2) 各部分接线正确、无松动及损坏现象。

(3) 外壳和中性点接地良好。

(4) 瓷瓶无放电裂纹现象。

(5) 试验端子接触牢固无开放现象。

(6) 运行声音是否正常。

(7) 内外部有无放电现象及放电痕迹。

(8) 干式电流互感器应无潮湿现象。

(9) 二次回路有无开路现象。

3. 电流互感器的异常运行和故障处理

1) 电流互感器异常的现象

(1) 电流互感器本体严重发热、冒烟、变色、有异味。

(2) 电流互感器运行声音异常，震动大。

(3) 电流互感器内部线圈开路。

(4) 电流互感器有绝缘破裂放电等。

2) 电流互感器本体异常的故障处理

(1) 若电流互感器异常是由于二次回路开路所引起，可以按以下方法处理：

① 查找或发现电流回路断线情况，应按要求穿好绝缘鞋，戴好绝缘手套，并配好绝缘封线。

② 分清故障回路，汇报调度，停用可能受影响的保护，防止保护误动。

③ 查找电流回路断线可以从电流互感器本体开始，按回路逐个环节进行检查，若是本体有明显异常，应汇报调度，申请转移负荷，停电进行检修。

④ 若本体无明显异常，应对端子、元件逐个检查，发现松动可用螺丝刀紧固。若出现火花或发现开路点，应用绝缘封线将电流端子的电源封死，封好后再对开路点进行处理。

⑤ 若封线时有火花，说明短接有效，开路点在电源到封点以下回路中；若封线时没有火花，则可能短接无效，开路点在封点与电源之间的回路中。

⑥ 若开路点在保护屏外，应对保护屏上的电流端子进行查找并紧固；若在保护屏内部，应汇报上级部门，有继点保护人员处理。

⑦ 若为运行人员能自行处理的开路故障，如端子松脱、接触不良等，回路断线现象消失，可将封线拆掉，投入退出的保护，恢复正常运行；不能自行处理的，应汇报调度及上级派专业人员处理。

(2) 若故障程度较轻，可汇报调度降低负荷，维持运行并加强监视。

(三) 电压互感器的运行与维护

1. 电压互感器的运行原则

(1) 电压互感器在额定容量下能长期运行，在制造时要求能承受其额定电压的 1.9 倍而无损坏，但实际运行电压不应超过额定电压的 1.1 倍，最好是不超过额定电压的 1.05 倍。

(2) 电压互感器在运行中，副线圈不能短路。因为如果副线圈短路，副边电路的阻抗大大减小，就会出现很大的短路电流，使副线圈因严重的发热而烧毁。

（3）110 kV 电压互感器，一次侧一般不装熔断器，因为这一类互感器采用单相串级式，绝缘强度高，发生事故的可能性小；又因为 110 kV 及以上系统，中性点一般采用直接接地，接地发生故障时，会瞬时跳闸，不会过电压运行。在电压互感器的二次侧装设熔断器或自动空气开关，当电压互感器二次侧发生故障时，使之能迅速熔断或切断，以保证电压互感器不遭受损坏。

（4）油浸式电压互感器应装设油位计和吸湿器，以监视油位在减少时免受空气中水分和杂质的影响。

（5）启用电压互感器时，应检查绝缘是否良好，定相是否正确，油位是否正常，接头是否清洁。

（6）停用电压互感器时，应先退出相关保护和自动装置，断开二次侧自动空气开关，防止反充电。

2. 电压互感器的运行维护

（1）设备周围应无影响送电的杂物。

（2）各接触部分良好，无松动、发热和变色现象。

（3）充油式的电压互感器，油位正常，油色清洁，各部分无渗油、漏油现象。

（4）瓷瓶无裂纹及积灰。

（5）二次侧的 B 相或中性点接地良好。

（6）熔丝接触是否良好。

（7）各部分有无放电声及烧损现象。

（8）限流电阻丝有无松动，接线是否良好。

3. 电压互感器的异常运行和故障处理

1）电压互感器本体异常的现象

（1）电压互感器的高压熔断器连续熔断。

（2）电压互感器内部发热温度高。

（3）电压互感器内部有冒烟、着火现象。

（4）电压互感器内部有放电声及其他异常声音。

（5）电压互感器内部有严重的喷油、漏油现象等。

2）电压互感器本体异常的故障处理

（1）退出可能误动的保护（如距离保护和电压保护等）及自动装置（如 BZT 自投装置和按频率自动减负荷装置等）。

（2）断开该电压互感器二次断路器，取下二次熔断器，若高压熔断器已熔断，可拉开隔离开关，将该电压互感器隔离。

（3）故障程度较轻时（如漏油、内部发热、声音异常等），若高压侧熔电器未熔断，取下低压侧熔断器后，可以直接拉开隔离开关，隔离故障。

（4）故障程度较严重时（如冒烟、着火和绝缘损坏等），若高压侧熔断器上装有合格的限流电阻，可按现场规程拉开隔离开关进行隔离，若无限流电阻时，应用断路器切除故障，不能直接拉开隔离开关，以防止在切断故障时，引起母线短路及人身事故。如在双母线接线系统中，一台电压互感器发生严重故障时，可以倒母线，用母线断路器切除故障。

（5）故障隔离后，通过方式倒换（如合上电压互感器二次并列断路器，重新投入所退保护及自动装置）维持一次系统的正常运行。

思考题

1. 电压互感器、电流互感器的作用各有哪些？

2. 电压互感器和电流互感器使用时应该注意哪些事项？

3. 什么是电流互感器的变比？一次电流为1 200 A，二次电流为5 A，计算电流互感器的变比。

4. 电流互感器是如何分类的？

5. 电压互感器的接线方式有哪些？如何分类？

6. 电压互感器与变压器有什么区别？

7. 运行中电流互感器二次侧为什么不允许开路？

任务二　限流电器的运行与维护

教学目标

* 熟悉电抗器的基本概念，掌握电抗器的类型及用途。
* 掌握并联电抗器、限流电抗器、串联电抗器的作用、分类、结构等。
* 掌握电抗器的运行与维护。

重点

* 电抗器的基本概念，掌握电抗器的类型及用途。
* 并联电抗器、限流电抗器、串联电抗器的作用、分类、结构等。
* 电抗器的运行与维护。

难点

* 并联电抗器、限流电抗器、串联电抗器的结构原理。
* 掌握电抗器的运行与维护。

一、电抗器的类型及用途

限流电器的作用是增加电路的短路阻抗，从而达到限制短路电流的作用。常用的限流电器有限流电抗器和分裂电抗器。

电抗器也叫电感器，一个导体通电时就会在其所占据的一定空间范围产生磁场，所以所有能载流的电导体都有一般意义上的感性。然而通电长直导体的电感较小，所产生的磁场不强，因此实际的电抗器是导线绕成螺线管形式，称空心电抗器；有时为了让这只螺线管具有更大的电感，便在螺线管中插入铁芯，称铁芯电抗器。电抗分为感抗和容抗，比较科学的归类是将感抗器（电感器）和容抗器（电容器）统称为电抗器，然而由于过去先有了电感器，并且被称为电抗器，所以现在人们所说的电容器就是容抗器，而电抗器专指电感器。

电抗器的分类。

（1）按结构及冷却介质可分为：空心式、铁芯式、干式、油浸式等电抗器。例如干式空心电抗器、干式铁芯电抗器、油浸铁芯电抗器、油浸空心电抗器、夹持式干式空心电抗器、绕包式干式空心电抗器、水泥电抗器等。

（2）按接法可分为：并联电抗器和串联电抗器。

（3）按功能可分为：限流电抗器和补偿电抗器。

（4）按用途可分为：限流电抗器、滤波电抗器、平波电抗器、功率因数补偿电抗器、串联电抗器、平衡电抗器、接地电抗器、消弧线圈、进线电抗器、出线电抗器、饱和电抗器、自饱和电抗器、可变电抗器（可调电抗器、可控电抗器）、轭流电抗器、串联谐振电抗器、并联谐振电抗器等。

电抗器常用符号如图 3－57 所示。

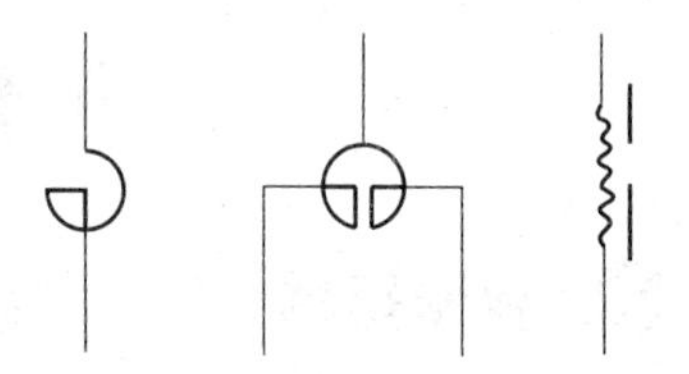

图 3－57　电抗器常用的符号

电力系统中所采取的电抗器，常见的有串联电抗器和并联电抗器。串联电抗器主要用来限制短路电流，也有在滤波器中与电容器串联或并联用来限制电网中的高次谐波。220 kV、110 kV、35 kV、10 kV 电网中的电抗器是用来吸收电缆线路的充电容性无功的。可以通过调整并联电抗器的数量来调整运行电压。超高压并联电抗器有改善电力系统无功功率有关运行状况的多种功能，主要包括：

（1）轻空载或轻负荷线路上的电容效应，以降低工频暂态过电压。

（2）改善长输电线路上的电压分布。

（3）使轻负荷时线路中的无功功率尽可能就地平衡，防止无功功率不合理流动，同时也减轻了线路上的功率损失。

（4）在大机组与系统并列时降低高压母线上工频稳态电压，便于发电机同期并列。

（5）防止发电机带长线路可能出现的自励磁谐振现象。

（6）当采用电抗器中性点经小电抗接地装置时，还可用小电抗器补偿线路相间及相地电容，以加速潜供电流自动熄灭，便于采用。

电抗器的接线分串联和并联两种方式。串联电抗器通常起限流作用，并联电抗器经常用于无功补偿。

二、并联电抗器

（一）并联电抗器的作用

（1）中压并联电抗器一般并连接于大型发电厂或 110～500 kV 变电站的 6～63 kV 母线上，用来吸收电缆线路的充电容性无功，通过调整并联电抗器的数量，向电网提供可阶梯调节的感性无功，补偿电网剩余的容性无功，调整运行电压，保证电压稳定在允许范围内。

（2）超高电压并联电抗器一般并联与 330 kV 及以上的超高压线路上，主要作用如下：

① 降低工频过电压。装设并联电抗器吸收线路的充电率，防止超高压线路空载或轻负

荷运行时，线路的充电率造成线路末端电压升高。

② 降低操作电压。装设并联电抗器可限制由于突然甩负荷或接地故障引起的过电压，避免危机系统的绝缘。

③ 避免发电机带长线出现的自励磁谐振现象。

④ 有利于单相自动重合闸。并联电抗器与中性点小电抗配合，有利于超高压长距离输电线路单相重合闸过程中故障相的消弧，从而提高单相重合闸的成功率。

（二）并联电抗器的结构

1. 空芯式电抗器

空芯式电抗器没有铁芯，只有线圈，磁路为非导磁体，因磁阻很大，电感值很小，且为常数。空芯电抗器的结构形式多种多样，用混凝土将绕好的电抗线圈浇装成一个牢固整体的被称为水泥电抗器，用绝缘压板和螺杆将线绕好的线圈拉紧的被称为夹持式空芯电抗器，将线圈用玻璃丝包绕成牢固整体的被称为绕包式空心电抗器。空芯电抗器通常是干式的，也有油浸式结构的。

2. 芯式电抗器

铁芯电抗器的主要结构是由铁芯和线圈组成的。由于铁磁介质的磁导率极高，而且它的磁化曲线是非线性的，所以用在铁芯电抗器中的铁芯必须带有气隙。带气隙的铁芯，器磁阻主要取决于气隙的尺寸。由于气隙的磁化特性基本上是线性的，所以铁芯电抗器的电感值将不取决于外在电压或电流，而取决于自身线圈匝数以及线圈和铁芯气隙的尺寸。对于相同的线圈，铁芯式电抗器的电抗值比空心式的大。当磁密较高时，铁芯会饱和，而导致铁芯电抗器的电抗值变小。

芯柱由铁芯饼和气隙垫块组成。铁芯饼为辐射型叠片结构，铁芯饼与铁轭由压紧装置通过非磁性材料制成的螺杆拉紧，形成一个整体。铁芯采用了强有力的压紧和减震措施，整体性能好，震动及噪声小，损耗低，无局部过热。邮箱为钟罩式结构，便于用户维护和检修。

3. 干式半芯电抗器

绕组选用小截面圆导线多股平行绕制，涡流损耗和漏磁损耗明显减少，绝缘强度高，散热性好，机械强度高，耐受点时间电流的冲击能力强，能满足热稳定性的要求。线圈中放入了由高导磁材料做成的芯柱，磁路中磁导率大大增加，与空心电抗器相比较，在同等容量下，线圈直径、导线用量大大减少，损耗大幅度降低。

铁芯结构为多层绕组并联的筒性结构，铁芯柱经整体真空环氧浇注成型后密实整体性很好，运行时震动极小，噪声很低。采用机械强度高的铝质的星型接线架，涡流损耗小，可以满足对线圈分数匝的要求。所有的导线引出全部焊接在星型接线臂上，不用螺钉连接，提高了运行的可靠性。干式半芯电抗器在超高压远距离输电系统中，连接于变压器的 3 次线圈上。用于补偿线路的电容性充电电流，限制系统电压升高和操作过电压保证线路可靠运行。

三、限流电抗器

（一）限流电抗器的作用

在电力系统中，限流电抗器主要作用是当电力系统发生短路故障时，利用其电感特性，限制系统的短路电流，降低短路电流对系统的冲击，同时降低断路器选择的额定开断容量，节省投资费用。限流电抗器串联连接在系统母线上，用来限制系统的故障短路电流，使得短路电流降低到其后设备的允许值。

（二）限流电抗器的分类

（1）线路电抗器。串接在线路或电缆馈线上，使出线能选用轻型断路器以及减小馈线电缆的截面。

（2）母线电抗器。串接在发电机电压母线的分段处或主变压器的低压侧，用来限制厂内、外短路时的短路电流，又称为母线分段电抗器。当线路上或一段母线上发生短路时，它能限制另一端母线提供的短路电流。

（3）变压器回路电抗器。安装在变压器回路中，用于限制短路电流，以便变压器回路能选用轻型断路器。

（三）限流电抗器的结构类型

1. 混凝土柱式限流电抗器

其主要绕组、水泥支柱及支柱绝缘子构成，如图3－58所示。没有铁芯，绕组采用空芯电感线圈，由沙包纸绝缘的多芯铝线在同一平面上绕成螺线形的饼式线圈叠在一起构成。在沿线圈周围位置均匀对称的地方没有水泥支架，固定线圈。

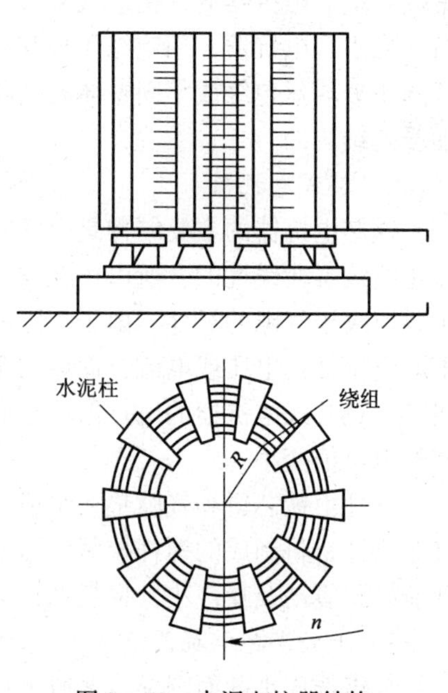

图3－58　水泥电抗器结构

2. 分裂电抗器

分裂电抗器在结构上和普通的电抗器没有大的区别，只是在电抗线圈的中间有一个抽头，用来连接电源，两端头接负荷侧或厂用母线，切丁电流相等，如图3－59所示。

正常运行时，由于两分支里电流方向相反，使两分支的电抗减小，因而电压损失减小。当一分支的负荷电流相对于短路电流来说很小，可以忽略其作用，则流过短路电流的分支电抗增大，降压增大，使母线的残余电压较高。

这种电抗器的优点是正常运行时，分裂电抗器每个分段的电抗相当于普通的电抗器的1/4，使负荷电流造成的电压损失较普通电抗器小。另外，当分裂电抗器的分支端短路时，分裂电抗器每个分段电抗正常运行值增大4倍，故限制短路的作用比正常运行值大，有限制短路电流的作用，缺点是当两个分支负荷不相等或者负荷变化过大时，将引起分段电压偏差增大，使分段电压波动较大，造成用户电动机工作不稳定，甚至分段出现过电压。

3. 干式空芯限流电抗器

绕组采用多根并联小导线多股并行绕制，如图3－60所示。匝间绝缘度高，损耗低；采用环氧树脂浸透的玻璃纤维包封，整体高温固化，整体性强、质量轻、噪声低、机械强度高，可承受大短路电流的冲击；线圈层间有通风道，对流自然冷却性能好，由于电流均匀分布在各层，动、热稳定性高；电抗器外表面以特殊的抗紫外线老化的耐气候树脂涂料，能承受户外恶劣的气候条件，可在室内、户外使用。

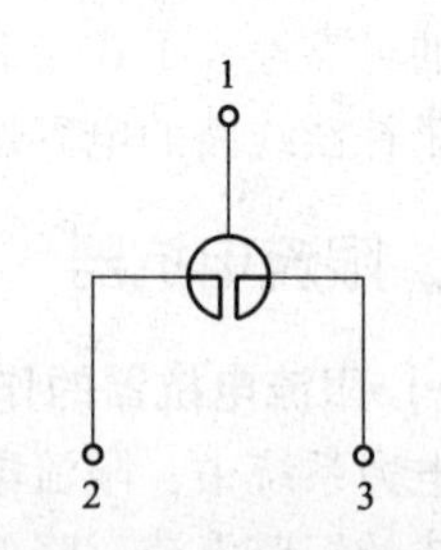

图3－59　分裂电抗器

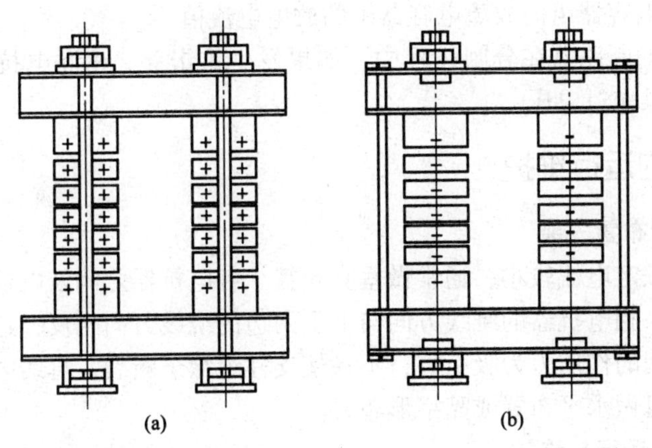

图 3－60　干式空心限流电抗器

四、串联电抗器

串联电抗器与并联电容补偿装置或交流滤波装置（也属补偿装置）回路中的电容器串联。并联电容器组通常连接成星形。串联电抗器可以连接在线端，也可以连接在中性点端，如图 3－61 所示。

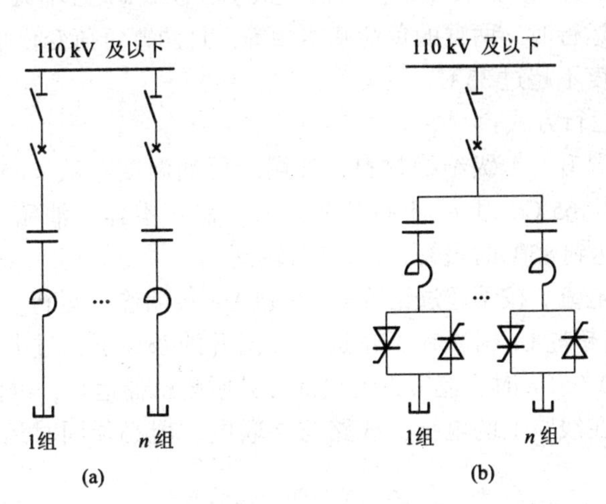

图 3－61　串联电抗器的应用

（a）串接于由断路器投切的并联电容器或交流滤波装置；

（b）串接于由可控硅投切的并联电容器或交流滤波装置

作用有以下几点：

（1）降低电容器组的涌流倍数和涌流频率。便于选择配套设备和保护电容器。

（2）可吸收接近调谐波的高次谐波，降低母线上该谐波电压值，减少系统电压波形畸变。

（3）与电容器的容抗处于某次谐波全调谐或过调谐状态下，可以限制高于该次的谐波电流流入电容器组，保护了电容器。

（4）并联电容器组内部短路时，减少系统提供的短路电流，在外部短路时，可减少电容器组对短路电流的助增作用。

（5）减少健全电容器组向故障电容器组的放电电流值。

（6）电容器组的断路器在分闸过程中，如果发生重击穿，串联电抗器能减少涌流倍数和频率，并能降低操作过电压。

五、电抗器的运行维护

（一）电抗器的布置安装

线路电抗器的额定电流较小，通常做垂直布置。各电抗器之间及电抗器与地之间用支柱绝缘子绝缘。中间一相电抗器的绕线方向与上下两边的绕线方向相反，这样在上中或中下两相短路时，电抗器间的作用力为吸引力，不易使支柱绝缘子断裂。母线电抗器的额定电流较大，尺寸也较大，可做水平布置或品字形布置。

（二）电抗器的运行与维护

1）允许运行方式

串联电抗器正常运行方式：

（1）运行电压一般不超过铭牌规定的额定电压，运行电压的允许变化范围为额定值的 ±5%。

（2）运行电流一般不超过铭牌规定的额定电流，电抗器不得长时间超过额定电流运行。

（3）绝缘电阻用 2 500 V 摇表测量，其值不低于 1 MΩ/kV 且不低于前次测量值的 30%。

（4）分裂电抗器运行时，两臂的负荷基本相等，且两臂负荷变化小，不得单臂运行。

（5）运行环境温度不超过 35℃。

并联电抗器正常运行方式：

（1）允许温度和温升。A 级绝缘材料，油箱上层油温度一般 <85℃，最高 <95℃；允许温升为：绕组温升 <65℃，上层油温升 <55℃，铁芯本体、油箱及结构件表面温升 <80℃。当上层油温度达到 85℃时报警，105℃时跳闸。

（2）允许电压和电流。按不超过铭牌的 Ue 和 Ie 长期连续运行。运行电压的允许变化范围为：±5% Ue。当超过 Ue 时，在不超过允许温升的条件下，过电压允许运行时间按规定，当运行电压低于 0.95Ue 时，应考虑退出部分并联电抗器运行，以保证系统的电压水平。

（3）直接并联接在线路上的电抗，线路与并联电抗器必须同时运行，不允许线路脱离电抗器运行。

2）运行维护和巡视检查

并联电抗器正常巡视：

（1）温度：上层油温温升不超过允许值、环境温度，负荷。

（2）油枕：油位油色正常，油温油位对应，油位指示正常。

（3）油箱：无渗漏。

（4）套管：无破裂损伤、无严重污垢、放电、电晕。

（5）电气接头：接触良好，无异常和明显过热。

（6）呼吸器：硅胶不潮解、不变色、油封正常、不破裂。

（7）压力释放器：无喷油、破裂。

（8）电抗器主体：声音正常，无异音，无震动。

特殊巡视：

（1）每次跳闸后应进行检查。

（2）电抗器过电压和异常运行，每小时至少检查一次。

（3）天气异常和雷雨后。

串联电抗器正常巡视检查：

（1）检查电抗器本体清洁无污垢线圈无变形。

（2）检查电抗器室内应清洁、无杂物、无磁性杂物存在（电抗器外部短路时，短路电流大、磁场强、磁性物体易吸入至电抗器绕组上，使电抗器损坏）。

（3）检查水泥支柱完整无裂纹、油漆无脱落；检查电抗器支柱绝缘子无裂纹、无破损、无放电痕迹、无倾斜不稳，地面完好无开裂下沉。

（4）检查电抗器的换位处接线良好，接头无过热现象。

（5）检查电抗器室内通风设备完好，无漏水现象，门栅关闭良好。

（6）检查电抗器噪声和震动无异常，无放电声及焦臭味。

特殊巡视：

每次发生短路故障后，检查电抗器是否有位移，水泥支柱有无破碎，支柱绝缘子是否有破损，引线有无弯曲，有无放电及焦臭味。

3）电抗器的异常及事故处理

并联电抗器常见故障：

一般故障。电抗器油枕油位与温度对应值不符合规定（超过规定的10%范围）；套管一般破损，但能继续运行；套管污染灰垢较严重；金具连接螺丝少量松脱；油枕呼吸器管道堵塞，油封杯泊位缺油，硅胶变色超过70%；油箱渗油。

重大故障。正常负荷下，电抗器上层油温超过85℃，油温升超标；正常负荷情况下，引出线断股、抛股，引出线接头严重发热，超过70℃；油枕油位低于正常泊位的3/4；套管由位降低至1/4；套管严重破损，但不放电；瓦斯继电器内含有气体；电抗器试验不合格，能暂时运行；压力释放装置漏油；本体严重漏油。

紧急故障。油温急剧上升或超过105℃；正常负荷下，引线接头发红或引线断脱落；油枕油位指示为零；本体内部有异常声音或放电、爆炸声；电抗器冷却装置油路堵塞（包括阀门故障）；套管油位无指示；套管严重破损，并有放电闪络现象；电抗器主保护跳闸；压力释放装置、温度监视测量装置任一动作或跳闸；电抗器爆炸、着火或本体喷油；电抗器试验严重不合格，不能继续运行。

并联电抗器异常及事故：

（1）电抗器温度高告警。应立即检查电抗器的电压和负荷（无功功率）；到现场检查温度计指示，与控制屏上远方测温仪表指示值相对照；对电抗器的三相进行比较，以查明原因；检查电抗器的油位、声音及各部位有无异常；如果现场温度并未上升，而远方指示温度上升，则可能测温回路有问题，如果现场和远方温度指示都未上升而来“温度高”告警时，可能是温度继电器或二次回路故障，应立即向调度报告，申请停用温度保护，以免误跳闸。如果检查电抗器本体无异常，可继续运行，但应加强监视，注意油温上升及运行情况。

（2）电抗器轻瓦斯动作告警。应检查其温度、油位、外观及声音有无异常，检查气体继电器内有无气体，用专用的注射器取出少量气体，试验其可燃性。如气体可燃，可断定电抗器内部有故障，应立即向调度报告，申请停用电抗器。在调度未下令将其退出之前，应严密监视电抗器的运行状态，注意异常现象的发展与变化。气体继电器内的大部分气体应保留，不要取出，由化验人员取样进行色谱分析。如气体继电器内并无气体，可能是轻瓦斯误动，应进一步检查误动原因，如震动、二次回路短路等。

(3) 电抗器跳闸。

① 立即检查是否仍带有电压，即线路对侧是否跳闸。如对侧未跳闸，应报告调度通知对侧紧急切断电源。

② 立即检查温度、油面及外壳有无故障迹象，压力释放阀是否动作；如气体、差动、压力、过流保护有两套或以上同时动作，或明显有故障迹象，应判断内部有短路故障，在未查明原因并消除前，不得投入运行。气体继电器保护动作，按前述步骤检查；差动保护动作，如无其他迹象，应检查电流互感器二次回路端子有无开路现象；压力保护动作，应检查有无喷油现象，压力释放阀指示器是否射出。

(4) 电抗器着火。应立即切断电源（包括线路对侧电源），并用灭火器快速进行灭火，如溢出的油使火在顶盖上燃烧，可适当降低油面，避免火势蔓延。如电抗器内部起火，则严禁放油，以免空气进入引起严重的爆炸事故。

(5) 下列情况应停用电抗器：

① 内部有强烈的爆炸声和放电声。

② 压力释放装置向外喷油或冒烟。

③ 在正常情况下，温度不断上升，并超过105℃。

④ 严重漏油使油位下降，并低于油位计的指示限度。停用时，应向调度报告，按调度令，先断开对侧断路器，后断开本侧断路器。

串联电抗器异常及事故：

(1) 电抗器局部过热。发现局部过热时，用试温蜡或专用测温计测试其温度，判明发热程度，必要时，可加装强力通风机加强冷却或减低负荷，使温度下降。若无法消除严重发热或发热程度有发展，应停电处理。

(2) 支柱绝缘子裂纹接地。支柱绝缘子因短路裂纹接地，或线圈凸出和接地或水泥支柱损伤，均应停电处理。

(3) 电抗器断路器跳闸。如电抗器保护动作跳闸，应查明保护装置动作是否正常，检查水泥支柱和引线支柱瓷瓶是否断裂，电抗器的部分线圈是否烧坏。电抗器断路器跳闸后，若未查明原因，禁止送电，由检修人员处理合格后方可送电运行。

电抗器故障后，应立即隔离故障点，恢复母线正常运行，并加强监视。

思考题

1. 什么叫电抗器？
2. 电抗器的分类和各自的作用是什么？
3. 使用电抗器时注意哪些事项？
4. 限流电抗器的分类及各自的作用是什么？
5. 电抗器正常运行时应做到巡视哪些方面？

任务三　避雷装置的运行与维护

教学目标

* 了解雷电形成过程。
* 熟悉发电厂、变电站雷害的主要来源。
* 掌握防雷设施及其选择。
* 掌握避雷器的运行与维护。

重点

* 发电厂、变电站雷害的主要来源。
* 防雷设施及其选择。
* 避雷器的运行与维护。

难点

* 防雷设施及其选择。
* 避雷器的运行与维护。

一、雷电的形成

早在二百多年前，美国科学家富兰克林，在雷雨天通过放风筝实验，证明了雷击是大气中的放电现象，并建立了雷电学说。

1752 年夏季，在天空乌云密布时，富兰克林和儿子威廉做了只风筝放到空中。很快富兰克林就注意到牵引风筝的线绳开始分裂，这说明有电荷产生。于是他在牵引线上挂了把钥匙，摩擦指关节后与钥匙接触，结果火花出现了，这证明闪电实际上就是大量的静电。富兰克林的理论后来被法国人证实，奠定了他的科学家地位。从此，人类历史上诞生了一句名言，描绘他的这一成就：“他从天空抓到了雷电，从专制统治者手中夺回了权力”。

雷电一般产生于对流发展旺盛的积雨云中，积雨云顶部一般较高，可达 20 km，云的上部常有冰晶。冰晶的凇附、水滴的破碎以及空气对流等过程，使云中产生电荷。云中电荷的分布较复杂，但总体而言，云的上部以正电荷为主，下部以负电荷为主。因此，云的上、下部之间形成一个电位差。当电位差达到一定程度后，就会产生放电，这就是我们常见的闪电现象。

二、发电厂、变电站雷害主要来源

1. 雷害主要来源

一般分为两类：一是雷直接击在建筑物上发生热效应作用和电动力作用；

二是雷电的二次作用，即雷电流产生的静电感应和电磁感应。雷电的具体危害表现如下：

（1）雷电流高压效应会产生高达数万伏甚至数十万伏的冲击电压，如此巨大的电压瞬间冲击电气设备，足以击穿绝缘使设备发生短路，导致燃烧、爆炸等直接灾害。

（2）雷电流高热效应会放出几十至上千安的强大电流，并产生大量热能，在雷击点的热量会很高，可导致金属熔化，引发火灾和爆炸。

（3）雷电流机械效应主要表现为被雷击物体发生爆炸、扭曲、崩溃、撕裂等现象导致财产损失和人员伤亡。

（4）雷电流静电感应可使被击物导体感生出与雷电性质相反的大量电荷，当雷电消失来不及流散时，即会产生很高电压发生放电现象从而导致火灾。

（5）雷电流电磁感应会在雷击点周围产生强大的交变电磁场，其感生出的电流可引起变电器局部过热而导致火灾。

（6）雷电波的侵入和防雷装置上的高电压对建筑物的反击作用也会引起配电装置或电气线路断路而燃烧导致火灾。

2. 雷击的形式

雷击的形式有直击雷、侧击雷、球形雷、感应雷和雷电波五种。

1）直击雷

直击雷是云层与地面凸出物之间的放电形成的。直击雷可在瞬间击伤击毙人畜。巨大的雷电流流入地下，令在雷击点及其连接的金属部分产生极高的对地电压，可能直接导致接触电压或跨步电压的触电事故。

2）侧击雷

对于高度很高的建（构）筑物，雷电可能击中建（构）筑物侧面的墙体、金属门窗或玻璃幕墙等，造成建（构）筑物的侧面墙体、金属门窗或玻璃幕墙等的损坏或坠落。

3）球形雷

球形雷出现的次数少而不规则，因此取得的资料十分有限，其发生的原理现在还没有形成统一的观点。球形雷能从门、窗、烟囱等通道侵入室内，极其危险。例如，1978 年 8 月 17 日晚上，原苏联登山队在高加索山坡上宿营，5 名队员钻在睡袋里熟睡，突然一个网球大的黄色的火球闯进帐篷，在离地 1 米高处漂浮，唰地一声钻进睡袋，顿时传来呲呲烤肉的焦臭味，此球在 5 个睡袋中轮番跳进跳出，最后消失，致使 1 人被活活烧死，4 个严重烧伤。

4）感应雷（也称雷电感应）

雷电感应分为静电感应和电磁感应两种。静电感应是由于雷云接近地面，在地面凸出物顶部感应出大量异性电荷所致。在雷云与其他部位放电后，凸出物顶部的电荷失去束缚，以雷电波形式，沿突出物极快地传播。电磁感应是由于雷击后，巨大雷电流在周围空间产生迅速变化的强大磁场所致。这种磁场能在附近的金属导体上感应出很高的电压，造成对人体的二次放电，或损坏电气设备。例如，1992 年 6 月 20 日，一个落地雷砸在国家气象中心大楼的顶上，虽然该大楼安装了避雷针，但是巨大的感应雷还是把楼内 6 条国内同步线路和一条国际同步线路击断，使计算机系统中断 46 小时，直接经济损失数十万元。

5）雷电波

雷电波由于雷击而在架空线路上或空中金属管道上产生的冲击电压沿线或管道迅速传播被称为雷电波侵入。其传播速度为 3×10^{8} m/s。雷电波侵入可毁坏电气设备的绝缘，使高压窜入低压，造成严重的触电事故。属于雷电波侵入造成的雷电事故很多，在低压系统这类事故约占总雷害事故的70%。例如，雷雨天，室内电气设备突然爆炸起火或损坏，人在屋内使用电器或打电话时突然遭电击身亡都属于这类事故。

三、防雷设施及其选择

(一) 防雷设施及其作用

(1) 发电厂、变电站主要防雷设施包括避雷针、避雷线、避雷器和接地装置。

避雷针主要防止电气设备遭受直击雷；避雷线主要防止输电线路遭受直击雷；避雷器主要用于发电厂、变电站，防止雷电入侵波沿着输电线路传到发电厂、变电站，造成变压器、电压互感器或大型电动机绝缘损坏。无论哪种防雷装置都必须通过接地装置将雷电流导入大地。

(2) 避雷针和避雷线的保护原理及范围。

避雷针的原理是利用尖端放电现象，让由地球大气层中雷云感应出的电荷及时地释放进入地球地面，将电荷减低及中和，避免其过分的积累而引发巨大的雷电击中事故，并保护被雷电击中的建筑物或设备。同时，在雷电发生时，避雷针还能吸引雷电的放电通道，让雷电电流从避雷针流入地球的土地里，避免巨大的电流对建筑、设备、树木造成破坏或者伤害偶然在地面之上走动的动物。

1. 避雷针的保护范围

1) 单支避雷针的保护范围

避雷针在地面上的保护半径：

$$r = 1.5hP$$

式中，P——高度影响系数；

h——避雷针的高度，单位 m；

r——保护半径，单位 m。

如图 3－62 所示。

在被保护物高度水平面上的保护半径：

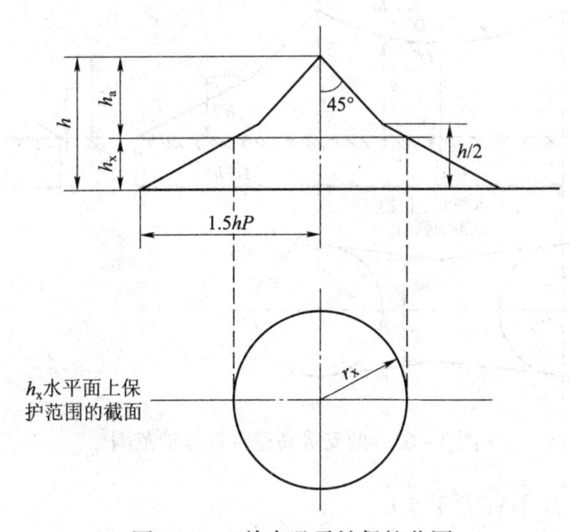

图 3－62　单支避雷针保护范围

当 $h_x \geq \frac{h}{2}$ 时，$r_x = (h - h_x) P = h_a P$

式中，h_x——被保护物的高度，单位 m。

式中，h_a——避雷针的有效高度，单位 m。

当 $h_x < \frac{h}{2}$ 时，$r_x = (1.5h - 2h_x) P$

$h \leq 30$ m　$P = 1$

$30 < h \leq 120$　$P = 5.5/\sqrt{h}$

当 $h > 120$ m 时，$P = 5.5/\sqrt{120}$

由于高度影响系数 P 的存在，避雷针太高时保护半径不与避雷针高度成正比增大，所以不能得出“避雷针越高保护范围越大”的结论。被保护面积较大：多支避雷针联合保护、与避雷带结合。

例 1：某厂油罐，高 10 m，直径 10 m，用一根高 25 m 的避雷针保护。问针与罐之间的距离 x 不得超过多少？

解：由于避雷针高度 $h = 25$ m，故

$$P = 1$$

则被保护物高度上的保护范围为

$$\begin{aligned} r_x &= (1.5h - 2h_x) P \\ &= (1.5 \times 25 - 2 \times 10) \times 1 = 17.5 \text{ m} \end{aligned}$$

针与油罐之间的最远距离为

$$x = 17.5 - 10 = 7.5 \text{ m}$$

2）两支等高避雷针的保护范围

两针外侧的保护范围同单支避雷针两针间保护范围应按通过两针顶点及保护范围上部边缘最低点的圆弧确定，如图 3-63 所示。

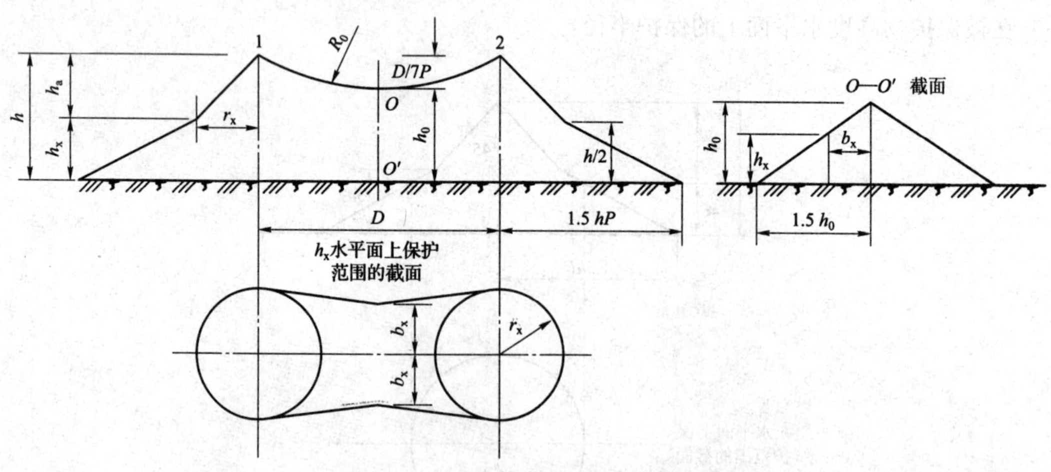

图 3-63　两支等高避雷针保护范围

一般两针间的距离 D 不宜大于 5 h。

$$h_0 = h - \frac{D}{7P}$$

$$b_x = 1.5\ (h_0 - h_x)$$

2. 避雷线的保护范围

1）单根避雷线的保护范围

引雷作用和保护宽度比避雷针要小，但其保护范围的长度与线路等长，而且两端还有其保护的半个圆锥体空间，如图3－64所示。

当 $h_x \geqslant h/2$　$r_x = 0.47\ (h - h_x)\ P$

当 $h_x < h/2$　$r_x = \ (h - 1.53h_x)\ P$

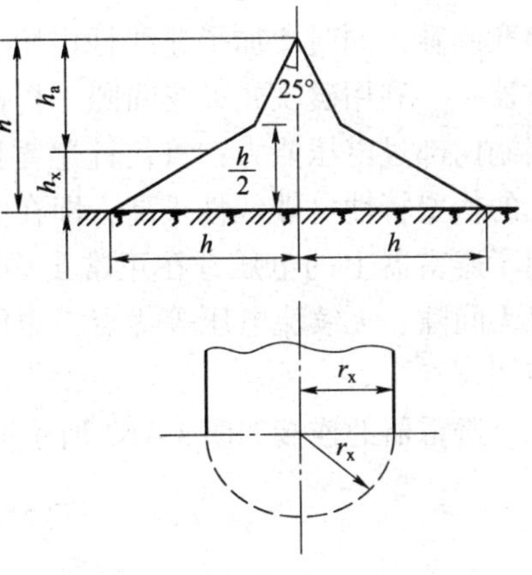

图3－64　单根避雷线保护范围

2）两根等高避雷线的保护范围

外侧的保护范围按单根避雷线的计算方法来确定，如图3－65所示。

$$h_0 = h - D/7p$$

间隔横截面保护范围由通过两避雷线1、2点及保护范围边缘最低点 O 的圆弧确定。

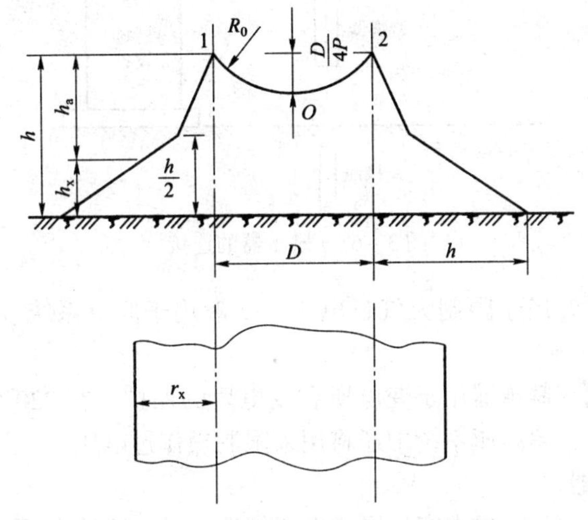

图3－65　两根等高避雷线保护范围

3）避雷线的保护角

保护角：避雷线的铅垂线与避雷线和边导线连线的夹角。保护角越小，避雷线就越可靠，地保护导线免受雷击。单根避雷线的保护角一般在20°～30°；220 kV～330 kV双避雷线线路的保护角一般在20°；500 kV的一般不大于15°；山区宜采用较小的保护角。如图3－66所示。

（二）避雷器的类型、原理及使用

避雷器的作用：把闪电从保护物上方引向自己并安全地通过自己泄入大地。避雷器应与设备并联，装在被保护设备的电源一侧。

正常工作电压下，避雷器相当于一个绝缘体；流过的电流仅有微安级。过电压下，避雷器阻值急剧减小；流经避雷器的电流瞬间增大至数千安培；避雷器处于导通状态，释放过电压能量，有效限制过电压对输变电设备的侵害。

避雷器按其发展的先后可分为：保护间隙避雷器——形式最简单的避雷器；管型避雷器——也是一个保护间隙，但放电后自行灭弧；阀型避雷器——是将单个放电间隙分成许多短的串联间隙，同时增加了非线性电阻，提高了保护性能；磁吹避雷器——利用磁吹式火花间隙，提高了灭弧能力，同时还具有限制内部过电压能力；氧化锌避雷器——利用了氧化锌阀片理想的伏安特性（非线性极高，即在大电流时呈低电阻特性，限制了避雷器上的电压，在正常工频电压下呈高电阻特性），具有无间隙、无续流电压等优点，也能限制内部过电压，被广泛使用。

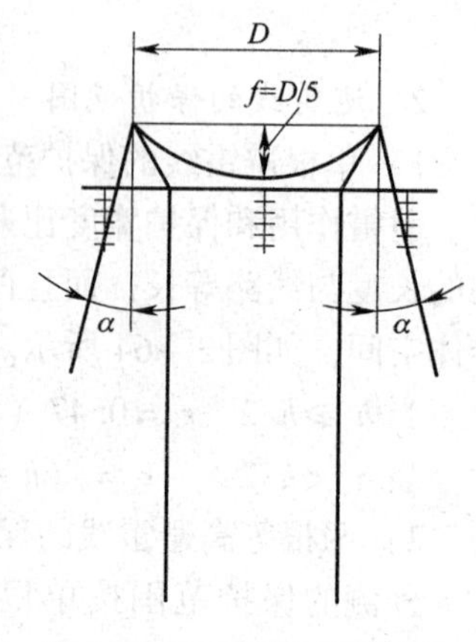

图 3－66　避雷线的保护角

避雷器的连接如图 3－67 所示。

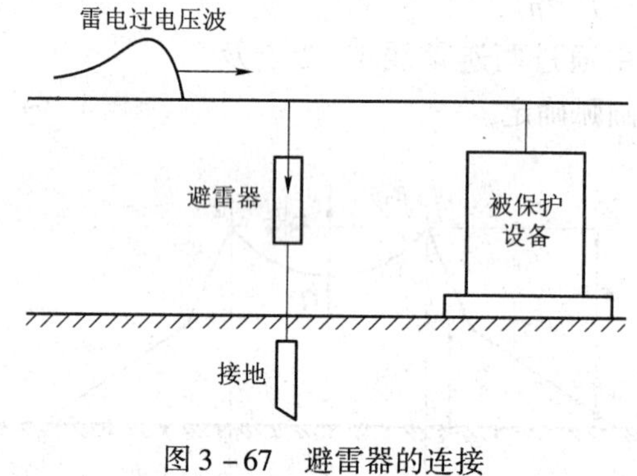

图 3－67　避雷器的连接

保护间隙避雷器主要用于限制大气过电压，一般用于配电系统、线路和变电所进线段保护。

阀型避雷器与氧化锌避雷器用于变电所和发电厂的保护。在 220 kV 及以下，系统主要用于限制大气过电压，在超高压系统中还将用来限制操作过电压。

1）保护间隙避雷器

当雷电波入侵时，主间隙先击穿，形成电弧接地。过电压消失后，主间隙中仍有正常工作电压作用下的工频电弧电流（称为工频续流）。对中性点接地系统而言，这种间隙的工频续流就是间隙处的接地短路电流。由于这种间隙的熄弧能力较差，间隙电弧往往不能自行熄灭，将引起断路器跳闸，这是保护间隙的主要缺点，也是其应用受限制的原因。此外，由于间隙敞露，其放电特性也受气象和外界条件的影响。

保护间隙避雷器是一种最简单的避雷器。

形状：棒形、角形、环形、球形等。如图 3－68 所示即为角形保护间隙避雷器。

结构：由主间隙和辅助间隙串联而成。

优点：结构简单、造价低。

缺点：（1）放电特性受环境影响大，放点分散性大，伏秒特性曲线比较陡，与被保护设备的绝缘配合不理想；（2）放电时会产生截波，对有线圈的设备造成危害。弧灭能力差，对于间隙动作后流过的工频续流往往不能自行熄灭，会引起断路器的跳闸。

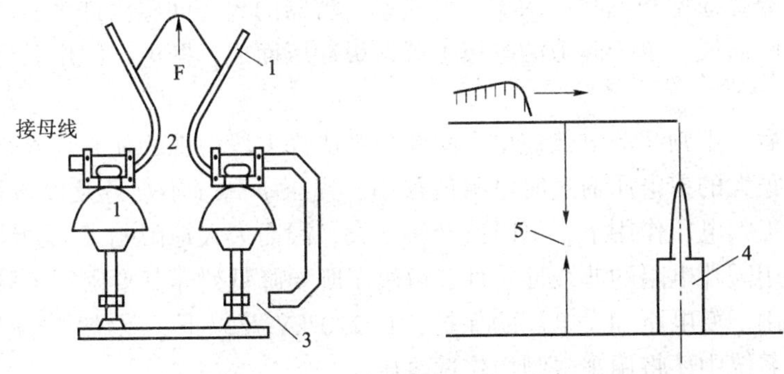

图 3-68　角形保护间隙避雷器及其与被保护设备的连接

1—圆钢；2—主间隙；3—辅助间隙；
4—被保护物；5—保护间隙

应用：常用于中性点不直接接地 10 kV 以下的配电网络中，一般安装在高压熔断器的内侧，以减少变电所线路断路器的跳闸次数。

2）管式避雷器

管式避雷器通过外间隙将管子与电网隔开。

原理：雷电过电压使内外间隙放电，内间隙电弧高温使产气材料产生气体，管内气压迅速增加，高压气体从喷口喷出灭弧，如图 3-69 所示。

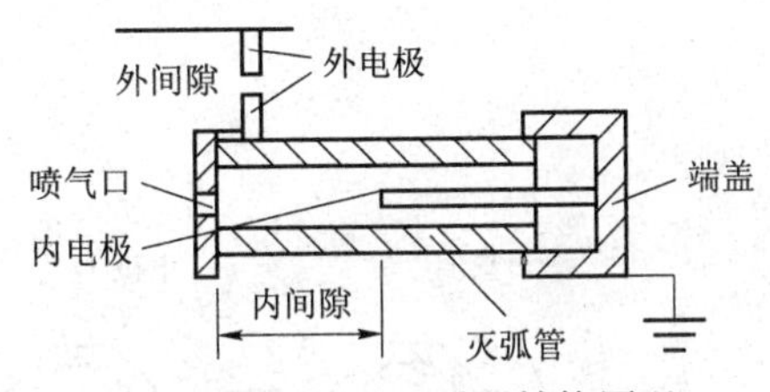

图 3-69　管式避雷器结构原理

优点：管式避雷器具有较大的冲击通流能力，可用在雷电流幅值很大的地方。

缺点：管式避雷器放电电压较高且分散性大，动作时产生截波，保护性能较差。

应用：主要用于变电所、发电厂的进线保护和线路绝缘弱点的保护。

3）阀形避雷器

阀型避雷器构造如图 3-70 所示，阀形避雷器由装在密封瓷套中的间隙（又称火花间隙）和非线性电阻（又称阀片）串联构成，阀片的电阻值与流过的电流有关，具有非线性特性，电流越大电阻越小。

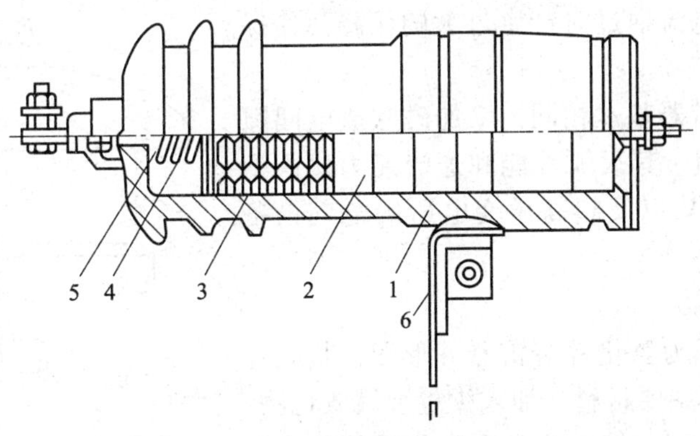

图 3-70　阀形避雷器构造

1—瓷套；2—阀片；3—间隙；4—压紧弹簧；
5—密封橡皮；6—安装卡子

阀形避雷器分普通型和磁吹型两类。普通型避雷器的火花间隙由许多如图 3 – 71 所示的单个火花间隙串联而成。单个间隙的电极由黄铜板冲压而成，两电极间用云母垫圈隔开形成间隙。

避雷器动作后，工频续流电弧被单个间隙分割成许多段短弧，使其熄灭。阀片电阻是非线性的，因而在很大的雷电压通过时电阻值很小、残压不高（不会危及设备绝缘）。当雷电流过去之后，在工频电压作用下，电阻值变得很大，因而大大地限制了工频续流，以利于火花间隙灭弧。利用阀片电阻的非线性特性，解决了既要降低残压又要限制工频续流的矛盾。

阀形避雷器用于变电所和发电厂的保护，在 220 kV 及以下，系统主要用于限制大气过电压，在超高压系统中还将用来限制操作过电压。

4）磁吹形避雷器

磁吹型避雷器的火花间隙由许多个串联了线圈的间隙串联而成，利用磁场使每个间隙中的电弧产生运动（如旋转或拉长）来加强去游离，以提高间隙的灭弧能力。磁场是由间隙串联的线圈所产生，其原理接线如图 3 – 72 所示。

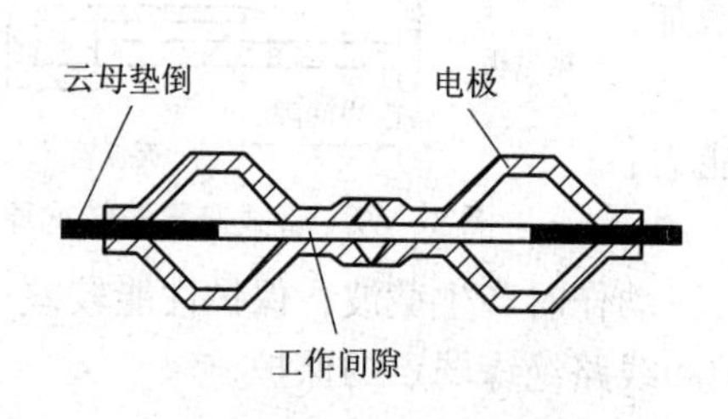

图 3 – 71　单个火花间隙

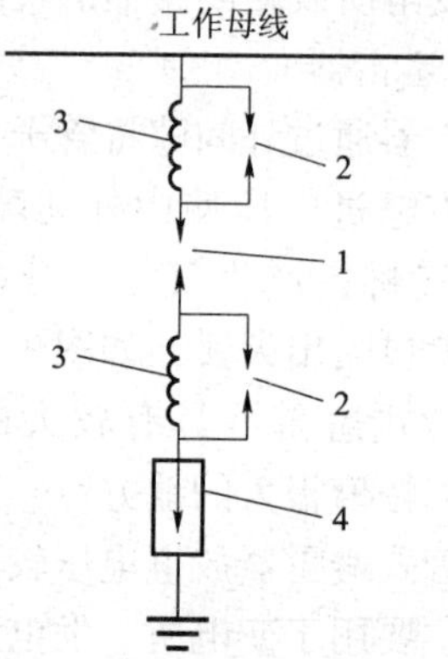

工作母线
3
2
1
3
2
4

图 3 – 72　原理接线图

1—主间隙；2—辅助间隙；3—磁吹线圈；4—电阻阀片

磁吹线圈两端设置的辅助间隙的作用，是为了消除磁吹线圈在冲击电流通过时产生过大的压降而使保护性能变坏。

与普通阀型避雷器基本相同，增加磁吹放电间隙并采用高温阀片电阻，其灭弧性能和通流能力比阀型强。主要用在 330 kV 以及超高压变电所的电气设备保护。

5）氧化锌避雷器

如图 3 – 73 所示为氧化锌避雷器外形图，其阀片以氧化锌（ZnO）为主要材料，加入少量金属氧化物，在高温下烧结而成。氧化锌阀片具有很优异的非线性伏安特性。通常以 1 mA 时的电压作为起始动作电压，其值约为其最大允许工作电压峰值的 105% ~115%。

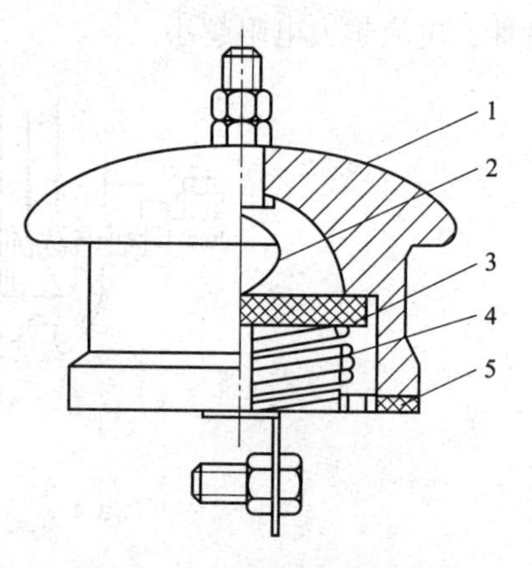

图 3 – 73　氧化锌避雷器外形图

1—瓷套；2—熔丝；3—氧化锌阀片；4—弹簧；5—密封垫

（1）正常工作电压下，流经电流仅有微安级。

（2）当遭受过电压时，由于氧化锌压敏电阻片的非线性，流过避雷器的电流瞬间达数千安培，避雷器处于导通状态，释放过电压能量，使电源线上的电压控制在安全范围内，从而有效地限制了过电压对输变电设备的侵害。

优点：

（1）无间隙、无续流。在工作电压下，ZnO 阀片呈现极大的电阻，续流近似为零，相当于绝缘体，因而工作电压长期作用也不会使阀片烧坏，所以一般不用串联间隙来隔离工作电压。

（2）通流容量大。由于续流能量极少，仅吸收冲击电流能量，故 ZnO 避雷器的通流容量较大，更有利于用来限制作用时间较长（与大气过电压相比）的内部过电压。

（3）可使电气设备所受过电压降低。在相同雷电流和相同残压下，一般阀型避雷器只有在串联间隙击穿放电后才泄放电流，而 ZnO 避雷器（无串联间隙）在波头上升过程中就有电流流过，这就可降低作用在设备上的过电压。

（4）ZnO 避雷器体积小、质量轻、结构简单、运行维护方便。

目前国内输电线路主要采用金属氧化物避雷器（MOA）。氧化锌避雷器由一个或并联的两个非线性电阻片叠合圆柱构成。它根据电压等级由多节组成，35 kV ~ 110 kV 氧化锌是单节的，220 kV 氧化锌是两节的，500 kV 氧化锌是三节的，50 kV 氧化锌是四节的。

氧化锌避雷器的损坏主要是爆炸和老化。老化引起的损坏极少，而爆炸事故时有发生，且事故率很高，严重影响系统供电。

爆炸事故的特点有：① 既有大型骨干厂生产的也有小厂生产的；② 既有国产的也有进口；③ 既有发生在雷雨天，也有发生在晴天的；④ 既有发生在操作时，也有发生在无操作时的；⑤ 既有发生在中性点非直接接地系统的，也有发生在中性点直接接地系统的。

从各方面调查的分析表明，氧化锌避雷器爆炸事故原因 69% 为制造质量问题。25% 为运行不当，6% 为选型不当而造成的。而内部受潮直接影响产品质量，是引起氧化锌避雷器爆炸事故的主要原因。

四、避雷器的运行与维护

（一）避雷器安装

1. 安装前的检查

（1）避雷器额定电压与线路电压是否相同。

（2）底盘的瓷盘有无裂纹，瓷件表面是否有裂纹、破损和闪络痕迹及掉釉现象。如有破损，其破损面应在 0.5 cm^2 以下，在不超过三处时可继续使用。

（3）将避雷器向不同方向轻轻摇动，内部应无松动的响声。

（4）检查瓷套与法兰连接处的胶合和密封情况是否良好。

2. 电气试验

（1）绝缘电阻，用 2 500 V 兆欧表测量绝缘电阻，与同类避雷器试验值进行比较，绝缘电阻值应未有明显变化。

（2）工频击穿电压试验，FS 型避雷器工频放电电压标准：额定电压为 3 kV、6 kV、10 kV时；新装和大修后的避雷器为 9 ~ 11 kV、16 ~ 19 kV、27 ~ 30 kV；运行中的避雷器为

8～12 kV、15～21 kV、23～33 kV。

（3）FZ 型避雷器一般可不做工频放电试验，但要做避雷器泄漏电流测量。

3. 安装要求

（1）避雷器应垂直安装，倾斜不得大于15°。安装位置应尽可能接近保护设备，避雷器与3～10 kV 设备的电气距离，一般不大于15 m，易于检查巡视的带电部分距地面若低于3 m，应设遮栏。

（2）避雷器的引线与母线、导线的接头，截面积不得小于规定值：3～10 kV 铜引线截面积不小于16 mm^2，铝引线截面不小于25 mm^2，35 kV 及以上按设计要求。并要求上下引线连接牢固，不得松动，各金属接触表面应清除氧化膜及油漆。

（3）避雷器周围应有足够的空间，带电部分与邻相导线或金属构架的距离不得小于0.35 m，底板对地不得小于2.5 m，以免周围物体干扰避雷器的电位分布而降低间隙放电电压。

（4）高压避雷器的拉线绝缘子串必须牢固，其弹簧应适当调整，确保伸缩自由，弹簧盒内的螺帽不得松动，应有防护装置；同相各拉紧绝缘子串的拉力应均匀。

（5）均压环应水平安装，不得歪斜，三相中心孔应保持一致；全部回路（从母线、线路到接地引线）不能迂回，应尽量短而直。

（6）对35 kV 及以上的避雷器，接地回路应装设放电记录器，而放电记录器应密封良好，安装位置应与避雷器一致，以便于观察。

（7）对不可互换的多节基本元件组成的避雷器，应严格按出厂编号、顺序进行叠装，避免不同避雷器的各节元件相互混淆和同一避雷器的各节元件的位置颠倒、错乱。

（8）避雷器底座对地绝缘应良好，接地引下线与被保护设备的金属外壳应可靠连接，并与总接地装置相连。

（二）避雷器的运行

避雷器在运行中应与配电装置同时进行巡视检查，雷电活动后，应增加特殊巡视。巡视检查项目如下：

（1）瓷套是否完整。

（2）导线与接地引线有无烧伤痕迹和断股现象。

（3）水泥接合缝及涂刷的油漆是否完好。

（4）10 kV 避雷器上帽引线处密封是否严密，有无进水现象。

（5）瓷套表面有无严重污秽。

（6）动作记录器指示数有无变化，判断避雷器是否动作并做好记录。

1. 避雷器的运行管理

（1）避雷器投入运行时间，应根据当地雷电活动情况确定，一般在每年3月初到10月投入运行。

（2）避雷器每年投入运行前，应进行检查试验，试验项目为：

① 用1 000～2 500 V 兆欧表测量绝缘电阻，测量结果与前一次或同型号避雷器的试验值相比较，绝缘电阻值不应有显著变化。

② 测量工频放电电压，对于FS 型避雷器，额定电压为3 kV、6 kV、10 kV 时，其工频放电电压分别为8～12 kV、15～21 kV、23～33 kV。

③ FZ 型避雷器一般不做工频放电试验，但应做避雷器的泄漏电流测量。

2. 避雷器运行中常见故障

（1）避雷器内部受潮。避雷器内部受潮的征象是绝缘电阻低于 2 500 MΩ，工频放电电压下降。内部受潮的原因可能为：

① 顶部的紧固螺母松动，引起漏水或瓷套顶部密封用螺栓的垫圈未焊死，在密封垫圈老化开裂后，潮气和水分沿螺钉缝渗入内腔。

② 底部密封试验的小孔未焊牢、堵死。

③ 瓷套破裂，有砂眼，裙边胶合处有裂缝等易于进入潮气及水分。

④ 橡胶垫圈使用日久，老化变脆而开裂，失去密封作用。

⑤ 底部压紧用的扇形铁片未塞紧，使底板松动，底部密封橡胶垫圈位置不正，造成空隙而渗入潮气。

⑥ 瓷套与法兰胶合处不平整或瓷套有裂纹。

（2）避雷器运行中爆炸：

避雷器运行中发生爆炸的事故是经常发生的，爆炸的原因可能由系统的原因引起，也可能为避雷器本身的原因引起：

① 由于中性点不接地系统中发生单相接地，使非故障相对地电压升高到线电压，即使避雷器所承受的电压小于其工频放电电压，而在持续时间较长的过电压作用下，可能会引起爆炸。

② 由于电力系统发生铁磁谐振过电压，使避雷器放电，从而烧坏其内部元件而引起爆炸。

③ 线路受雷击时，避雷器正常动作。由于本身火花间隙灭弧性能差，当间隙承受不住恢复电压而击穿时，使电弧重燃，工频续流将再度出现，重燃阀片烧坏电阻，引起避雷器爆炸；或由于避雷器阀片电阻不合格，残压虽然降低，但续流却增大，间隙不能灭弧而引起爆炸。

④ 由于避雷器密封垫圈与水泥接合处松动或有裂纹，密封不良而引起爆炸。

思考题

1. 发电厂、变电站雷害来源是什么？应采取什么防护措施？

2. 避雷器有几种？目前在发电厂、变电站中常用的是哪些类型？

3. 避雷针的保护范围是如何确定的？

4. 某厂油罐直径 10 m，高出地面 10 m，先采用单根避雷针保护，避雷针距罐体不得小于 5 m，试求该避雷针的高度应该为多少米？

5. 什么是避雷线的保护角？

6. 氧化锌避雷器与阀式避雷器相比有何优点？

7. 阀型避雷器的基本结构是什么？工作原理是什么？

8. 为什么要限制避雷器离电气设备的最大距离？

任务四 接地装置的运行与维护

教学目标

* 熟悉接地装置、接地体接地电阻的基本概念。
* 掌握接地装置的种类及技术要求。
* 掌握接地装置的敷设要求。
* 熟悉接地装置接地线的截面规定及安装工艺。
* 掌握接地装置的运行与维护。

重点

* 接地装置、接地体接地电阻的基本概念。
* 接地装置的种类及技术要求。
* 接地装置的敷设要求。
* 接地装置的运行与维护。

难点

* 接地装置的运行与维护。

一、基本概念

(1) 接地就是将电力系统中电气设备、设施应该接地的部分，经接地装置与大地作良好的电气连接。

(2) 接地体是埋入地下与大地直接接触的金属导体。接地体有人工接地体和自然接地体两类。前者包括垂直埋入地中的钢管、角钢、槽钢，水平敷设的圆钢、扁钢、铜带等，一般是为接地的目的而敷设。而后者主要用于别的目的，同时起到接地体的作用，如钢筋混凝土基础、电缆的金属外皮、轨道、各种地下金属管道等都属于自然接地体。连接接地体与电气装置中必须接地部分的金属导体，称为接地体。

(3) 接地电阻是电流经接地体流入大地时，接地线、接地体和电流所遇到的全部电阻之和。

二、接地装置

(一) 接地装置

接地装置是由接地体和接地线两部分组成的。由垂直和水平接地体组成的供发电厂、变电站使用的兼有泄放电和均压作用的大型的水平网状接地装置，称为接地网。

1. 架空线路的接地装置

线路每一级杆塔下一般都没有接地装置，并通过引线与避雷线相连，其目的是使击中避雷线的雷电流通过较低的接地电阻而进入大地。线路杆塔都有混凝土基础，起着接地体的作用，称为自然接地体。

2. 变电站的接地装置

变电站内需要良好的接地装置以满足工作、安全和防雷保护的接地要求。一般的做法是根据安全和工作接地要求敷设一个统一接地网，然后再在避雷针和避雷器下面增加接地体以满足防雷接地的要求，或者是在防雷装置下敷设单独的接地体。一般避雷器的防雷接地与工作接地共用一个接地网。

（二）接地装置的分类

电力系统中电气设备、设施的某些可导电部分应接地。电气装置的接地按用途可分为工作接地、保护接地、防雷接地和防静电接地。

（1）工作接地。正常或事故情况下，为了保证电气设备可靠运行而必须在电力系统中某一点进行接地，称为工作接地。这种接地有可直接接地或经特殊装置接地。

（2）保护接地。为防止因绝缘损坏而遭受触电的危险，将与电气设备带电部分相绝缘的金属外壳或构架同接地体之间做良好的连接，称为保护接地。

（3）防雷接地。为雷电保护装置向大地泄露雷电流而设的接地，避雷针、避雷线和避雷器的接地就属于防雷接地。

（4）防静电接地。为防止静电对易燃油、天然气储罐等危险作用而设的接地。

三、接地装置的技术要求

（1）充分利用并严格选择自然接地体，要特别重视使用的安全及良好的接地电阻这两方面。利用自然接地体时，必须在它们的接头处另行跨接导线，使其成为具有良好导电性能的连续性导体，以取得合格的接地电阻值。

（2）凡直流回路均不能利用自然接地体作为电流回路的零线、接地线或接地体。直流回路专用的中性线、接地体及接地线也不能与自然接地相接。因为直流的电介作用，容易使地下建筑物和金属管道等受侵蚀而损坏。恰恰是这一点常易为人们所忽略。

（3）人工接地体的布置应使接地体附近的电位分布尽可能均匀。如可布置成环形等，以减少接触电压和跨步电压。由于接地短路时接地体附近会出现较高的分布电压，危及人身安全，有时需挖开地面检修接地装置。故人工接地体不宜埋设在车间内，应离建筑物及其入口和人行道 3 m 以上。不足 3 m 时，要铺设砾石或沥青路面，以减少接触电压和跨步电压。此外，埋设地点还应避开烟道或其他热源处，以免土壤干燥，电阻率增高；也不要埋设在垃圾、灰渣及对接地体有腐蚀的土壤中。

（4）装设接地装置时，由于设备与环境等条件或因素不同，其具体要求也各不相同。

① 电缆线路：电缆绝缘若有损坏时，其外皮、接头盒上都可能带电，因此高压电缆外皮在任何情况下都要实行接地；低压电缆除在危险场所如潮湿、有腐蚀性气体、有导电尘埃场所外，一般可不接地；地下敷设的电缆，其外皮两端都应接地；截面为 16 mm^2 及以上的单芯电缆。为消除涡流，其一端应接地，两根单芯电缆平行敷设时，为限制产生过高的感应电压，则应多点接地。

② 携带式用电设备：凡用软线接到电源插座上的各种携带式电气设备、仪表、电动工具（如手提电钻、砂轮、电熨斗、台灯等），其接地和接零的要求如下：

a. 用电设备的插头和金属外壳应有可靠的电气连接，接地线要用软铜线，其截面与相线一样。

b. 接地触头和金属外壳应有可靠的电气连接，接地线要有软铜线。其截面与相线一样。

c. 接地（零）线应正确连接，即应将设备外壳的接地（零）线直接放线，接到地（零）干线上（称直放接）。

③ 有爆炸与火灾危险场所的设备：为防止电气设备外壳产生较高的对地电压，以及金属设备与管道间产生火花，对危险场所内电气设备接地和接零的要求是：

a. 将整个电气设备、金属设备、管道、建筑物金属结构全部接地，并且在管道接头处敷设跨接线。

b. 接地或接零的导线要采用裸导线、扁钢或电缆芯线并有足够截面。在 1 000 V 以下中性点接地的配电网络内，为保证能迅速可靠地切断接地短路故障，当线路采用熔断器保护时，熔体额定电流应小于接地短路电流的 1/4；若线路上装设了自动开关，自动开关瞬时脱扣器的额定电流应小于接地短路的电流 1/2。

c. 对所装用的电动机、电器及其他电气设备的接线头，导线或电缆芯的电气连接等，都应可靠地压接，并采取防止接触松弛的措施。

d. 为防止测量接地电阻时产生火花，测试要在没有爆炸危险的建筑物内进行，或者将测量端钮用的线引接至户外进行测量。

四、接地装置的敷设要求

（1）为减少相邻接地体的屏蔽作用，垂直接地体的间距不宜小于其长度的两倍，水平接地体的间距不宜小于 5 m。

（2）接地体与建筑物的距离不宜小于 1.5 m。

（3）围绕屋外配电装置、屋内配电装置、主控制楼、主厂房及其他需要装设接地网的建筑物，敷设环形接地网。这些接地网之间的相互连接不应少于两根干线。对大接地短路电流系统的发电厂和变电所，各主要分接地网之间宜多根连接。

为了确保接地的可靠性，接地干线至少应在两点与地网相连接。自然接地体至少应在两点与接地干线相连接。

（4）接地线沿建筑物墙壁水平敷设时，离地面宜保持 250 ~ 300 mm 的距离。接地线与建筑物墙壁间应有 10 ~ 15 mm 的间隙。

（5）接地线应防止发生机械损伤和化学腐蚀。与公路、铁道或化学管道等交叉或有可能发生机械损伤的地方，对接地线应采取保护措施。在接地线引进建筑物的入口处，应设标志。

（6）接地网中均压带的间距 D 应考虑设备布置的间隔尺寸，尽量减少埋设接地网的土建工程量及节省钢材。视接地网面积的大小，一般可取 5、10。对 330 kV 及 500 kV 大型接地网，也可采用 20 间距。但对经常需巡视操作的地方和全封闭电器则可局部加密（如取 D = 2 ~ 3）。

（7）接地线的连接需注意以下几点：

① 接地线连接处应焊接。如采用搭接焊，其搭接长度必须为扁钢宽度的 2 倍或圆钢直径的 6 倍。在潮湿和有腐蚀性蒸汽或气体的房间内，接地装置的所有连接处应焊接。该连接处如不宜焊接，可用螺栓连接，但应采取可靠的防锈措施。

② 直接接地或经消弧线圈接地的主变压器、发电机的中性点与接地体或接地干线连接，应采用单独的接地线。其截面及连接宜适当加强。

③ 电力设备每个接地部分应以单独的接地线与接地干线相连接。严禁在一个接地线中串接几个需要接地的部分。

五、接地线的截面规定及安装工艺

（一）自然接地体的利用及选用

接地装置的安装分接地体的安装和接地线的安装。接地体的安装又分自然接地体的利用和人工接地体的装设。

在设计和安装接地装置时，首先应充分利用自然接地体，以节约投资，节约钢材。自然接地体是用于其他目的，但与土壤保持紧密接触的金属导体。如果实地测量所利用的自然接地体电阻已能满足要求，而且这些自然接地体又满足热稳定条件，就不必再装设人工接地装置，否则应装设人工接地装置。对于大接地电流系统的发电厂和变电所则不论自然接地体的情况如何，仍应装设人工接地体。自然接地体至少应由两根导体在不同地点与接地网相连（线路杆塔除外）。

在建筑物钢结构的结合处，除已焊接者外，都要采用跨接线焊接。跨接线一般采用扁钢作为接地干线时，其截面不得小于100 mm^2；作为接地支线的，不得小于48 mm^2；对于暗敷管道和作为接零线的明敷管道，其接合处的跨接线可采用直径不小于6 mm的圆钢。利用电缆的金属外皮作接地线时，一般应有两根。若只有一根，则应敷设辅助接地线，若无可利用的自然接地线，或虽有能利用的、但不能满足运行中电气连接可靠的要求及接地电阻不能符合规定时，则应另设人工接地线。

用来作为自然接地体的有：上下水的金属管道；与大地有可靠连接的建筑物和构筑物的金属结构；敷设于地下其数量不少于二根的电缆金属外皮及敷设于地下的非可燃可爆的各种金属管道；非绝缘的架空地线等；对于变配电所来说，可利用其建筑物钢筋混凝土基础作为自然接地体。

利用自然接地体时，一定要保证良好电气连接，在建筑物结构的结合处，除已焊接者外，凡用螺栓连接或其他连接的，都要采用跨接焊接，而且跨接线不得小于规定值。如图3－74所示是接地体埋设图。

接地线是接地装置中的另一组成部分。在设计接地线中为节约有色金属、减少施工费用，应尽量选择自然导体作为接地线。只有当自然导体在运行中电气连续性不可靠或有发生危险的可能，以及阻抗较大不能满足接地要求时，才考虑采用人工接地线或增设辅助接地线，并检验其热稳定及机械强度。

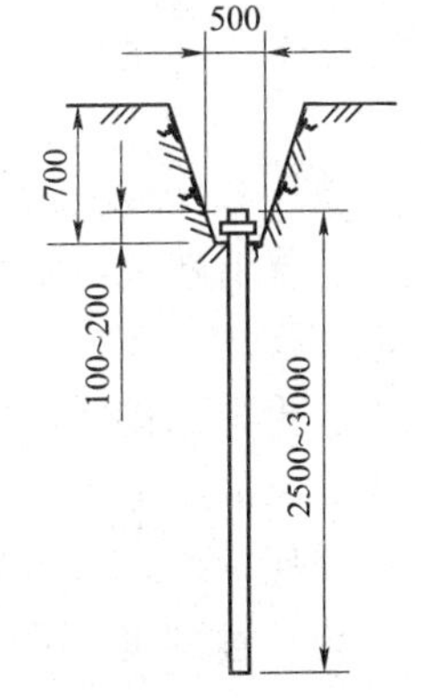

图3－74　接地体埋设图（单位mm）

（二）人工接地线的利用及选用

用来作为人工接地体的一般有钢管、角钢、扁钢和圆钢等钢材（见图3－75）。如有化学腐蚀性的土壤中，则应采用镀锌钢材或铜质的接地体。人工接地体有垂直埋设和水平埋设两种基本结构型式，接地体宜垂直埋设；多岩石地区接地体可水平埋设。

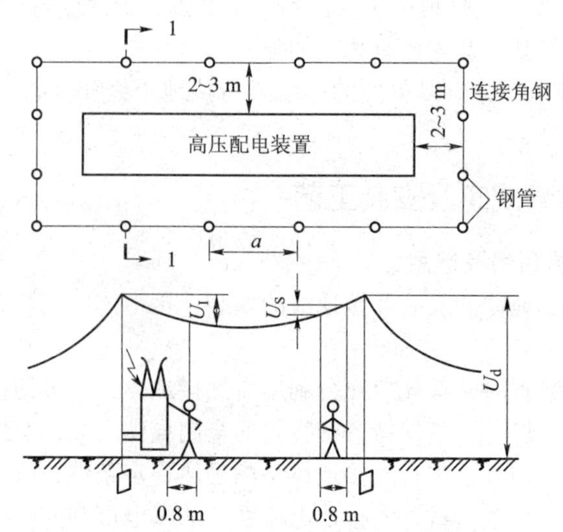

图 3－75　由钢管和扁钢组成的环形接地网及电位分布

在普通沙土壤地区（土壤电阻率），因地电位分布衰减较快，可以采用以棒形垂直接地体为主的棒带接地装置。垂直接地体常采用的规格有：直径为 48～60 mm 的钢管，管壁厚度不小于 3.5 mm；直径为 19～25 mm 的圆棒，垂直接地体长度为 2～3 m。

接地体的布置根据安全、技术要求，因地制宜，可以组成环形、放射形或单排布置。为了减小接地体相互间的散流屏蔽作用，相邻垂直接地体之间的距离不应小于 2.5～3 m，垂直接地体的顶部采用扁钢或直径圆钢相连，上端距地面不小于 0.6 m，通常取 0.6～0.8 m。常用的几种垂直接地体布置形式如图 3－76 所示。

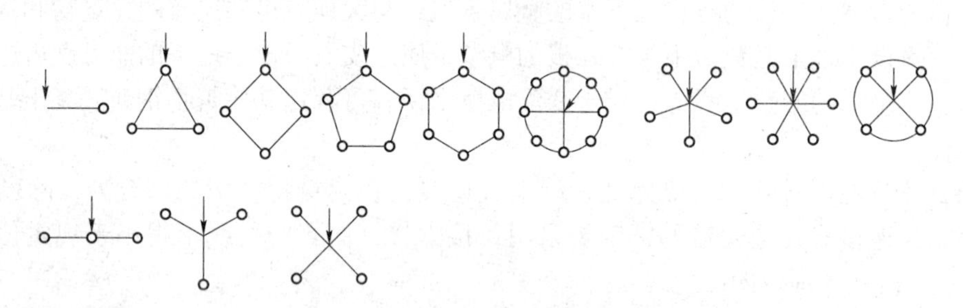

图 3－76　常用垂直接地体的布置

发电厂和变电所常采用以水平接地体为主的复合接地体，即人工接地网，对面积较大的接地网，降低接地电阻靠大面积水平接地体。既有均压、减小接触电压和跨步电压的作用，又有散流作用。复合接地体的外缘应闭合，并做成圆弧形。

埋入土中的接地棒之间用扁钢带焊接相连，形成地下接地网。扁钢带敷设在地下的深度不小于 0.3 m，扁钢带截面不得小于 48 mm^2，厚度不得小于 4 mm。

装设保护接地时，为尽量降低接触电压和跨步电压，应使装置地区内的电位分布尽可能均匀。为了达到此目的，可在装置区域内适当地布置钢管、角钢和扁钢等，形成环形接地网。

用来作为自然接地线的有：数量为两根的电缆的金属外皮，若只有一根，则应敷设辅助接地线；各种金属构件、金属管道、钢筋混凝土等，其全长应为完好电气通路。若金属构件、金属管道串联后作接地线时，应在其串接部位焊接金属跨接线。

为连接可靠并有一定的机械强度，人工接地线一般采用钢质扁钢或圆钢接地线；只有当采用钢质线施工安装困难时，或移动式电气设备和三相四线制照明电缆的接地芯线，才可采用。

有色金属可做人工接地线，但铝线不能作为地下的接地线。

为防止机械损坏及锈蚀情况，接地线要有足够大的尺寸。对于 1 000 V 以上的系统一般要根据单相短路电流校验其热稳定。对于 1 000 V 以下中性点不接地系统，其接地干线的截面，根据载流量来说，不应小于相线中最大负荷相负荷的 50%；单独用电设备则不应小于其分支供电线容许负荷的 1/3，在任何情况下，钢质接地线的截面不大于 100 mm^2，铝质接地线则为 35 mm^2，铜质接地线则为 25 mm^2。

为能在低压接地电网中自动断开线路故障段，接地线和零线的截面应能保证在导电部分与接地部分（或零线）间发生单相短路时，网内任意点的最小短路电流不小于最近处熔断器熔体额定电流的 4 ~5 倍、自动开关瞬时动作电流的 1.5 倍，并应能符合热稳定要求。同时接地线和零线的电导，一般不小于本线路中最大相线电导的 1/2。

接地线应该敷设在易于检查的地方，并须有防止机械损伤及防止化学作用的保护措施。从接地体或从接地体连接干线引出的接地干线应明设，并涂漆标明，一般涂上紫色；穿越楼板或墙壁时，应穿管保护；接地干线要支持牢固；若采用多股导线连接时，要采用接线耳。从接地干线敷设到用电设备的接地支线的距离愈短愈好。

接地线相互之间及接地体之间的连接应采用焊接，并无虚焊。接地线与电气设备的连接方法可采用焊接或用螺栓连接。接地线与接地体之间的连接应采用焊接或压接，连接应牢固可靠。电气装置中的每一个接地元件，应采用单独的接地线与接地体或接地干线相连接。

采用焊接时，扁钢的搭接长度应为宽度的 2 倍且至少焊接 3 个棱边；圆钢的搭接长度应为直径 6 倍。采用压接时，应在接地线端加金属夹头按体夹牢，夹头与接地体相接触的一面应镀锌，接地体连接夹头的地方应擦拭干净。

接地线应涂漆以示明显标志，其颜色一般规定是：黑色为保护接地，紫色底黑色为接地中性线（每隔 15 cm 涂一黑色条，条宽 1 ~1.5 cm）。接地线应该装设在明显处，以便于检查。对日常中容易碰触到的部分，要采取措施妥加防护。

1. 用于输配电系统工作接地的接地线

（1）10 kV 避雷器的接地支线宜采用多股导线，可选用铜芯或铝芯绝缘电线和裸线，也用扁钢、圆钢或多股镀锌绞线，截面不小于 16 mm^2；用作避雷针或避雷线的接地线截面不应小于 25 mm^2。接地干线则通常用扁钢或圆钢，扁钢截面不小于 4 mm ×12 mm，圆钢直径不小于 6 mm。

（2）配电变压器低压侧中性点的接地支线，要采用裸铜绞线，其截面不应该小于 35 mm^2；变压器容量在 100 kVA 以下时，接地支线的截面可采用 25 mm^2。

2. 用于设备金属外壳保护接地的接地线

（1）接地线所用材料的最小和最大截面如表 3 –6 所示。

表 3－6　设备保护接地线的截面积

	接地线类别	最小截面/mm^2	最大截面/mm^2
铜	移动电具引线的接地芯线	生活用 0.2	25
		生产用 1.0	
	绝缘铜线	1.5	
	裸铜线	4.0	
铝	绝缘铝线	2.5	35
	裸铝线	6.0	
扁钢	户内厚度不小于 3 mm	24.0	100
	户外厚度不小于 4 mm	48.0	
圆钢	户内直径不小于 5 mm	9.0	100
	户外直径不小于 6 mm	28.0	

（2）当接地线最小截面的安全载流量不能满足表地规定时，则接地支线必须按相应的电源相线截面的 1/3 选用；接地干线必须按相应的电源相线截面的 1/2 选用。

（3）低压配电系统中，接地或接零干线的载流量一般不小于容量最大线路的相线允许载流量的 1/2；支线载流量不小于分支相线允许载流量的 1/3。

（4）低压电力设备的接地线截面，在中性点接地或不接地配电系统中，一般分别不应大于表低压电力设备的接地线截面最大值（mm^2）中的数值。具体参照表 3－7。

表 3－7　低压电力设备的接地线截面最大值　　单位：mm^2

中性点方式	钢	铝	铜
不接地	100	35	25
直接接地	800	70	50

六、接地装置的运行维护

接地装置在日常运行容易受自然界及外力的影响与破坏，致使接地线锈蚀中断、接地电阻变化等现象，这将影响电气设备和人身的安全。因此，在正常运行中的接地装置，应该有正常的管理、维护和周期性的检查，测试和维修，以确保其安全性能。

（一）接地装置的检查及测量周期

接地电阻的测试应在当地较干燥的季节，土壤电阻率最高的时期进行。当年摇测后于冬季土壤冰冻时期再测一次，以掌握其因地温变化而引起的接地电阻的变化差值，具体规定如下：

（1）变、配电所的接地网，每年检查、测试一次。

（2）车间电气设备的接地线、接零线每年至少检查两次；接地装置的接地电阻每年测试一次。

（3）各种防雷保护的接地装置，每年至少应检查一次；架空线路的防雷接地装置，每两年测试一次。

（4）独立避雷针的接地装置，一般也是每年在雷雨季前检查一次；接地电阻每五年测试一次。

（5）10 kV 及以上线路上的变压器，工作接地装置每两年测试一次。

（二）接地装置的维护检查

接地装置的良好与否，直接关系到人身及设备的安全，甚至涉及系统的正常与稳定运行。切勿以为已经装设了接地装置，就此太平无事了。实践中，应对各类接地装置进行定期维护与检查，平时也应根据实际情况需要，进行临时性检查及维护。

接地装置维护检查的周期一般是：对变配电所的接地网或工厂车间设备的接地装置，应每年测量一次接地电阻值，看是否合乎要求，并对比上次测量值分析其变化。对其他的接地装置，则要求每两年测量一次，根据接地装置的规模、在电气系统中的重要性及季节变化等因素，每年应对接地装置 1 ~2 次全面性维护检查。

其具体内容是：

（1）接地线是否有折断、损伤或严重腐蚀。

（2）接地支线与接地干线的连接是否牢固。

（3）接地点土壤是否因受外力影响而有松动。

（4）重复接地线、接地体及其连接处是否完好无损。

（5）检查全部连接点的螺栓是否有松动，并应逐一加以紧固。

（6）挖开接地引下线周围的地面，检查地下 0.5 m 左右地线受腐蚀的程度，若腐蚀严重时应立即更换。

（7）检查接地线的连接线卡及跨接线等的接触是否完好。

（8）对移动式电气设备，每次使用前须检查接地线是否接触良好，有无断股现象。

（9）人工接地体周围地面上，不应堆放及倾倒有强烈腐蚀性的物质。

（10）接地装置在巡视检查中，若发现有下列情况之一时，应予修复：

① 遥测接地装置，发现其接地电阻值超过原规定值时。

② 接地线连接处焊接开裂或连接中断时。

③ 接地线与用电设备压接螺丝松动，压接不实或连接不良时。

④ 接地线有机械性损伤、断股、断线以及腐蚀严重（截面减小 30% 时）。

⑤ 地中埋设件被水冲刷或由于挖土而裸露地面时。

（三）接地装置的故障处理

1. 接地电网中零线带电的处理

（1）线路上有的电气设备的绝缘破损而漏电，保护装置未动作。

（2）线路上有一相接地，电网中的总保护装置未动作。

（3）零线断裂，断裂处后面的个别电气或有较大的单相负荷。

（4）在接零电网中，个别电气设备采用保护接地，且漏电；个别单相电气设备采用一相一地（即无工作零线）制。

（5）变压器低压侧工作接地处接触不良，有较大的电阻；三相负荷不平衡，电流超过允许值。

（6）高压窜入低压，产生磁场感应或静电感应。

（7）高压采用两线一地运行方式，其接地体与低压工作接地或重复接地的接地体相距太近；高压工作接地的电压降影响低压侧工作接地。

（8）由于绝缘电阻和对地电容的分压作用，电气设备的外壳带电。

【注意】 前5种情况较为普遍，应查明原因，采取相应措施给予消除。在接地网中采取保护接零措施时，必须有一完整的接零系统，才能消除带电。

2．接地装置出现异常现象的处理

（1）接地体的接地电阻增大，一般是因为接地体严重锈蚀或接地体与接地干线接触不良引起的。应更换接地体或紧固连接处的螺栓或重新焊接。

（2）接地线局部电阻增大，因为连接点或跨接过渡线轻度松散，连接点的接触面存在氧化层或污垢，引起电阻增大，应重新紧固螺栓或清理氧化层和污垢后再拧紧。

（3）接地体露出地面，把接地体深埋，并填土覆盖、夯实。

（4）遗漏接地或接错位置，在检修后重新安装时，应补接好或改正接线错误。

（5）接地线有机械损伤、断股或化学腐蚀现象，应更换截面积较大的镀锌或镀铜接地线，或在土壤中加入中和剂。

（6）连接点松散或脱落，发现后应及时紧固或重新连接。

3．降低接地电阻值的方法

在电阻系数较高的砂质、岩盘等土壤中，欲达到所要求的接地电阻值往往会有一定困难，在不能利用自然接地体的情况下，只有采用人工接地体。降低人工接地体电阻值的常用方法有：

（1）换土。用电阻率较低的黏土、黑土或砂质黏土替换电阻率较高的土壤，

（2）深埋。若接地点的深层土壤电阻率较低，可适当增加接地体的埋设深度，最好埋到有地下水的深处。

（3）外引接地。由金属引线将接地体引至附近电阻率较低的土壤中。

（4）化学处理，在接地点的土壤中混入炉渣、废碱液、木炭、炭黑、食盐等化学物质或采用专门的化学降阻剂，均可有效地降低土壤的电阻率。

（5）保水，将接地极埋在建筑物的背阳面或比较潮湿处。

（6）延长。延长接地体，增加与土壤的接触面积，以降低接地电阻。

（7）对冻土进行处理，在冬天往接地点的土壤中加泥炭，防止土壤冻结，或将接地体埋在建筑物的下面。

（四）接地网的防腐措施

接地网的腐蚀是严重威胁地网安全运行的原因之一。所以搞清地网腐蚀的原因、规律和防腐措施是非常重要的。

1．网腐蚀的主要部位

（1）地网的腐蚀：这是位于地下0.5～0.8 m土层中的一种腐蚀材质。它具有一般土壤腐蚀的特点。

（2）下线的腐蚀：这是材质介于大气和土壤两种介质的一种腐蚀。由于大气介质和土壤介质电化学腐蚀机理的差别和土壤表层结构组成的不均一性，使得引下线材质的腐蚀比主接地网更加严重，而且构件数量多、施工任务重。因此，接地引下线的腐蚀就成为接地工程中值得重视的大问题。

（3）缆沟中接地带的腐蚀：这是一种湿式大气条件下的腐蚀，由于电缆沟中经常积水，而水又不易蒸发，致使比在一般大气条件下有更严重的腐蚀。有的变电所周围大气受污染，其腐蚀速度就更快。

2. 主接地网的防腐蚀的措施

（1）采用降阻防腐剂。试验表明，降阻防腐剂具有良好的防腐效果。

（2）采用导电涂料 BD01 和锌锸电极联合保护，这个方法是将接地网涂两遍自制的 BD01 涂料，再连接锸阳极埋于地下。采用导电涂料能降低接地电阻值，而且能使接地网的接地电阻变化平稳，比一般接地网少投资 50%，能保护 40 年以上。

（3）采用无腐蚀性或腐蚀性小的回填土。在腐蚀件强的地区，宜采用无腐蚀性或腐蚀性小的土壤回填接地体，并避免施工残物回填，尽量减小导致腐蚀的因素。

（4）采用圆断面接地体。在腐蚀速度快的地域，宜选用圆断面的接地体。由上所述，在相同的腐蚀条件下，扁钢导体的残留断面减小更快。另外，最好采用镀锌的接地体。

3. 接地引下线的防腐措施

（1）涂防锈漆或镀锌。它属于一般的防腐措施。

（2）采用特殊防腐措施。采用一般的防腐措施不可能满足安全运行 30～50 年的要求，为此，必须采取特殊的防腐措施。其中包括在接地体周围尤其在拐弯处加适当的石灰、提高 pH 值；在其周围包上碳素粉加热后形成复合钢体。对于化工区的接地引下线的拐弯处，可在 590～650℃ 范围内退火清除应力后，再涂防腐涂料。另外，在接地引下线地下近地面 10～20 cm 处最容易被锈蚀，可在此段套一段绝缘，如塑料等。

4. 电缆沟的防腐措施

（1）降低电缆沟的相对湿度，使其相对湿度在 65% 以下，以消除电化学腐蚀的条件。

（2）接地体涂防锈涂料，但目前的防锈涂料只能维持两年左右。

（3）接地体采用镀锌或热镀锌处理。

（4）改变接地体周围的介质，这是一种较好的方法，其具体做法是用水泥混凝土将扁钢浇注到电缆沟的壁内。由于水泥混凝土是一种多孔体，地中或电缆沟内湿气中的水分渗进混凝土后即变为强碱性的，pH 值在 12～14 范围内。因此，在电缆沟施工中将接地扁钢三面浇注到混凝土两壁中，对于各焊点再作特殊处理，如打掉焊渣、涂沥青或用混凝土覆盖，这样处理基本上可保证在 40 年内电缆沟中的接地扁钢不被腐蚀或仅有轻微腐蚀。

思考题

1. 什么是接地？接地的目的是什么？
2. 什么叫接地电阻？
3. 什么叫工作接地、保护接地、防雷接地？防雷接地有什么特点？
4. 什么叫接地装置？接地装置的组成包括哪些？
5. 接地装置敷设时应该注意哪些？
6. 接地装置维护检查的具体事项是什么？

学习情境四

户内配电装置的运行与维护

单元一　高压开关柜的运行与维护

教学目标

* 了解高压开关柜的基本概念、结构原理。
* 掌握高压开关柜的作用及型号含义。
* 了解高压开关柜的运行与检查内容。
* 掌握高压开关柜的运行维护注意事项。
* 了解高压开关柜的异常情况及事故处理原则。
* 掌握高压开关柜常见故障及其处理方法。

重点

* 高压开关柜的运行与检查内容。
* 高压开关柜的运行维护注意事项。
* 高压开关柜的异常情况及事故处理原则。
* 高压开关柜常见故障及其处理方法。

难点

* 高压开关柜的异常情况及事故处理原则。
* 高压开关柜常见故障及其处理方法。

配电装置是按照主接线要求，由开关设备、保护和测量电器、母线装置以及必要的辅助设备组建而成，用来接受和分配电能的装置，它是发电厂和变电所电气主接线的主要表现形式。

配电装置按电气设备装置地方的不同，可分为屋内和屋外型配电装置。按其组装的方式可分为电气设备在现场组装的装配式配电装置，以及在工厂预先将开关电器、互感器等安装在柜（屏）中，然后成套运至安装地点的成套配电装置两种。

1. 屋内配电装置的特点

（1）由于允许安全净距小，且可以分层布置，故占地面积较小。

（2）维修、操作、巡视在室内进行，比较方便，且不受气候影响。

（3）外界污秽空气对电气设备影响小，可以减轻维护工作。

（4）需要建造配电室，势必需要增加投资。

2. 配电装置的安全净距

配电装置的整个结构尺寸，是综合考虑到设备外形尺寸、检修维护、搬运的安全距离、电气绝缘距离等因素决定的。对于敞露在空气中的配电装置，在各种间隔距离中，最基本的是带电部分与接地部分及不同带电部分之间的空间最小安全净距，保持这一距离时，无论在正常或过电压的情况下，都不致使空气间隙击穿。

GL/T 5352—2006《高压配电装置设计技术规程》规定的屋内配电装置的安全净距，如表4－1 所示。其中，B、C、D、E 等类电器距离是在 A1、A2 值的基础上考虑一些其他实际因素决定的。层内配电装置安全净距校验图如图 4－1 所示。

表 4－1　屋内配电装置的安全净距　　单位：mm

序号	适用范围	额定电压（kV）									
		3	6	10	15	20	35	60	110J	110	220J
A1	1. 带电部分至接地部分之间 2. 网状和板状遮栏向上延伸距地 2.3 m 处与遮栏上方带电部分之间	75	100	125	150	180	300	550	850	950	1 800
A2	1. 不同相的带电部分之间 2. 断路器和隔离开关的断口两侧带电部分之间	75	100	125	150	180	300	550	900	1 000	2 000
B1	带电部分至栅状遮栏	825	850	875	900	930	1 050	1 300	1 600	1 700	2 550
B2	带电部分至网状遮栏	175	200	225	250	280	400	650	950	1 050	1 900
C	无遮栏裸导体至地（楼）板	2 375	2 400	2 425	2 450	2 480	2 600	2 850	3 150	3 250	4 100

续表

序号	适用范围	额定电压（kV）									
		3	6	10	15	20	35	60	110J	110	220J
D	不同时停电检修的无遮栏导体间水平净距	1 875	1 900	1 925	1 950	1 980	2 100	2 350	2 650	2 750	3 600
E	屋内架空出线套管至屋外地面	4 000	4 000	4 000	4 000	4 000	4 000	4 500	4 500	5 000	

注：J是指中性点直接接地系统。

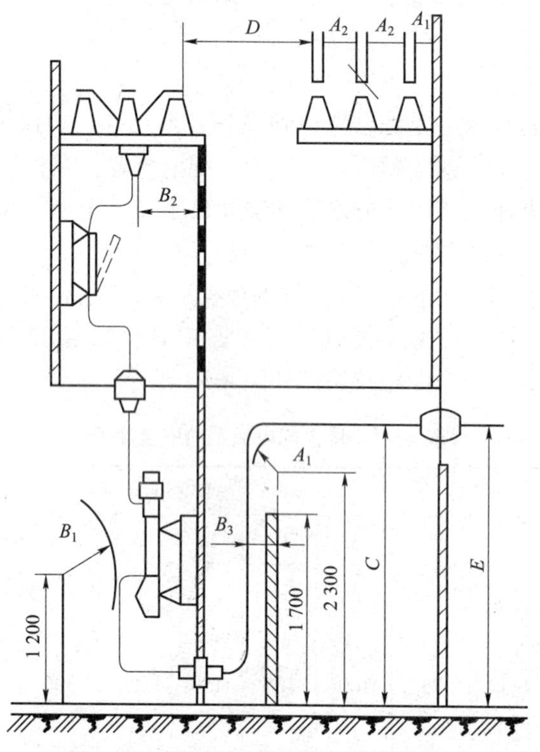

图4－1　屋内配电装置安全净距校验图

一、高压开关柜的基本概述

（一）高压开关柜的作用及型号含义

高压开关柜广泛应用于配电系统，作接受与分配电能之用。既可根据电网运行需要将一部分电力设备或线路投入或退出运行，也可在电力设备或线路发生故障时将故障部分从电网中快速切除，从而保证电网中无故障部分的正常运行，以及设备和运行维修人员的安全。因此，高压开关柜是非常重要的配电设备，其安全、可靠运行对电力系统具有十分重要的意义。

目前，国内应用在3～35 kV的高压开关柜主要有KYN系列（见图4－2）、XGN系列（见图4－3）等。

图 4－2　KYN－28－12 高压开关柜

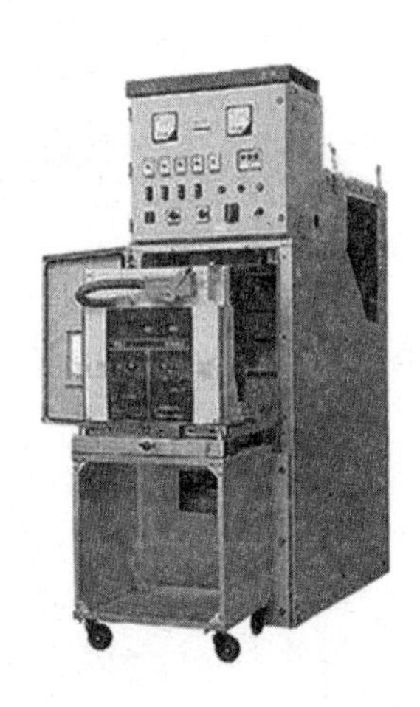

图 4－3　XGN－15－12 高压开关柜

（二）高压开关柜的分类

屋内高压开关柜按不同的标准有如下分类。

（1）按开关柜隔室结构可分为铠装式（如 KYN 型和 KGN 型）、间隔式（如 JYN 型）、箱式（如 XGN 型）。

（2）按断路器的置放方式可分为落地式、中置式。

落地式：断路器手车本身落地，推入柜内。

中置式：手车装于开关柜中部，手车的装卸需要装载车。

（3）按柜内绝缘介质可分为空气绝缘型、复合绝缘型。

（三）KYN 系列高压开关柜的结构分析

以 10 kV 系统多用的 KYN1B－12 型铠装移开式户内交流金属封闭开关柜为例，如图 4－4 所示，开关柜被隔板分成手车室、母线室、电缆室和继电器仪表室，各室均设有良好的接地。

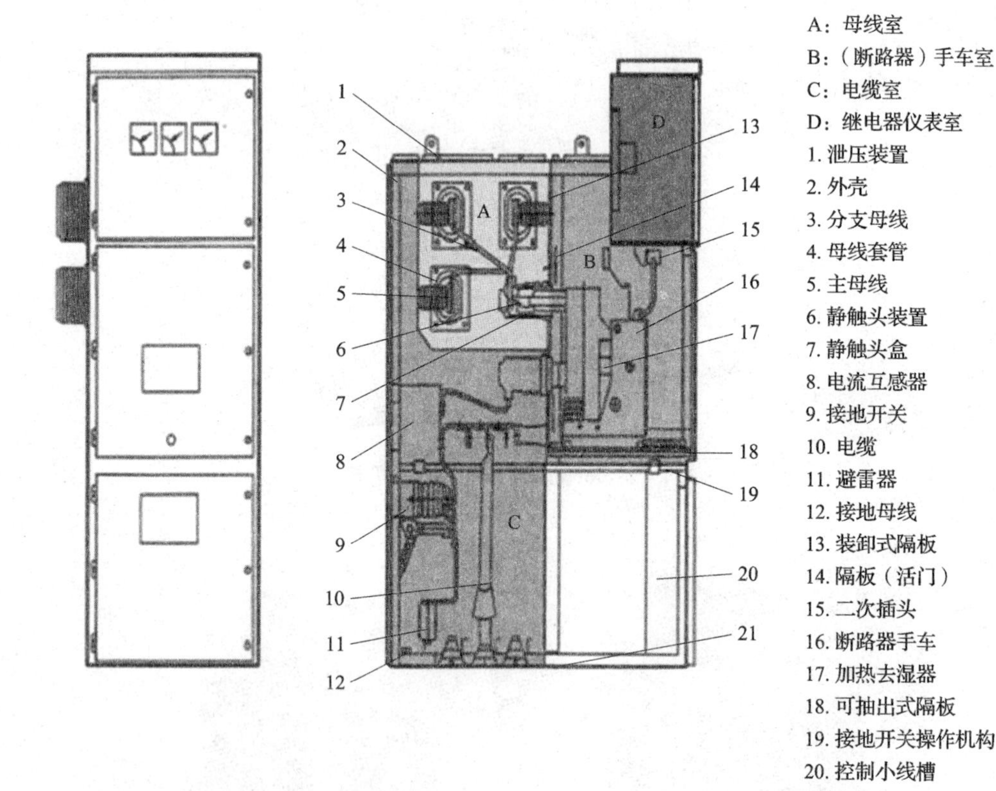

图 4－4　KYN 系列高压柜的结构

开关柜的外壳和隔板采用敷铝锌钢板，整个柜体不仅具有精度高、抗腐蚀与氧化作用，且机械强度高、外形美观，柜体采用组装结构，用拉铆螺母和高强度螺栓联结而成，因此装配好的开关柜能保持尺寸上的统一性。

1. 母线室

母线室布置在开关柜的背面上部，作安装布置三相高压交流母线及通过支路母线实现与静触头连接之用。全部母线用绝缘套管塑封。在母线穿越开关柜隔板时，用母线套管固定。如果出现内部故障电弧，能限制事故蔓延到邻柜，并能保障母线的机械强度。

2. 手车（断路器）室

KYN1B－12 开关柜可配进口的 VD4 真空断路器或国产的 VS1 真空断路器。断路器室内安装有特定的导轨，供断路器手车在内滑行，使手车能在工作位置、试验位置之间移动。静触头的隔板（活门）安装在手车室内的后壁上。手车从试验位置移动到工作位置过程中，隔板自动打开，反方向移动手车则自动关闭，从而保障了操作人员不触及带电体。

3. 电缆室

电缆室内一般安装有接地开关、避雷器（过电压保护器）、电流互感器以及电缆等附属设备，并在其底部配制有可卸的铝板，以方便现场施工及检修需要。

4. 继电器仪表室

继电器室的面板上，安装有微机保护装置、操作把手、保护出口压板、仪表、状态指示灯（或状态显示器）等；继电器室柜内，一般安装有端子排、微机保护控制回路直流电源开关、综合保护装置工作电源开关、储能电机工作电源开关（直流或交流）、弧光保护装置电源、消谐装置电源，以及特殊要求的二次设备。

（四）断路器手车的三个位置

（1）工作位：手车动触头置于柜体静触头盒内，使得断路器与一次设备可靠连接；二次插头合上，控制、储能等电源均送上。在此位置可以远程或就地完成合、分闸。

（2）试验位：手车动触头与静触头盒分离，柜内隔板（活门）关闭，使得断路器与一次设备分离；二次插头合上，控制、储能等电源均合上。在此位置可以远程或就地完成断路器的合、分闸试验。

（3）检修位：手车动触头与静触头盒分离，柜内隔板（活门）关闭，使得断路器与一次设备分离；二次插头断开，控制、储能等电源均断开。此时手车位于转移小车上，在此位置可以进行断路器的检修工作。

（五）开关柜的五防联锁

1. 电气“五防”

（1）防止误分、合断路器（隔离开关、接触器）。

（2）防止带负荷分、合隔离开关。

（3）防止带电挂（合）接地线（接地开关）。

（4）防止带接地线（接地开关）合断路器（隔离开关）。

（5）防止误入带电间隔。

电气“五防”功能是实现电力安全生产的重要措施，其切实保障了操作人员及设备的安全。实际应用中防误装置的设计原则应是：凡是有可能引起误操作的高压电气设备，均应装设相应的防误闭锁装置。

2. 高压开关柜的“五防”功能

KYN1B－12 型铠装移开式户内交流金属封闭开关柜具有可靠的联锁装置，其具有以下“五防”功能。

（1）设备采用 KKS 编码和汉字名称双重编号、仪表室柜门上装有提示性的按钮或转换开关（防止误分、合断路器）。

（2）断路器手车在试验位置合闸后，手车将无法进入工作位置（防止带负荷合隔离开关）。

（3）仅当接地开关处在分闸位置时，断路器手车才能从试验/检修位置移至工作位置（防止带接地开关合断路器）。

（4）仅当断路器手车处于试验/检修位置时，接地开关才能进行合闸操作（防止带电合接地开关）。

（5）断路器合闸时，接地开关的分闸位置和电缆室前门及后门之间相互闭锁，使得电缆室前门及后门都无法打开（防止误入带电间隔）。

二、高压开关柜的运行检查

下面以10 kV KYN型高压开关柜为例，对高压开关框运行与检查内容进行简单介绍。

（一）高压开关柜的运行与检查内容

（1）运行值班人员应经常巡视检查高压开关柜内的电气设备运行温度，特别是母线连接处和隔离开关动、静触头的温度，以鉴别发热情况。

（2）各种电气设备连接处的允许温升及最高温度不得超过表4－2所示值。

表4－2　电气设备连接处最高允许温度及允许温升

接点名称	最高允许温升及温度	
	温升/℃	温度/℃
各种金属裸线及母线	45	80
固定接触部分	45	80
可动接触部分	40	75
保险器的接点	85	120

（3）运行值班人员应经常巡视开关柜、继电器室、监控盘、直流系统上各种仪表指示变化情况，正常巡检内容如下：

① 检查红、绿灯及机械指示应正确，带点显示器、各种表计等正常。

② 开关实际位置与状态指示是否一致。

③ 微机保护装置有无故障、告警信号灯亮。

④ 储能装置储能指示应正确。

⑤ 观察电缆接头是否变色、损伤。

⑥ 正常运行时，断路器的工作电流不得超过铭牌规定的额定值。

⑦ 真空断路器应无真空破坏的丝丝放电声。

⑧ 油断路器油色、油位正常，本体无渗漏油现象。

⑨ 断路器各导电接触面不应变色，触头温度在规定范围内（≤70℃）。

⑩ 互感器无焦味或其他异味。

⑪ 互感器内部无异常声响及放电现象。

⑫ 后台监控10 kV进线及馈线回路电压、电流、零序电压及功率因数，并做好每小时

的电量统计。线电压10 kV（允许偏差为±7%），相电压5.8 kV（允许偏差为±7%），零序电压值一般为0 V，功率因数不得低于0.95。

⑬ 监视故障录波器的运行情况，有无故障波形，以便及时掌握故障信息。

（4）高温季节、高峰负荷时的检查：高峰负荷时，如负载电流接近或超过断路器的额定电流时，应检查断路器导电回路各发热部分应无过热变色。如负载电流比断路器额定电流小得多，重点检查断路器引线接头与连接部位有无发热。

（5）当断路器因故跳闸后，应对断路器进行下列检查：

① 检查断路器各部件有无松动、损坏，瓷瓶是否断裂等。

② 检查各引线接点有无过热、熔化等。

（二）高压开关柜的运行维护注意事项

（1）配电间应防潮、防尘、防止小动物钻入。

（2）所有金属器件应防锈蚀（涂上清漆或色漆），运动部件应注意润滑，检查螺钉有否松动，积灰需及时清除。

（3）观察各元件的状态，是否有过热变色，发了响声，接触不良等现象。

（4）对于真空断路器：

① 有条件时应进行工频耐压，可间接检查真空度。

② 对于玻璃泡灭弧室，应观察其内部金属表面有无发乌，有无辉光放电等现象。

③ 更换灭弧室时，应将导电杆卡住，不能让波纹管承受扭转力矩，导电夹与导电杆应夹紧连接。

④ 合闸回路保险丝规格不能用得过大，保险丝的熔化特性须可靠。

⑤ 合闸失灵时，须检查故障：电气方面可能是电源电压过低（压降太大或电源容量不够），合闸线圈受潮致使匝间短路，熔丝已断；机构方面可能是合闸锁扣扣接量过小，辅助开关调得角度不好，断电过早。

⑥ 分闸失灵时，须检查故障：电气方面可能是电源电压过低，转换开关接触不良，分闸回路断线；机械方面可能是分闸线圈行程未调好，铁芯被卡滞，锁扣扣接量过大，螺丝松脱。

⑦ 辅助开关接点转换时刻须精心调整，切换过早可能不到底，切换过慢会使僵闸线圈长时带电而烧毁。正确位置是在低电压下合闸，刚能合上。

（5）对于隔离开关：

① 注意刀片、触头有无扭歪，合闸时是否合闸到位和接触良好。

② 分闸时断口距离是否≥150 mm。

③ 支持及推杆瓷瓶有否开裂或胶装件松动。

④ 其操作机构与断路器的联锁装置是否正常、可靠。

（6）对于手车隔离：

① 插头咬合面应涂敷防护剂（导电膏、凡士林等）。

② 注意插头有无明显的偏摆变形。

③ 检修时应注意插头咬合面有无熔焊现象。

（7）对于电流互感器：

① 注意接头有无过热，有无响声和异味。

② 绝缘部分有无开裂或放电。

③ 引线螺丝有无松动，绝不能使之开路，以免产生感应高压，对操作人员及设备安全造成损害。

(8) 开关柜长期未投入运行时，投运前主要一次元件间隔（如手车室及电缆室）应进行加热除湿，以防止产生凝露而影响设备的外绝缘。

(9) 一些特殊情况下的运行操作注意事项。

① 操作断路器后若发现红、绿灯均不亮，应立即切断操作电源，查明原因。

② 断路器操作发生拒分、拒合时，可先判断是机械部分还是电气部分故障并排除。断路器拒合时不能将其硬行投入，开关拒分可进行手动分闸，在拒分未消除之前不得将断路器再投入运行。

③ 断路器经检修恢复运行，操作前应检查安全措施（如接地线）是否全部拆除，防误闭锁装置是否正常。

④ 油开关在未注入充足的油时，禁止对断路器进行分、合闸操作。

⑤ 开关柜的带电显示器不能作为是否有电的依据，但当带电显示器上的指示灯亮时，表示设备有电。

(三) 高压柜内有短路事故发生后，必须对短路电流流过的有关设备进行全面检查，检查内容如下：

(1) 检查母线引线、导线及其接头部分是否有松动、烧焦及断裂现象。

(2) 检查真空断路器真空度、绝缘电阻、接触电阻是否符合要求。

(3) 检查电流互感器有无燃烧、焦臭及爆裂现象。

(4) 检查各种瓷瓶、套管是否有裂纹及爆裂现象。

(5) 检查真空断路器动作是否正常。

(6) 短路故障后的设备必须经过检查证明无异常后才允许投入运行，故障后凡更换设备，必须经过检查和试验合格后方可投入运行。

三、高压开关柜的故障分析及处理

(一) 高压开关柜故障分析检修作业一般流程图

高压开关柜故障分析检修作业一般流程图如图4－5所示。

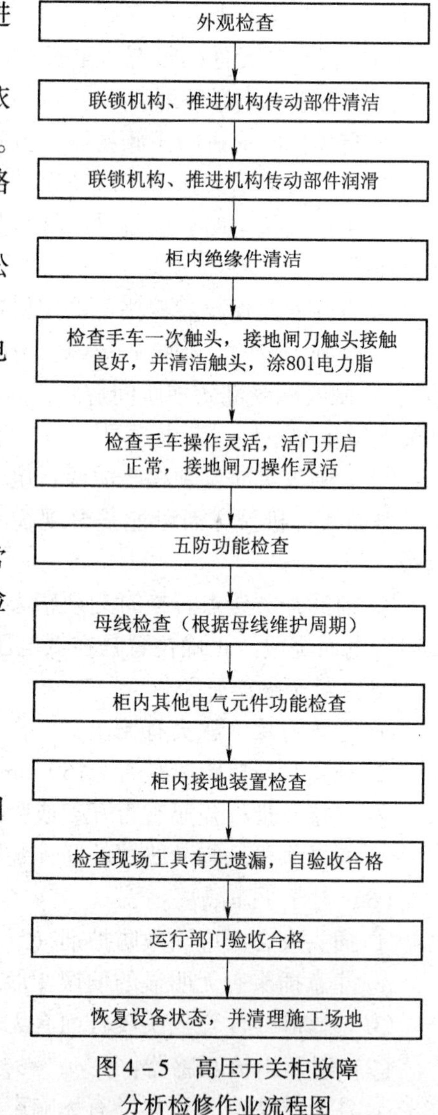

图4－5 高压开关柜故障分析检修作业流程图

(二) 高压开关柜的异常情况及事故处理原则

1．当断路器有以下情况，应申请停电处理

(1) 真空断路器出现真空损坏的咝咝声。

(2) 套管有严重破损和放电声。

(3) 少油断路器灭弧室冒烟或内部有异常声响。

(4) 少油断路器严重漏油以至于看不见油位。

2. 油断路器严重缺油的判断与处理

若发现油断路器油位计看不到油面，同时有严重的漏油现象时，可判断为严重缺油。断路器已不能保证可靠灭弧，不能安全地开断电路，应采取以下措施：

(1) 立即断开缺油断路器的操作电源，断路器改为非自动状态。

(2) 在操作把手上挂“禁止合闸”标示牌。

(3) 设法尽快隔离该开关。

(三) 高压开关柜常见故障及其处理方法

1. 断路器拒绝合闸

1) 现象

(1) 断路器不动作，红色指示灯不亮。

(2) 手动或自动方式合闸，断路器不动作合闸。

2) 原因

(1) 控制电源不正常，控制或者合闸保险熔断。

(2) 合闸转换开关接点不通。

(3) “远方/就地”转换开关投入错误。

(4) 断路器辅助触点不通。

(5) 断路器未储能。

(6) 机械机构故障。

(7) 综合保护装置合闸回路内部故障。

(8) 合闸线圈烧坏。

3) 处理

(1) 检查控制电压和保险是否异常，否则调整或更换。

(2) 合闸转换开关接点是否异常。

(3) 将“远方/就地”转换开关正确投入。

(4) 检查断路器辅助触点。

(5) 如果未储能，检查自动储能回路，否则手动储能。

(6) 调整机械机构，使之灵活好用。

(7) 检查综合保护装置内部合闸回路。

(8) 更换合闸线圈。

2. 断路器拒绝跳闸

1) 现象

(1) 跳闸指令发出后，断路器不动作。

(2) 跳闸指令发出后，绿色指示灯不亮。

(3) 电流表无明显变化。

2) 原因

(1) 跳闸线圈烧坏或故障。

(2) 控制电源不正常。

(3) 断路器辅助触点烧坏或者转换开关接点卡住。

(4) 控制保险烧坏。

（5）机械机构故障。

（6）综合保护装置故障。

3）处理

（1）若线圈烧坏，更换线圈。

（2）调整电压至正常范围。

（3）若辅助触点或转换开关损坏，更换。

（4）换控制保险。

（5）调整机械机构，使之灵活好用。

（6）检查综保回路。

3. 断路器误跳闸

1）现象

（1）断路器未经操作，自动合闸。

（2）断路器未经操作，合闸指示灯亮起，电流有指示。

2）原因

（1）直流系统两点接地使合闸控制回路接地。

（2）控制回路某元件故障，使断路器合闸控制回路接通。

（3）由于合闸接触器线圈电阻过小，且动作电流偏低，直流系统发生瞬间脉冲时，引起断路器误合闸。

（4）弹簧操作机构，储能弹簧锁扣不可靠，在外力作用下，锁扣自动解除造成断路器自行合闸。

3）处理

发现断路器误合时，应立即拉开误合的断路器，同时汇报值长。若拉开后再“误合”，应断开断路器合闸电源，拉开断路器，并联系检修人员。

（1）检查直流系统是否接地。

（2）更换故障元件。

（3）更换合闸线圈。

（4）调整机械机构，使之灵活好用。

4. 断路器误跳闸

1）现象

继电保护未动作，断路器自动跳闸，相应指示灯亮。

2）原因

（1）人员误碰、误操作。

（2）机构受外力振动，引起自动脱扣。

（3）其他电气或机械性故障。

3）处理

（1）由于人员误碰、误操作或机构受外力震动引起的“误跳”，应立即汇报值长，尽快恢复对馈线的送电。

（2）对其他电气或机械性故障，无法立即恢复送电的则应立即汇报值长与相关部门联系，对“误跳”断路器作出暂停使用、待检修处理。

四、高压开关柜二次控制系统简介

（一）二次控制系统的概述

由二次设备按照一定的顺序连接，构成的对一次设备进行监测、控制、调节和保护的电气回路称为二次回路。

二次回路的主要作用是通过对一次线路的监察、测量来反映一次回路的工作状态，并控制一次系统，当一次回路发生故障时，继电保护装置能将故障部分迅速切除，并发出信号，以保证一次设备的安全、可靠、经济、合理运行。

表明电气二次设备相互连接关系的电路图称为二次接线图。

（二）二次回路的分类

1. 按电源性质的不同分类

(1) 交流电流回路：由电流互感器（TA 或 CT）二次侧供电给测量仪表及继电器的电流线圈等所有电流元件的全部回路。

(2) 交流电压回路：由电压互感器（TV 或 PT）二次侧及三相五柱电压互感器开口三角经升压变压器转换为 220 V（或 110 V）供电给测量仪表及继电器等所有电压线圈以及信号电源等。

对应的还有直流回路以及蓄电池组，在此不作详述。

2. 按用途的不同分类

可以将二次回路分为：原理图、展开图、屏面布置图、安装接线图。

二次线路图的绘制是将所有二次设备元件用国家统一规定的相应图形、文字、数字符号表示出来，其间的接线按照实际连接顺序绘制出来。因此熟悉和掌握一次、二次线路中设备的标准图形符号是较为重要的。

3. 按功能分类

可分为测量回路、断路器控制回路、信号回路、继电保护回路和自动装置回路等。如图 4－6 所示。

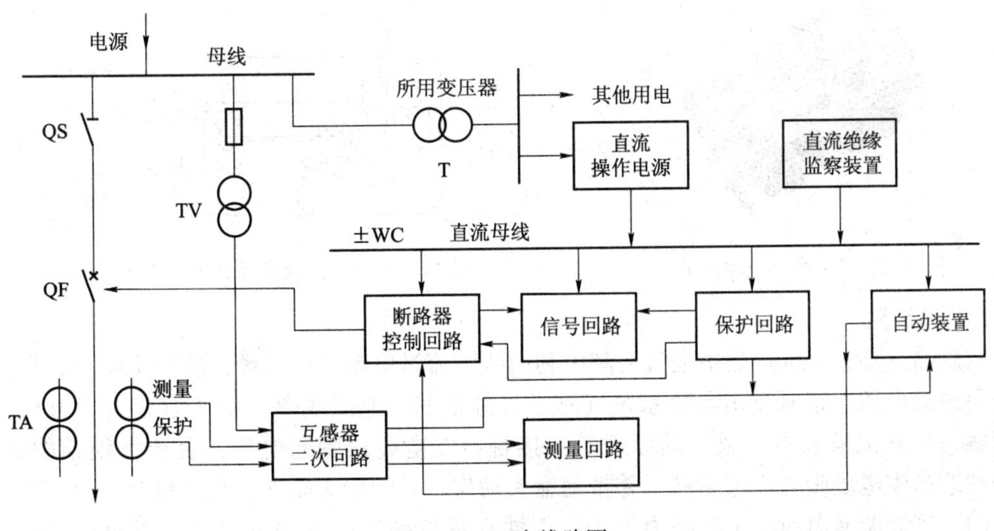

图 4－6 二次线路图

（三）二次回路常用控制器件介绍

二次回路常用的控制器件有按钮、微动开关、接触器、继电器等。

1. 按钮

作为一种常用的控制电器元件，按钮常被用于接通或断开“控制回路”，从而达到控制电动机或其他电气设备实现启停等目的。按钮按其控制目的一般可分为常开按钮、常闭按钮、复合按钮等，其图形及文字符号如图 4－7 所示。

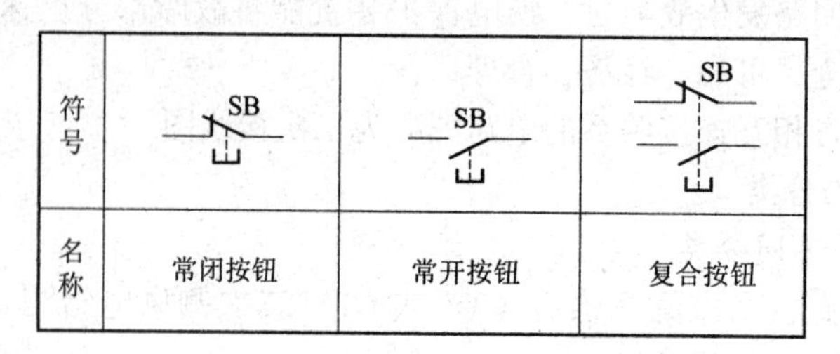

符号	SB	SB	SB
名称	常闭按钮	常开按钮	复合按钮

图 4－7　按钮

常开按钮：开关触点断开的按钮。

常闭按钮：开关触点接通的按钮。

复合按钮：开关触点既有接通也有断开的按钮。

2. 微动开关

微动开关，又叫灵敏开关。是具有微小接点间隔和快动机构，用规定的行程和规定的力进行开关动作的接点机构，外壳用塑封覆盖，其外部有驱动杆的一种开关。

通俗而言，微动开关就是使用很微小的力度控制的开关。其触点间距较小，力矩较大，一般外部设有驱动杆。

如图 4－8 为欧姆龙公司生产的 7N 系列应用于电脑鼠标的微动开关，其工作原理如图 4－9 所示，鼠标中的微动开关位于的按键之下的电路板上，当按键按下一次后，微动开关内的金属簧片触发一次，并且向电脑传送出一个电信号，之后再复位，完成一次点击。

图 4－8　7N 系列微动开关

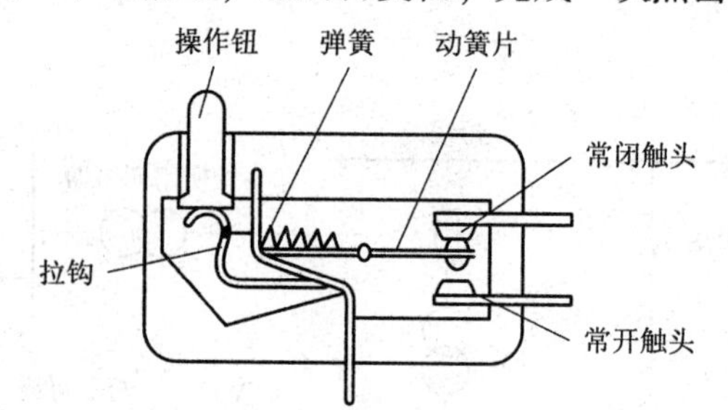

图 4－9　7N 系列微动开关原理图

3. 接触器

接触器（Contactor）是指电气控制中利用线圈流过电流产生磁场，使触头闭合，以达到控制负载的电器。接触器由电磁系统（铁芯，静铁芯，电磁线圈）触头系统（常开触头和常闭触头）和灭弧装置组成。其原理是当接触器的电磁线圈通电后，会产生很强的磁场，使静铁芯产生电磁吸力吸引衔铁，并带动触头动作：常闭触头断开；常开触头闭合，两者是联动的。当线圈断电时，电磁吸力消失，衔铁在释放弹簧的作用下释放，使触头复原（常闭触头闭合；常开触头断开），如图 4－10 所示。

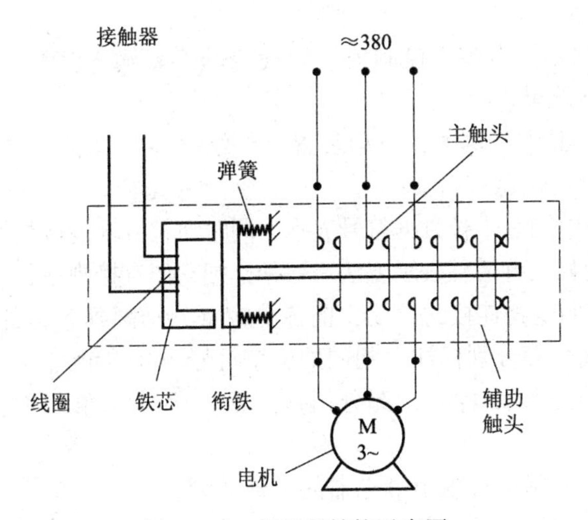

图 4－10　接触器结构示意图

如图 4－11 所示，为典型的电机启停控制原理图。三相电机启动时，首先闭合电机出口隔离开关 QS，然后按下按钮 SB2，控制回路导通，接触器的线圈 KM 得电，使得主回路 KM 触点闭合，电机启动。电机停止时只需按下 SB1，线圈 KM 失电使得主回路 KM 触点断开，实现电机的停止。

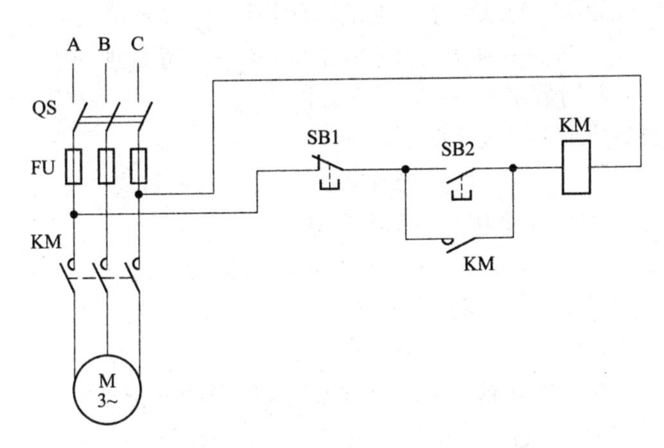

图 4－11　为接触器控制三相电机启停的简单原理图

4. 继电器

作为一种具有隔离功能的自动开关元件，继电器被广泛应用于电力保护、自动化、远动、遥控、测量和通信等装置中。继电器一般都有能反映一定输入变量（如电压、电流、功率、阻抗、频率、温度、压力、速度、光等）的感应机构（输入部分）；有能对被控电路实现“通”“断”控制的执行部分（输出部分）；在继电器的输入部分和输出部分之间，还有对输入量进行耦合隔离、功能处理和对输出部分进行驱动的中间机构（驱动部分）。

作为控制元件，概括起来，继电器有如下几种作用：

（1）扩大控制范围。例如，多触点继电器控制信号达到某一定值时，可以按触点组的不同形式，同时换接、开断、接通多路电路。

（2）放大。例如，灵敏型继电器、中间继电器等，用一个很微小的控制量，可以控制很大功率的电路。

（3）综合信号。例如，当多个控制信号按规定的形式输入多绕组继电器时，经过比较综合，达到预定的控制效果。

（4）自动、遥控、监测。例如，自动装置上的继电器与其他电器一起，可以组成程序控制线路，从而实现自动化运行。

继电器线圈在电路中用一个长方框符号表示，同时在长方框内或长方框旁标上继电器的文字符号“J”。继电器的触点有两种表示方法：一种是把它们直接画在长方框一侧，这种表示法较为直观。另一种是按照电路连接的需要，把各个触点分别画到各自的控制电路中，通常在同一继电器的触点与线圈旁分别标注上相同的文字符号，并将触点组编上号码，以示区别。

一般国产继电器的型号命名由四部分组成：第一部分＋第二部分＋第三部分＋第四部分。

继电器型号第一部分用字母表示继电器的主称类型。

JR——小功率继电器　　JZ——中功率继电器

JQ——大功率继电器　　JC——磁电式继电器

JU——热继电器或温度继电度　　JT——特种继电器

JM——脉冲继电器　　JS——时间继电器

JAG——干簧式继电器

继电器型号第二部分用字母表示继电器的形状特征。

W——微型　X——小型　C——超小型

继电器型号第三部分用数字表示产品序号。

继电器型号第四部分用字母表示防护特征。

F——封闭式　　M——密封式

例如：JRX－13F（封闭式小功率小型继电器）。

JR——小功率继电器

X——小型

13——序号

如图4－12所示，以热继电器为例，介绍了其文字及图形符号。

发热元件　FR　串联在主电路中

常闭触头　FR　串联在控制电路中

图4－12　热继电器文字及图形符号

如图4－13所示为部分继电器实物图。

继电器有别于接触器的地方在于，接触器的主触头可以通过大电流，而继电器的触头只能通过小电流。所以，继电器一般只能用于控制电路中。这也是它区别于接触器的一个鲜明特点。

图 4－13　继电器实物图

(四) 二次回路接线图

1. 二次回路接线图的构成

为便于设计、制造、安装、调试及运行维护，通常在图纸上使用图形符号及文字符号按一定规则连接来对二次回路进行描述，反映二次设备之间接线关系，这类图纸称之为二次回路接线图。二次回路接线图可分为原理接线图、安装接线图两大类，其中也可细分为：归总式原理图、展开式原理图、屏面布置图、端子排标志图、屏后安装接线图。

1）原理图

原理图是表示二次回路构成原理的最基本的图，在该类图上，所有的仪表、继电器以整体形式的设备图形符号表示，不画出其内部的接线，只画出接点的连接，并将二次部分的电流、电压和直流回路和一次线路绘制在一起，其特点是使看图人对整个装置的构成有一个整体概念，并可清楚地了解二次回路间的电气联系和动作原理，如图 4－14 所示。

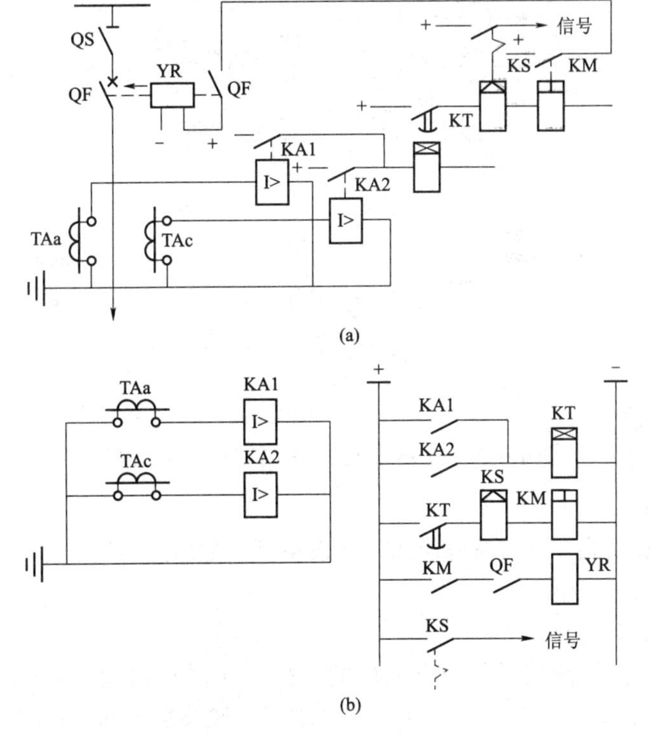

图 4－14　二次回路接线图展开图

(a) 归总式；(b) 展开式

展开图和原理图是同一接线的两种表达方式。展开式原理图的特点为：

（1）把二次回路的设备展开表示，即分成交流电流回路、交流电压回路、直流回路、信号回路。

（2）将同一设备的线圈和接点，按照电流通过的顺序依次从左到右连接，形成各条独立的电路，即所谓展开图的行，各行又按照设备动作的先后，由上而下垂直排列，各行从左到右阅读，整个图从上到下阅读。

（3）对于同一设备的线圈和接点采用相同的文字符号表示。

（4）展开图右侧以文字说明该回路的用途，以便于阅读。

如图 4－15 所示，为按标准绘制的 35 kV 输电线路保护装置的展开图。

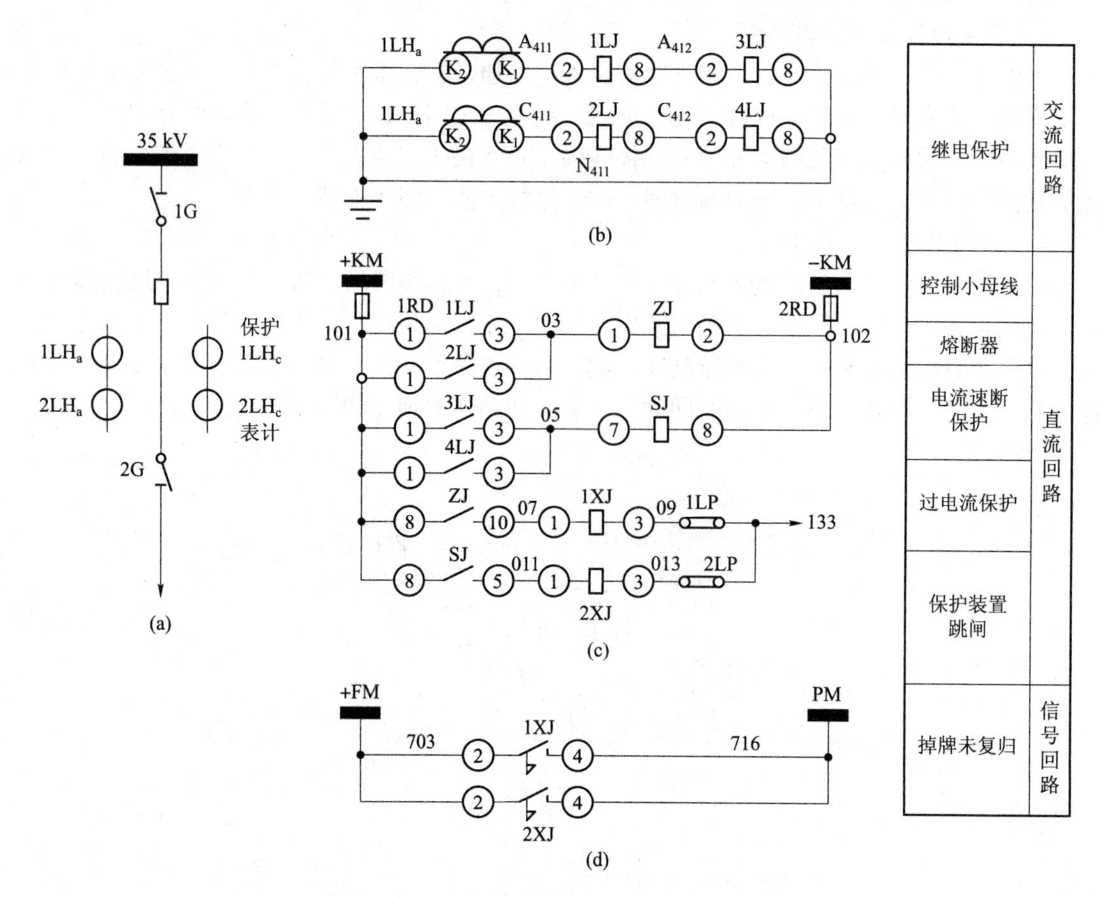

图 4－15　35 kV 输电线路保护装置的展开图

2）屏面布置图

如图 4－16 是根据展开图，选好所用二次设备型号之后进行的，其主要用途是为了屏面开孔及安装设备时用。

3）端子排标志图

端子排是由专门的接线端子板组合而成的，是柜（屏）内设备或柜（屏）内、外设备连接的“桥梁”。接线端子分为普通端子、连接端子、试验端子和终端端子等形式。

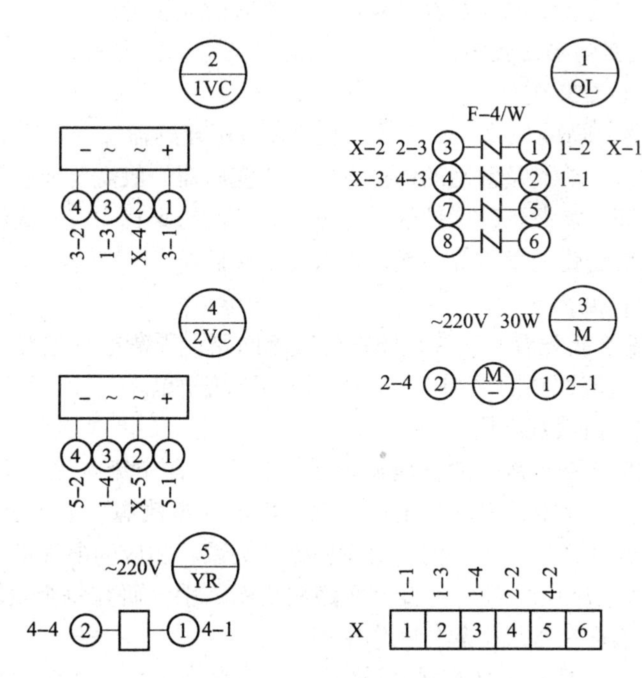

图 4－16　二次屏的屏面展开图

端子排的文字代号为 X，端子的前缀符号为“：”或“－”。如图 4－17 所示。

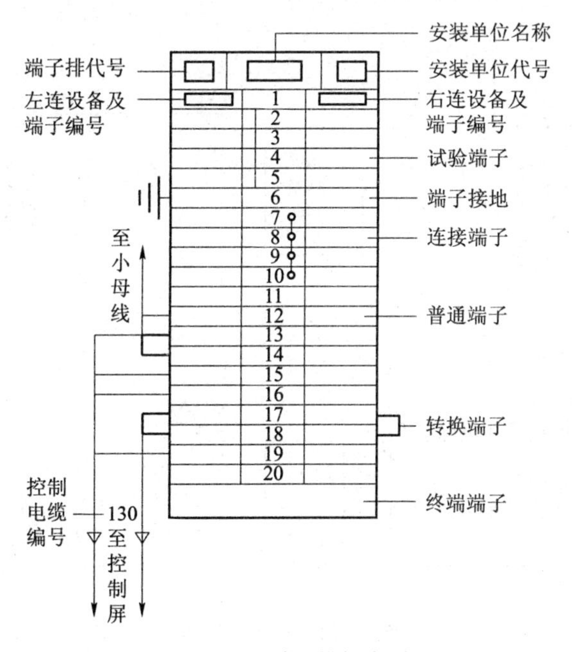

图 4－17　端子排标志图

4）屏背面接线图

屏背面接线图是制造厂生产屏过程中配线的依据，也是施工和运行时的重要参考图纸。它是以展开图、屏面布置图和端子排图为原始资料，由制造厂的设计部门绘制。用于表达屏上设备接线端子之间的连接情况以及设备与端子排之间的连接情况。

2. 二次回路接线图的读图技巧

(1) 先看一次，后看二次。

“一次”指断路器、隔离开关、断路器、电流或电压互感器、变压器等一次设备。首先要了解这些设备的数量、功能及常用的保护方式，如变压器一般需要装过电流保护、电流速断保护、过负荷保护等，掌握各种保护的基本原理。其次再查找一、二次设备的转换、传递元件，一次变化对二次变化的影响等，然后再来看二次回路。

(2) 先交流，后直流。

“先交流，后直流”指先看二次接线图中的交流回路，弄清电气量变化的特点，再由交流量的“因”查找出直流回路的“果”。一般交流回路较简单。

(3) 交流看电源、直流找线圈。

“交流看电源”指交流回路一般从电源入手，其中包含交流电流、交流电压回路两部分。先找出由哪个电流互感器或哪一组电压互感器供电（电流源、电压源），研究变换的电流、电压量在系统中起什么作用，它们与直流回路的关系、相应的电气量由哪些继电器反映出来等一系列问题。“直流找线圈”指直流回路从线圈入手，研究每个线圈对应的主（辅）触点有哪些，这些触点都在系统中起什么作用等。

(4) 先上后下、先左后右，勿忘屏外设备。

(5) 安装图纸要结合展开图。

如图4-18所示为浙江松菱电气有限公司生产的SLGPD-Ⅲ型低压供配电拆装实训装置中的计量柜的图纸。

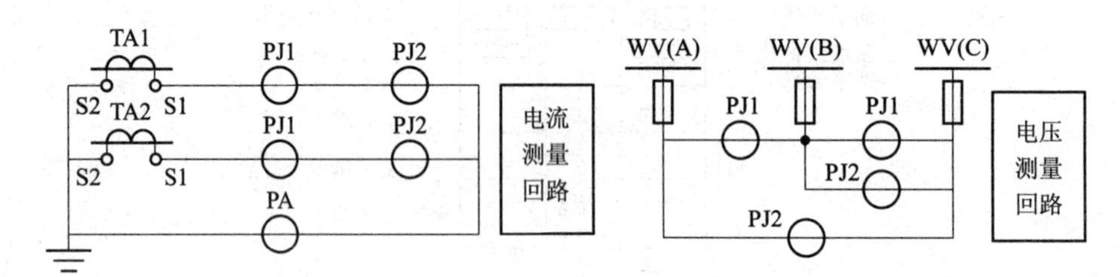

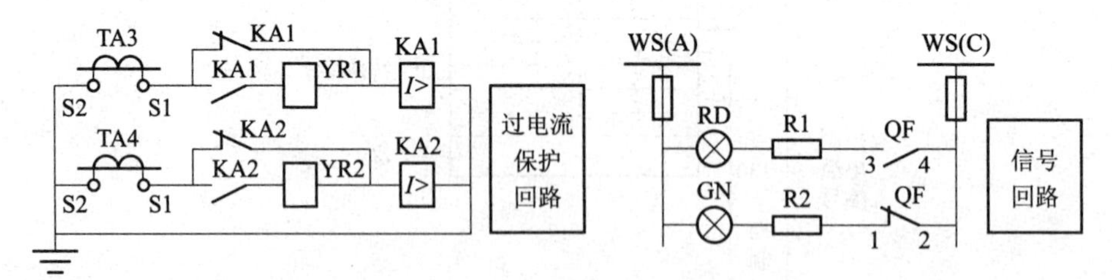

图4-18 计量柜图纸

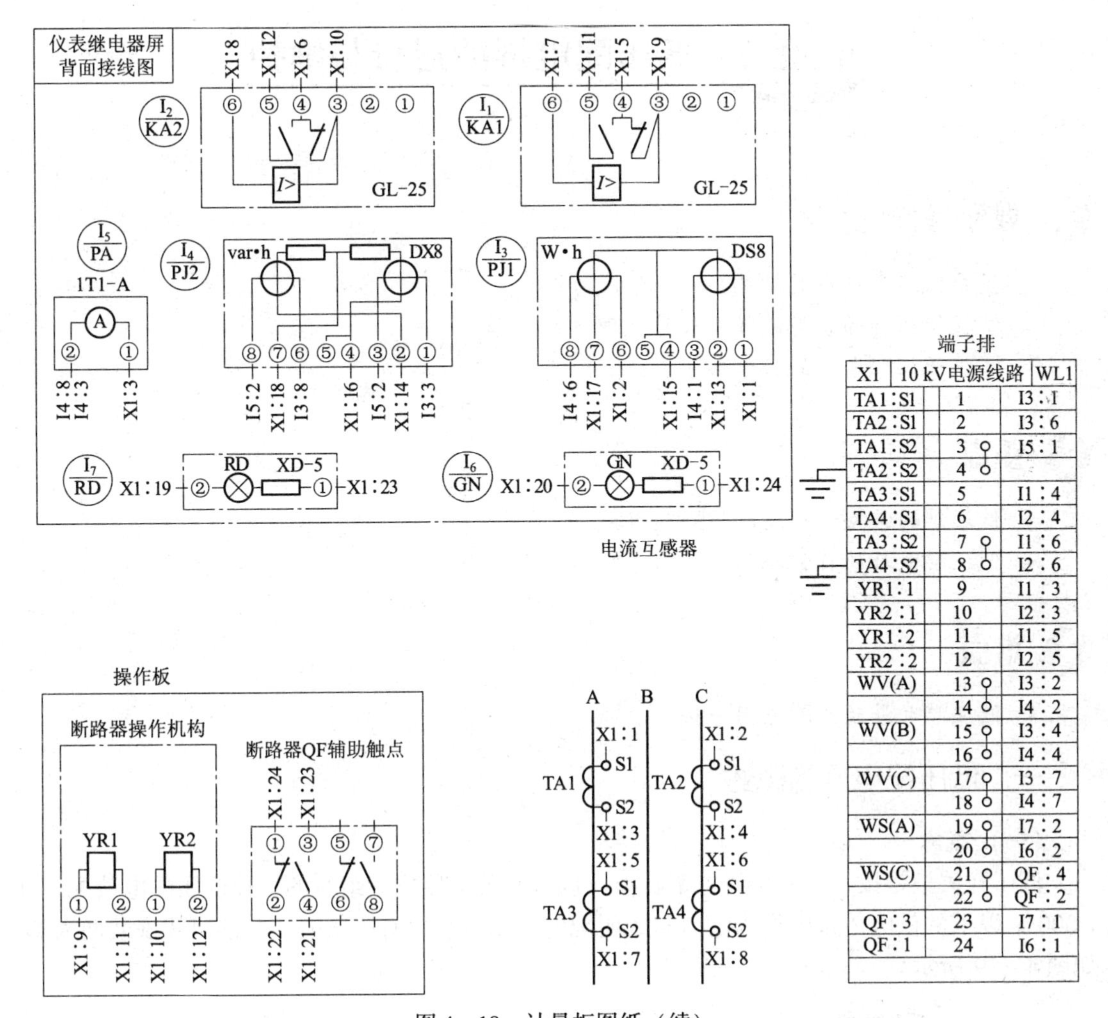

图 4－18　计量柜图纸（续）

思考题

1. 高压开关柜中断路器手车有哪几个工作位置？有什么区别？
2. 什么是电气“五防”？
3. KYN1B－12 型铠装移开式户内交流金属封闭开关柜有哪些“五防”功能？
4. 断路器发生什么情况时，需申请停电处理？
5. 二次回路的定义及其作用是什么？
6. 简述二次回路接线图的读图技巧。

单元二　低压配电屏的运行与维护

教学目标

* 了解低压配电屏的结构。
* 掌握低压屏的常见故障及故障处理方式。
* 掌握低压配电屏的日常维护。

重点

* 低压屏的常见故障及故障处理方式。
* 低压配电屏的日常维护。

难点

* 低压配电屏的故障原因分析。

一、低压配电屏的概述

(一) 概念

低压开关柜是按一定的接线方案将涉及低压开关电器成套组装的一种低压配电装配。在 1 000 V 以下的供电体系中作为动力和照明配电之用。它也有固定安装和抽出式安装两大类，如图 4－19 所示。

图 4－19　低压开关柜

低压配电柜的额定电流是交流 50 Hz，额定电压 380 V，主要用于照明及配电的电能转换及控制。该产品具有分断能力强，动热稳定性好，电气方案引灵活，组合方便，系列性、实用性强，结构新颖等特点。

（二）发展现状

低压成套开关设备和控制设备俗称低压开关柜，也称低压配电柜，它是指交、直流电压在 1 000 V 以下的成套电气装置。

我国低压配电柜市场随着智能电网、基础设施的建设实施、制造业的投资以及新能源行业的发展，一直保持快速增长的态势。

监测数据显示，2010 年，中国低压配电柜市场总体销售额为 106.33 亿元，同比增长 11.2%；2011 年，我国低压配电柜市场总体销售额达到 119.60 亿元，同比增长 12.5%。

在我国低压配电柜市场需求大好的环境下，行业内部竞争必将加剧，提供新一代的低压成套设备及系统解决方案的供应商在未来的市场竞争中将取得先机，企业产品只有具备足够特征才能在未来的竞争中，赢得一定的优势，从而抢占第四代低压电器产品的制高点。

（三）产品种类

1. GCS 柜

主架构采用 8MF 型开口型钢，型钢侧面分别有模数为 20 mm 和 100 mm 的直径 9.2 mm 的安装孔。

装置的各功能室相互隔离，其隔室分为功能单元室、母线室、电缆室。

水平主母线采用柜后平置式排列方式，以增强母线抗电动力的能力。

2. GCK 柜（MCC）

柜体基本结构是组合装配式结构。螺栓紧固连接，20 mm 为模数安装孔。

装置的个功能室相互隔离，GCK 柜的基本特点就是母线在柜体上部，其隔室分为功能单元室（柜前）、母线室（柜顶部）、电缆室（柜后）。也可靠墙安装，此时，柜体右边加宽 200 mm 作为电缆室，这样，和 MNS 柜的顶部母线样式差不多。

3. MNS 柜（MCC）

柜体基本结构是由 C 型型材装配组成。C 型型材是以 E = 25 mm 为模数安装孔的钢板弯制而成。

抽出式 MCC 柜内分为三个隔室，其隔室分为功能单元室、母线室、电缆室。由于水平母线隔室在后面，所以又可做成双面柜。

为了减少开关柜排列宽带而设计的后出线，开关柜的主母线水平安装在开关柜的顶部，柜的后半部为电缆室，这样，和 GCK 柜的母线样式差不多。

4. PGL 柜

PGL 型交流低压配电柜适用于发电厂、变电所、工矿企业等电力用户作为交流 50 Hz，额定工作电压 380 V，额定电流至 2 500 A 的配电系统中作为动力，照明及配电设备的电能转换、分配与控制之用。该产品分断能力高，额定短时耐受电流达 50 kA。

PGL 配电柜为户内安装，开启式双面维护的低压配电装置。配电柜的基本结构采用钢板及角钢焊接组合而成。柜前有门，柜面上方有仪表板，为可开启的小门，可装设指示仪表。并列拼装的柜，柜与柜间加有隔板，减少了由于单柜内因故障而扩大事故的可能。柜后骨架上方有主母线安装子绝缘框上，并设有母线防护罩，防止上方坠落金属物体造成主母线短路的恶性事故。中性母线装置在柜下方的绝缘子上，保护接地系统的主接地点焊接在骨架的下方，仪表门也有接地点与壳体互连。

PGL 型交流低压配电屏分为：低压计量柜、低压进线柜、电容补偿柜、市发电转换柜、母线联络柜、低压出线柜。

二、低压配电屏的运行与维护

(一) 低压开关柜运行一般要求

(1) 机械闭锁、电气闭锁应动作准确、可靠。

(2) 二次回路辅助开关动作准确，接触可靠。

(3) 装有电器的可开启门，以裸铜软线与接地的金属构架可靠地连接。

(4) 成套柜有供检修的接地装置。

(5) 低压开关柜统一编定编号，并标明负荷名称及容量，同时应与低压系统操作模拟图版上的编号对应一致。

(6) 低压开关柜上的仪表及信号指示灯、报警装置完好齐全、指示正确。

(7) 开关的操作手柄、按钮、锁键等操作部件所标志的“合”“分”“运行”“停止”等字，模拟图版上的编号与设备的实际运行状态相对应。

(8) 装有低压电源自投装置的开关柜，定期做投切试验，检验其动作的可靠性。

(9) 两个电源的联络装置处，应有明显的标志。当联锁条件不同时具备的时候，不能投切。

(10) 低压开关柜与自备发电设备的联锁装置动作可靠。严禁自备发电设备与电力网私自并联运行。

(11) 低压开关柜前后左右操作维护通道上铺设绝缘垫，同时严禁在通道上堆放其他物品。

(12) 低压开关柜前后的照明装置且齐备完好，事故照明投用正常。

(13) 低压开关柜设置与实际相符的操作模拟图板和系统接线图。其低压电器的备品、备件应齐全完好，并分类存放于取用方便的地方。同时应具备和携带式检测仪表。

(二) 低压开关柜的巡视检查

(1) 仪表信号、开关位置状态的指示应对应，三相负荷、三相电压指示正确。

(2) 整个装置的各部位有无异常响动或异味、焦煳味；装置和电器的表面是否清洁完整。

(3) 易受外力震动和多尘场所，应检查电气设备的保护罩、灭弧罩有无松动、是否清洁。

(4) 低压配电室的门窗是否完整，通风和室内温度、湿度，应满足电器设备的要求。

(5) 室内照明完好，备品备件是否满足运行维修的要求，安全用具及携带式仪表是否符合使用要求。

(6) 断路器、接触器的电磁线圈吸合是否正常，有无过大噪音或线圈过热。

(7) 异常天气或发生故障及过负荷运行时应加强检查、巡视。

(8) 设备发生故障后，重点检查熔断器及保护装置的动作情况，以及事故范围内的设备有无烧伤或毁坏情况，有无其他异常情况等。

(9) 低压配电装置的清扫检修一般每年不应少于两次。其内容除清扫和测试绝缘外，主要检查各部位连接点和接地点的紧固情况及电器元件有无破损或功能欠缺等，应妥善处理。

(10) 浪涌抑制器状态指示正常。

（三）安全操作注意事项

（1）操作低压设备时，必须站在绝缘垫上，穿绝缘鞋、戴棉纱手套、避免正向面对操作设备。

（2）自动空气开关跳闸或熔断器熔断时，应查明原因并排除故障后，再行恢复供电，不允许强行送电，必要时允许试送电一次。

（3）长时间停电后首次供电时，应供、停三次，以警示用户，若有触电者可迅速脱离电源。

（4）低压总柜的送电操作：

① 在变压器送电前，低压总柜控制面板上的指令开关应置于“停止”位置，次级分户开关和电容柜开关应处于断开位置。

② 低压总柜的操作：变压器送电后，检查低压总柜的电压表指示应在正常范围。按下操作面板上的绿色“启动”按钮，低压总柜将合闸送电。

③ 在紧急情况下，低压总柜合不上闸时，可用手按下万能式断路器的绿色“启动”按钮合闸供电。

（四）低压配电柜保养方法

低压配电柜的保养主要是确保低压配电柜的正常、安全运行。要对低压配电柜每年体检保养。以最少的停电时间完成检修，一般提前确定业主停电时间。

1．低压配电柜的保养的内容及步骤

（1）检修时应从变压器低压侧开始。配电柜断电后，清洁柜中灰尘，检查母线及引下线连接是否良好，接头点有无发热变色，检查电缆头、接线桩头是否牢固可靠，检查接地线有无锈蚀，接线桩头是否紧固。所有二次回路接线连接可靠，绝缘符合要求。

（2）检查抽屉式开关时，抽屉式开关柜在推入或拉出时应灵活，机械闭锁可靠。检查抽屉柜上的自动空气开关操作机构是否到位，接线螺丝是否紧固。清除接触器触头表面及四周的污物，检查接触器触头接触是否完好，如触头接触不良，可稍微修锉触头表面，如触头严重烧蚀（触头点磨损至原厚度的1/3）即应更换触头。电源指示仪表、指示灯完好。

（3）检修电容柜时，应先断开电容柜总开关，用10 mm^2 以上的一根导线逐个把电容器对地进行放电后，外观检查壳体良好，无渗漏油现象，若电容器外壳膨胀，应及时处理，更换放电装置、控制电路的接线螺丝及接地装置。合闸后进行指示部分及自动补偿部分的调试。

（4）受电柜及联络柜中的断路器检修：先断开所有负荷后，用手柄摇出断路器。重新紧固接线螺丝，检查刀口的弹力是否符合规定。灭弧栅有否破裂或损坏，手动调试机械联锁分合闸是否准确，检查触头接触是否良好，必要时修锉触头表面，检查内部弹簧、垫片、螺丝有无松动、变形和脱落。

2．变电柜的检修

（1）操作前应按下列步骤进行：逐个断开低压侧的负荷，断开高压侧的断路器，合上接地开关，并锁好高压开关柜，并在开关柜把手上挂上“禁止合闸，有人工作”的标志牌，然后用10 mm^2 以上导线短接母排并挂接地线，紧固母排螺丝。

（2）检修操作步骤：母排接触处重新擦净，并涂上电力复合脂，用新弹簧垫片螺丝加以紧固，检查母排间的绝缘子、间距连接处有无异常，检查电流、电压、互感器的二次绕组接线端子连接的可靠性。

（3）送电前的检查测试：拆除所有接地线、短接线，检查工作现场是否遗留工具，确定无误后，合上隔离开关，断开高压侧接地开关，合上运行变压器高压侧断路器，取下标志牌，向变压器送电，然后再合上低压侧受电柜的断路器，向母排送电，最后合上有关联络柜和各支路自动空气开关。

3. 注意事项

（1）检修过程中必须设专人监护。

（2）工作前必须验电。

（3）检修人员应对整个配电柜的电气机械联锁情况熟悉并操作。

（4）检修中应详细了解哪些线路是双线供电。

（5）检修母排时，应对线路中的残余电荷进行充分放电。

三、低压开关屏常见故障分析

低压开关屏常见故障及其分析如表4－3所示。

表4－3 低压开关屏常见故障及分析排除

故障现象	产生原因	排除方法
框架断路器不能合闸	（1）控制回路故障	（1）用万用表检查开路点
	（2）智能脱扣器动作后，面板上的红色按钮没有复位	（2）查明脱扣原因，排除故障后按下复位按钮
	（3）储能机构未储能或储能电路出现故障	（3）手动或电动储能，如不能储能，再用万用表逐级检查电机或开路点
	（4）抽出式开关是否摇到位	（4）将抽出式开关摇到位
	（5）电气连锁故障	（5）检查连锁线是否接入
	（6）合闸线圈坏	（6）用目测和万用表检查
塑壳断路器不能合闸	（1）机构脱扣后，没有复位	（1）查明脱扣原因并排出故障后复位
	（2）断路器带欠压线圈而进线端无电源	（2）使进线端带电，将手柄复位后，再合闸
	（3）操作机构没有压入	（3）将操作机构压入后再合闸
断路器经常跳闸	（1）断路器过载	（1）适当减小用电负荷
	（2）断路器过流参数设置偏小	（2）重新设置断路器参数值
断路器合闸就跳	出线回路有短路现象	切不可反复多次合闸，必须查明故障，排除后再合闸

续表

故障现象	产生原因	排除方法
接触器发响	（1）接触器受潮，铁芯表面锈蚀或产生污垢 （2）有杂物掉进接触器，阻碍机构正常动作 （3）操作电源电压不正常	（1）清除铁芯表面的锈或污垢 （2）清除杂物 （3）检查操作电源，恢复正常
不能就地控制操作	（1）控制回路有远控操作，而远控线未正确接入 （2）负载侧电流过大，使热元件动作 （3）热元件整定值设置偏小，使热元件动作	（1）正确接入远控操作线； （2）查明负载过电流原因，将热元件复位 （3）调整热元件整定值并复位
电容柜不能自动补偿	（1）控制回路无电源电压 （2）电流信号线未正确连接	（1）检查控制回路，恢复电源电压 （2）正确连接信号线
补偿器始终只显1.00	电流取样信号未送入补偿器	从电源进线总柜的电流互感器上取电流信号至控制仪的电流信号端子上
电网负荷是滞后状态（感性），补偿器却显示超前（容性），或者显示滞后，但投入电容器后功率因数值不是增大，反而减小	电流信号与电压信号相位不正确	（1）220 V 补偿器电流取样信号应与电压信号（电源）在同一相上取样 例：电压为 UAN = 220 V，电流就取 A 相；380 V 补偿器电流取样信号应在电压信号不同相上取得 例：电压为 UAC = 380 V 电流就取B 相 （2）如电流取样相序正确，那可将控制器上电流或电压其中一个的两个接线端互相调换位置即可
电网负荷是滞后，补偿器也显示滞后，但投入电容器后功率因数值不变，其值只随负荷变化而变化	投切电容器产生的电流没有经过电流取样互感器	使电容器的供电主电路取至进线主柜电流互感器的下端，保证电容器的电流经过电流取样互感器

四、低压配电屏故障处理

通常情况下，带有低压负荷的室内配电场被称之为配电房，主要负责配送电能给低压用户，一般设有中压进线（可有少量出线）、配电变压器以及低压配电装置。低压配电房通常是指 10 kV 或是 35 kV 站用变出线的 400 V 配电房。低压配电房主要负责元件的控制：空开、保险、指示灯、智能表，一旦低压配电房出现故障，要及时进行分析与维修，排除故障，恢复供电正常。

（一）低压配电房故障

1. 人为

一些操作人员在低压操作当中，对于出现的故障并没有仔细地分析主要原因，没有对设备的运行状态进行细致的观察，同时在一些操作上存在失误，容易出现各种故障，导致事故的发生。具体情况是：当负荷开关出现操作失灵时，将其错误地判定为开关的故障，对开关的额定电流没有进行细致的观察，只是进行了负荷开关的简单更换；在低压进线电源的开关操作上出现了低压联络开关导致跳闸；负荷开关在过流跳闸之后没有能够实现有效的恢复；在负荷开关的面板没有进行正常的操作下，产生了大面积的断电现象。

2. 设备

低压配电房内的设备由于长期的工作和运转，导致机械出现故障的部件及时进行更换或维修。此外，低压配电房工作时要针对高负荷用电的情况，对电流的额定值进行调整，并定期开展测负荷、测温，防患于未然。

（二）低压配电房线路的常见故障与维修

1. 短路

在所有的显露故障中，短路最常见，也具有最大的危害性，因为短路会引起其他的电路故障出现。绝缘破坏：在电路当中各个电位导体互相绝缘。一旦破坏了这种绝缘性，各个导体之间就会出现短路的故障。温度过高、外力破坏、过强的电场都容易导致绝缘材料的性质产生改变，而污染过多以及温度过高也会导致材料的绝缘能力下降，进而导致绝缘性受到破坏，产生短路故障。导线相连接：两条导线拥有不等的电位，二者之间的短接，容易造成短路的故障。维修方法：当出现短路故障时，要及时将供电电源切断，进而有效减少短路故障所带来的巨大损害。导线的绝缘材料通常情况下具备耐热的特性，短路保护电器通常情况下是使用低压熔断器。低压熔断器内的熔体是一种导体。它所起到的保护功效主要依赖于其发热的特性，同时具备反时限。低压熔断器的保护特性同导线绝缘材料耐热特性非常接近，因此能够有效地进行短路保护。一旦低压房内线路产生短路故障，低压熔断器能够及时熔断，并将供电电源切断。一旦低压配电房的线路产生短路故障，而绝缘材料没有达到允许的温度之前，低压熔断器熔断，并将供电电源切断。这种情况下，允许短路电流持续时间在 0.1 ~ 5 s 之间。

2. 断线

断线故障主要指零线以及相线所产生的断线故障，零线断线升高了线路的末端某两相电压，所以会烧毁同其进行连接的设备。相线断线将导致用电设备不能正常进行工作。断路也是低压配电房中比较常见的一种故障现象，其基本表现形式就是回路不通。在一些情形下，断路还容易产生过电压，断路点所出现的电弧容易引发爆炸以及火灾事故。

回路不通，装置难以正常工作：电路需要组成闭合的回路才可以实现正常的工作。一旦电路当中出现了某一个回路的断路现象，就会导致电气装置在部分功能上的丢失。

电路断线：在一些时断时通的断路点上，其断路的一瞬间经常会出现高温与电弧，这种情况下极有可能产生火灾现象。而弱电线路当中的高温与电弧都容易将断路点周边的元件损坏或是导致其性能下降，进而出现各种电气故障，影响低压配电房的正常工作。

断零和断相故障的分析与维修：为了避免产生并不断减少断零损害用电设备的事故，在设计、安装、检测以及维护当中，应当重点从以下几个方面进行维修。

（1）要充分考虑增加零线的机械强度，在满足允许绝缘性能、载流量的基础之上，合理的增大零线的截面。

（2）零线在其接头以及接线端子等多个连接部分，在最高许可的温度范围之内，需要可靠牢固，实现良好的接触。

（3）严格禁止在零线上串接熔断器，从而避免由于过电流导致熔断器熔断而产生“断零”的故障。

对于在“断相”线路上连接的单相负载，比如彩电、照明灯具等一些家用电器会马上停止工作，等“断相”线路得到修复之后恢复供电，单相的用电设备会重新开始工作，并不受到任何的损害。可是就三相异步电动机而言，不管是转子回路抑或是定子回路，出现“断相”故障之后，就会造成缺相运行，在输出功率上显著降低。假如原来机械负载保持其机械功率不变，那么电动机就容易减速，加大转差率，导致电动机明显增加了其负载电流。如果这种情况长时间持续运行下去，必然会出现过热或异常高温的情况，导致绝缘性能失去功效，致使电动机出现绕组短路现象，导致电动机最终损坏。

思考题

1. 低压配电屏有什么作用？
2. 低压配电屏常见的故障有哪些？
3. 件数低压配电屏日常维护要做到哪些？
4. 低压配电屏接触器发响什么原因引起的？应该怎么处理？

单元一 电气主接线的运行方式

教学目标

* 掌握对电气主接线的基本要求。
* 掌握电气主接线的运行方式及运行特点。
* 能够进行电气主接线方案的拟订。

重点

* 电气主接线的运行方式及运行特点。

难点

* 电气主接线的运行方式及运行特点。

发电厂和变电所中的一次设备（发电机、变压器、母线、断路器、隔离开关、线路等），按照一定规律连接、绘制成而成的电路，称为电气主接线，也称电气一次接线或一次系统。电气主接线方式的选择，是为了满足功率传送需求，并对安全、经济、可靠、灵活的输送电能起着决定性作用。

针对某电厂（或变电站）而言，电气主接线在电厂初始设计时就已经根据装机容量、电厂规模、供电距离的长短以及电厂在电力系统中的低位等方面综合考虑，同时要保证输、供电可靠性、运行灵活性、经济性、发展和扩建的可能性等。

电气主接线一般以电气主接线图的形式表现，电气主接线图则是用规定的图形和文字符号，按“正常状态”将电气主接线中的电气设备表示出来，并连接、绘制而成的电路。所谓“正常状态”就是电气设备处于无电及无任何外力作用的状态。

绘制电气主接线图时，一般绘成单线图，并采用标准的图形、文字符号绘制。如表5-1所示。

表5-1　常用电气设备的图形符号、文字符号一览表

序号	设备名称	图形符号	文字符号	序号	设备名称	图形符号	文字符号
1	交流发电机		G	14	断路器		Q或QF
2	直流发电机		G	15	负荷开关		Q
3	交流电动机		M或MS	16	隔离开关		Q或QS
4	直流电动机		M或MD	17	隔离插头或插座		Q或QS
5	双绕组变压器		T或TM	18	接触器		K或KM
6	三绕组变压器		T或TM	19	熔断器		FU
7	自耦变压器		T或TM	20	跌落式熔断器		FU
8	电压互感器		TV或PT	21	母线		WB
9	电流互感器		TA或CT	22	电缆终端头		W
10	电容器		C	23	可调电容器		C
11	电抗器		L	24	蓄电池		E
12	避雷器		F	25	火花间隙		F
13	接地		PE	26	保护接地		PE

一、电气主接线的基本要求

（一）可靠性

可靠性，即在规定条件和规定时间内保证不中止供电的能力。也可理解为供电的连续性。分析和评估主接线可靠性通常从以下几方面综合考虑。

1. 发电厂或变电所在电力系统中的低位和作用

发电厂和变电所都是电力系统的重要组成部分，其可靠性应与在系统中的低位和作用一致。

（1）大型发电厂或变电所因其供电容量大、范围广、地位重要，应采用可靠性高的主接线形式，反之，应采用可靠性低的主接线形式。

（2）发电厂或变电所接入电力系统的方式。这里的接入系统方式指其与电力系统的连接方式。例如，中小型发电厂靠近负荷中心，只是把容量不大的剩余功率输送给系统，故一般采用单回路弱联系方式；大型发电厂一般远离负荷中心，发出的功率几乎全部输送给系统，故一般采用双回路或环网等强联系方式。如图 5 - 1 所示。

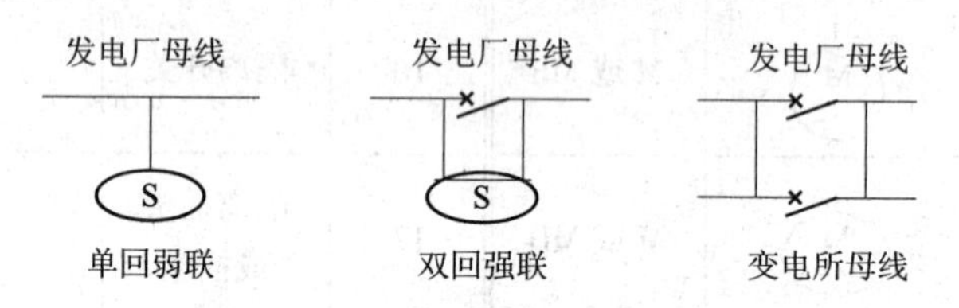

图 5 - 1　发电厂电力系统接入方式

2. 负荷的性质

根据 GB 50052—2009《供配电系统设计规范》规定，将电力负荷按其性质及中断供电在政治、经济上造成的损失或影响的程度划分为三级。

1）一级负荷

一级负荷为中断供电将造成人身伤亡者；中断供电将在政治上、经济上造成重大损失者；中断供电将影响有重大政治、经济影响的用电单位的正常工作的负荷。

同时，国标规定一级负荷应有两个独立电源供电，保证当一个电源发生故障时，另一个电源不应同时受到损坏。对于一级负荷中的特别重要的负荷，除由两个独立电源供电外，还应增设应急电源。

2）二级负荷

二级负荷为中断供电将在政治上、经济上造成较大损失者；中断供电将影响重要用电单位正常工作的负荷者；中断供电将造成大型影剧院、大型商场等较多人员集中的重要公共场所秩序混乱者。

二级负荷应由双回路供电，供电变压器亦应有两台。做到当变压器发生故障或电力线路发生常见故障时，不致中断供电或中断后能迅速恢复。

3）三级负荷

三级负荷对于供电电源没有特殊要求，一般由单回电力线路供电。

3. 设备制造水平

（1）主接线中一、二次电气设备的制造水平的可靠性决定主接线的可靠性。

（2）主接线形式越复杂，即构成主接线的设备越多，将很有可能降低主接线的可靠性。

4. 运行管理水平

运行管理水平和运行人员的职业素质也将影响主接线的可靠性。在实际运行中，运行人员对经验的积累是提高可靠性的重要条件，运行实践是衡量可靠性的客观标准。

一般分析和衡量主接线可靠性的基本标准有：

（1）断路器检修时，能否不影响供电。

（2）断路器、线路或母线故障及母线侧隔离开关检修时，停运的出线回路数和停电时间的长短。

（3）某一故障造成发电厂或变电所全部停电的可能性。

（4）大型发电机组突然停运时，对电力系统稳定性的影响及造成的后果。

（二）灵活性

（1）操作的方便性。

（2）调度的方便性。主接线能适应系统或本厂所的各种运行方式。

（3）扩建的方便性。具有初期→终期→扩建的灵活方便性。

（三）经济性

（1）投资越省越好。使用的设备少且价格便宜，即接线简单且选用轻型断路器。

（2）占地面积越小越好。

（3）电能损失尽量的少。合理选择变压器的容量和台数。

选择和分析电气主接线方式时，应根据供电质量、可靠性、灵活性、经济性四个方面综合考虑，同时要正确处理可靠性和经济性的矛盾，一般在满足可靠性的前提条件下，再来提高主接线的经济性。

二、电气主接线的基本形式

电气主接线形式大致可以分为有母线、无母线两大类。详细分类如下。

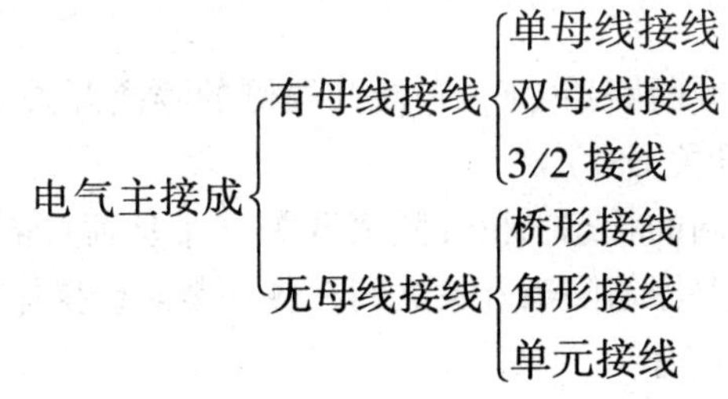

（一）有母线接线方式

1. 单母线接线

母线也可称为汇流排，起汇集、分配电能的作用。单母线接线是指只采用一组母线的接线。其构成特点为：一组母线；每一回路均装有一台断路器和一个隔离开关。具体可分为下列几种。

1）单母线不分段接线

单母不分段接线如图 5－2 所示。

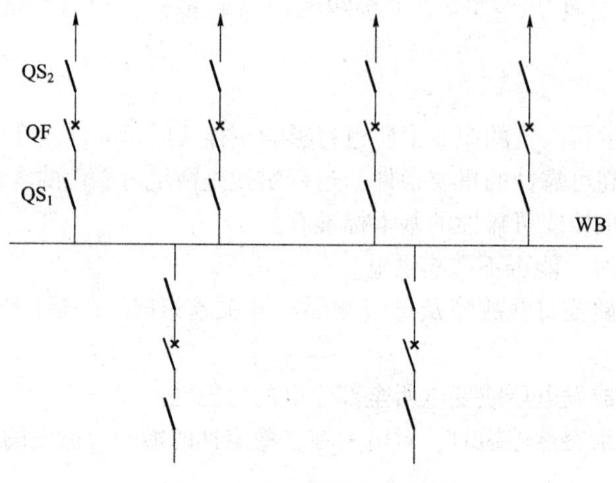

图 5-2 单母线不分段接线

（1）构成：一条母线 WB；每一回路均只装一台断路器 QF 和一个隔离开关 QS；单母线不引出回路与电源回路之间用母线 WB 连接。

其中，断路器用于在正常或故障情况下接通与断开电路，作为操作电器和保护电器。断路器两侧装有隔离开关，用于停电检修电路时，作为隔离电器；靠近母线侧的隔离开关称为母线侧隔离开关，如图中的 QS_1；靠近引出线的隔离开关称为线路侧隔离开关，如图中的 QS_2。

在电源回路中，若断路器断开之后，电源不可能再向外输送电能时，断路器与电源之间可以不装设隔离开关，如发电机出线回路。若线路对侧无电源，则线路侧隔离开关可以省略。

（2）操作顺序。

断路器和隔离开关的操作原则：送电时先合电源侧隔离开关，后合负荷侧隔离开关，最后合断路器。停电反之。

对某一支路送电时，先合母线侧隔离开关 QS_1，再合线路侧隔离开关 QS_2，最后合断路器 QF。

切断某一支路时，先断开断路器 QF，再断开两侧的隔离开关（先断开线路侧隔离开关 QS_2，然后断开母线侧隔离开关 QS_1）。

不允许在断路器处于合闸的状态下拉开隔离开关（带负荷拉隔离开关），否则将引起严重的短路事故。为此，在断路器与隔离开关之间，应加装防误操作的电气或机械闭锁装置。

按照以上顺序操作的优点有：

① 线路停电时，如果在断路器未断开的情况下，发生线路隔离开关（图 5-2 中的 QS_2）带负荷拉闸将发生电弧短路，此时继电保护装置可以将断路器 QF 断开，切除故障点，把故障限值在该回路间隔中，对其他回路设备（特别是母线）运行影响较小。

② 线路送电时，只可能在 QS_2 处发生隔离开关带负荷合闸，这样也可能产生电弧短路，同样，继电保护装置可以将断路器 QF 自动断开，切除故障点，对其他回路设备（特别是母线）运行影响较小。

（3）优缺点。

优点：简单清晰、设备少、投资少、运行操作方便，利于扩建。

缺点：可靠性和灵活性较差。

① 在母线和母线侧隔离开关检修或故障时，各支路都必须停止工作（即：全站停电）。

② 出线的断路器检修时，该支路需停止供电。

2）单母线分段接线

针对单母线不分段接线的缺点，当出线数目较多时，为提高供电可靠性，可采用单母线分段接线，如图 5－3 所示。

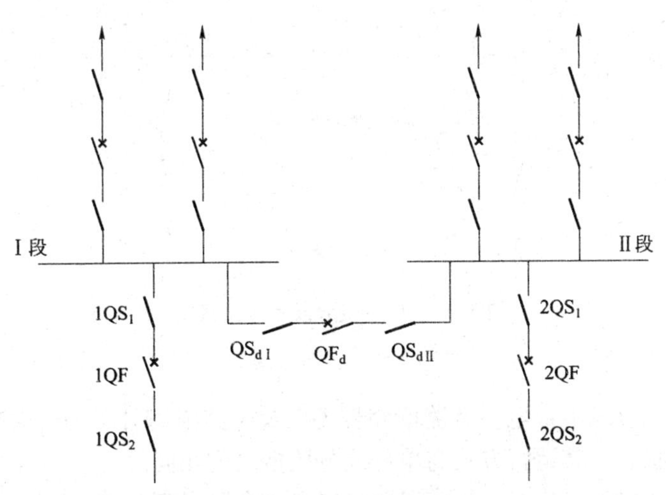

图 5－3 单母线分段接线

（1）构成：用断路器将母线分段，成为单母线分段接线。

（2）运行方式：

① 分段断路器 QF_d闭合运行。正常运行时 QF_d闭合，两个电源分别接在两段母线上，平均分配两段母线上的负荷，使两段母线电压均衡。当任一段母线故障时，继电保护装置动作跳开分段断路器 QF_d和接至该母线段上的电源断路器，另一端则继续供电。

② 分段断路器 QF_d断开运行。正常运行时 QF_d断开，各电源只向接至本段母线上的出线供电，两段母线上的电压可以不相同。当任一电源故障时，备自投装置自动合上 QF_d，保证全部出线继续供电。其优点是可以限制短路电流（用分段断路器处串联电抗器的方法限值相邻段供给的短路电流）。

（3）优缺点：

① 在母线和母线隔离开关检修或发生短路故障时，只有该母线段上的各支路必须停电。

② 出线的断路器检修时，该支路需停止供电。

可以看出，单母线分段接线相比于单母线不分段接线，其弥补了“母线和母线侧隔离开关检修或故障时，各支路都必须停止工作”这一缺点。但没有克服“出线断路器检修时，该支路必须停电”这一缺点，为此可以采用增设旁路母线的办法。

3）单母分段带旁路母线接线

（1）构成：工作母线外增设一组旁路母线 WBa，旁路母线通过旁路断路器 QF_P与母线连接。每一出线回路在线路侧隔离开关的线路侧与旁路母线通过旁路隔离开关 QS_P连接。如图 5－4 所示。

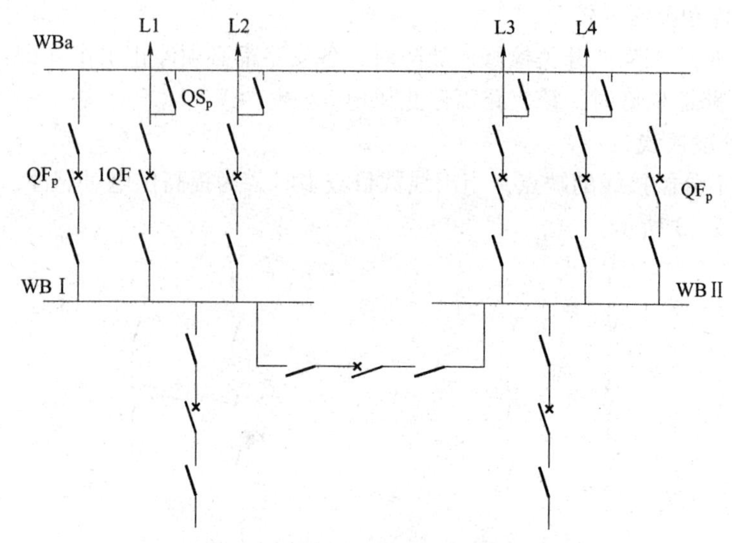

图 5-4　单母线分段带旁路接线

（2）运行方式。

正常运行时旁路母线不带电，旁路断路器 QF_P及旁路隔离开关 QS_P均断开，QF_P两侧的隔离开关处于合闸状态，其运行方式与单母线分段接线的相同。

当任一回路断路器需要检修时，该回路可以通过旁路隔离开关 QS_P接至旁路母线、经过旁路断路器 QF_P从工作母线回路取得电源。

例如，当线路 L1 的出线断路器 1QF 需要检修时，首先投入 QF_P向旁路母线充电，检查旁路母线 WBa 充电良好，再利用“等电位合闸”原理投入该回路的旁路隔离开关 QS_P，而后断开 1QF 及两侧隔离开关，即可进行断路器 1QF 的检修工作。检修完 1QF 后的恢复送电操作过程与上述过程相反。

（3）优缺点。

主要体现在：引出线回路的断路器检修时，该支路不需要停止供电。

其他优缺点类似于单母线分段接线。

2. 双母线接线

1）双母线接线

（1）构成：如图 5-5 所示，它具有母线Ⅰ、母线Ⅱ两组母线。每回线路都经过一台断路器和两组隔离开关分别接至两组母线，母线之间通过母线联络断路器（简称母联）QF_j连接，称为双母线接线。

（2）运行方式：

① 母联断路器断开（热备用状态），两组母线各自处于运行或备用状态。

② 母联断路器闭合，进出线适当分配到两组母线上，两组母线同时并列运行。

③ 双母线接线的倒母线操作。

操作前状态：Ⅰ母运行，Ⅱ母备用，所有进出线回路运行状态且接在Ⅰ母上。

操作任务：Ⅰ母运行转冷备用，所有负荷倒至Ⅱ母。

操作：如图 5-5 所示，先闭合母联断路器 QF_j两侧的隔离开关 QS_{j1}、QS_{j2}，然后，母联

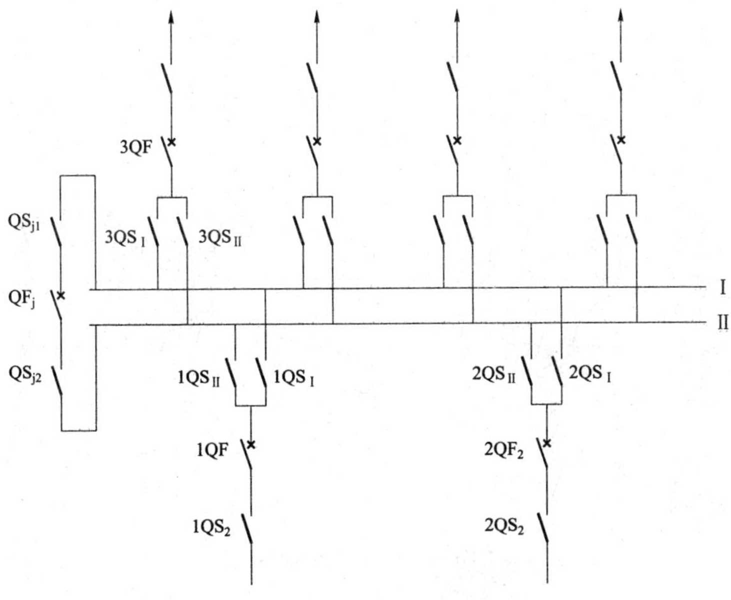

图 5-5　双母线接线

断路器 QF_j 向备用母线Ⅱ母充电；检查备用母线Ⅱ母带电后一切正常，下一步则先接通（一条或全部）回路接于备用母线Ⅱ母侧的隔离开关，然后断开该（条或全部）回路接于工作母线Ⅰ母上的隔离开关，这就是所谓的“先通后断”的原则；待全部回路操作完成后，断开母联断路器 QF_j 及其两侧的隔离开关（注意断路器和隔离开关的操作原则）。

④ 优缺点。

a. 检修任一组母线时，可以把全部电源和负荷线路切换到另一组母线，不影响用户的正常供电。

b. 检修任一母线隔离开关时，只影响本支路供电。

c. 工作母线发生故障后，所有支路能迅速恢复供电。

d. 可利用母联断路替代引出线断路器工作。

e. 双母线接线的设备较多，配电装置复杂，易误操作。

为了减小任一母线故障情况下的停电范围，保证供电可靠性，常在此接线方式的基础上将Ⅰ母、Ⅱ母分段或两条母线同时分段，构成双母分段接线形式。下面对单一母线的分段作出说明。

2）双母线分段接线

（1）构成：如图 5-6 所示，它具有母线Ⅰ、母线Ⅱ两组母线。用分段断路器 QF_d 把工作母线Ⅰ分成 I_A、I_B 两段，每段分别用母联断路器 QF_{j1} 和 QF_{j2} 与母线Ⅱ相连。

（2）运行方式。

正常情况下，Ⅰ母、Ⅱ母可以分段或并列运行。当Ⅰ母工作，Ⅱ母备用时，它具有单母分段接线的特点。Ⅰ母的任一分段检修时，可以将该段母线所连接的支路倒至备用母线上运行，这样仍能保持单母线分段运行的特点。在此接线方式中，也可以在分段断路器 QF_d 处串接电抗器 L，使得任一分段回路（I_A 或 I_B 段）故障时，用电抗器 L 来限值相邻段（I_B 或 I_A 段）供给的短路电流。

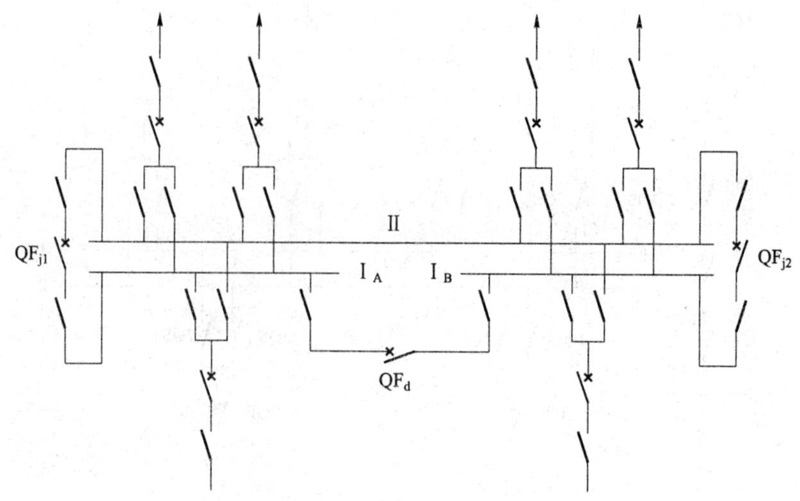

图 5－6　双母线分段接线

（3）优缺点。

双母线分段接线比一般双母线接线具有更高的供电可靠性和灵活性。但由于断路器较多，投资大，所以一般在进出线回路数较多（如多于 8 回线路）时才考虑采用这种接线。

在此接线基础上，为了保证检修某一出线断路器时，不至于使本支路停电，常在此接线基础上加装旁路母线，构成双母分段带旁母接线形式。

3）双母线分段带旁母接线

带旁路母线的双母线接线，如图 5－7 所示。在工作母线外增设一组旁路母线，旁路母线通过旁路断路器 QF_{P1} 和 QF_{P2} 与母线连接。每一出线回路在线路侧隔离开关的线路侧与旁路母线通过旁路隔离开关 QS_{14}、QS_{24} 连接。

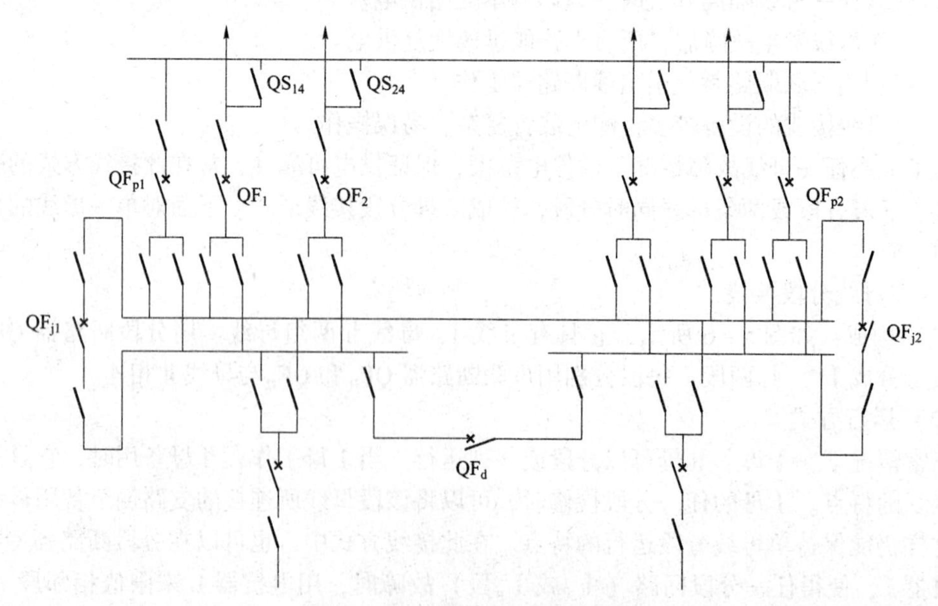

图 5－7　双母线分段带旁路接线

要检修某一出线断路器时，基本操作步骤是：先合旁路断路器两侧的隔离开关（双母线侧只合一个），再合旁路断路器 QF_{P1}（或 QF_{P2}）对旁路母线进行充电；若旁路母线充电正常，则待检修的断路器所在回路上的旁路隔离开关（例如 QS_{14}、QS_{24}）两侧已是等电位点，此时可合该旁路隔离开关。而后断开待检修断路器及其两侧隔离开关，对此断路器进行检修工作。那么此时该回路的工作状态为通过旁路断路器、旁路母线及相关旁路隔离开关向出线送电。

实际生产中，也可采用母联断路器兼作旁路断路器的接线，以降低投资和运行成本。

上述三种双母线接线方式因其具有检修方便、供电可靠、调度灵活及便于扩建等优点，在我国大中型电厂和变电所中被广泛采用。但从防误操作的角度考虑，可以发现此种接线方式“运行中隔离开关作为操作电器，较易发生误操作”，再者，当母线发生故障时，需要短时切除较多的电源和线路，这对特别重要的大型发电厂、变电所是不允许的。所以此种接线方式只适用于 350 MW 以下的机组，而 600 MW 及以上容量的机组一般选用 500 kV 出线。

3. 3/2 断路器接线

（1）构成：一台半断路器接线如图 5－8 所示。有两组母线，在Ⅰ、Ⅱ两组母线之间由 3 个断路器构成一“串”，给 2 个（进线或出线）回路使用，每个回路占用 3/2 个断路器。这样每回进出线回路都与两台断路器相连，而同一“串”的两条进出线共用三台断路器。如此，称为 3/2 断路器接线，又称一台半断路器接线。

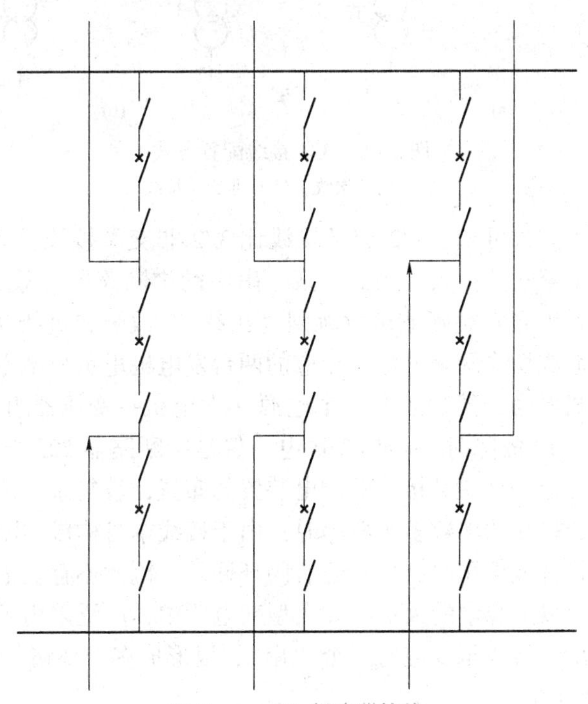

图 5－8　3/2 断路器接线

（2）运行方式及特点。

同一串的三个断路器和两个回路都投入运行，称为“完整串”运行。

若一串中任何一台断路器退出或检修时，称为“非完整串”运行。

正常运行时，各串及出线构成了多环路状供电，具有很高的可靠性。其特点是，任意一组母线故障或检修，均不影响各回路供电；任一断路器故障或检修也不引起停电，甚至于两组母线同时故障（或一组母线检修另一组母线故障）的极端情况下，功率仍能继续传送。

相比于双母线接线方式，3/2断路器接线中的隔离开关只起隔离电压的作用，避免用隔离开关进行倒闸操作。当任意一台断路器或母线检修时，只需拉开对应的断路器及隔离开关，避免了用隔离开关分合等电位点。

一般新建电厂中，由于只有两台发电机组和两回出线，采用3/2接线只能构成两串。在此情况下，进线和出线接入3/2接线中的接入点便有了两种方式：一种是交叉接线，如图5-9（a）所示，将同名回路（指两台变压器或两回出线回路）分别布置在不同串上，并且将同名回路交替接入不同侧母线；另一种是非交叉接线，如图5-9（b）所示，将同名元件分别布置在不同串上，但所有同名元件都靠近某一侧母线（两台变压器进线都靠近一组母线，出线都靠近另一组母线）。

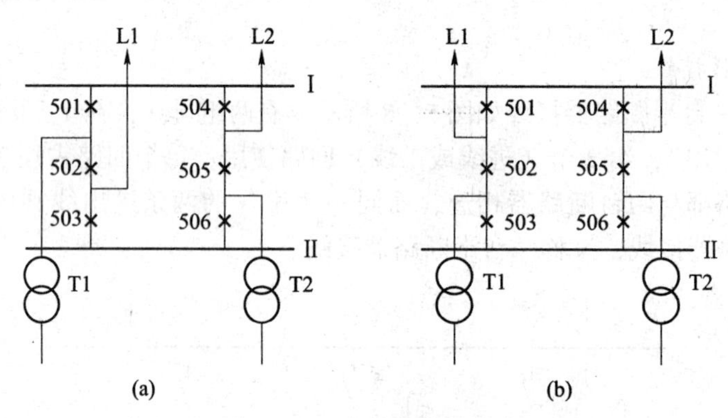

图5-9　3/2接线配置方式

（a）交叉接线；（b）非交叉接线

分析以上两种配置方式可知，3/2交叉接线比3/2非交叉接线具有更高的运行可靠性，可减少特殊运行方式下事故的扩大。例如，某一串中的中断路器（设502）在检修或停用，当另一串的中断路器发生异常跳闸或事故跳闸（出线L2故障或进线T2回路故障）时，对于非交叉接线方式将造成切除两个电源，相应的两台发电机甩负荷至零，电厂与系统完全解列；而对交叉接线方式而言，至少还有一个电源（发电机—变压器组）可向系统送电，L2故障时T2向L1送电，T2故障时T1向L2送电，仅是中断路器505异常跳开时也不破坏两台发电机向系统送电。但是，交叉接线的配电装置的布置比较复杂，需增加一个间隔。

应当指出，当3/2接线的串数多于两串时，由于接线本身构成的闭环回路不止一个，某一个串中的中断路器检修或停用时，仍然还有闭环回路，因此不存在上述差异。

近几年600 MW及以上容量的大机组和大型变电所中，广泛采用了3/2接线。同时，为使3/2接线优点更突出，接线至少应有三个“串”，以形成多个环路，使可靠性更高。

（二）无母线接线方式

1．桥形接线

当只有两台变压器和两条输电线路时，采用桥形接线使用的断路器最少，如图5-10所示。桥形接线仅用三台断路器，正常运行中三台断路器均闭合。同时，根据连接桥对于变压器的位置可分为内桥和外桥两种接线。

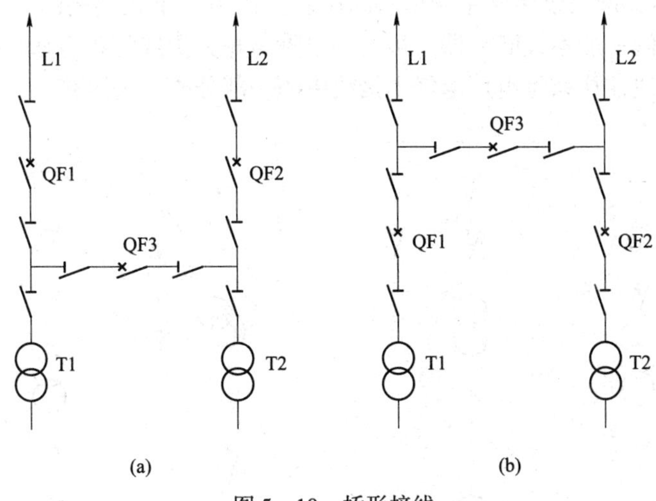

图 5－10　桥形接线

（a）内桥；（b）外桥

1）内桥接线

内桥接线如图 5－10（a）所示，桥回路置于两台出线断路器内侧（靠变压器侧），线路经过断路器和隔离开关接至桥接点，构成独立单元；而变压器支路只经隔离开关与桥接点相连，是非独立单元。其特点可以总结为“内桥内不便”，即：

（1）正常运行时变压器操作复杂。如变压器 T1 检修或发生故障时，需断开断路器 QF1、QF3，使出线 L1 供电受到影响。若需恢复 L1 供电，则需拉开变压器 T1 出口隔离开关后，再合上 QF1、QF3。因此将造成该线路的短时停电。

（2）线路操作方便。如任一线路故障，仅故障线路的断路器跳闸，两台变压器和另一条出线仍能正常工作。

综上所述，内桥接线适用于两回进线、两回出线，同时线路较长、故障可能性较大和变压器不需要经常切换运行方式的发电厂和变电所中。

2）外桥接线

外桥接线如图 5－10（b）所示，桥回路置于两台出线断路器外侧（远离变压器侧），变压器经过断路器和隔离开关接至桥接点，构成独立单元；而线路支路只经隔离开关与桥接点相连，是非独立单元。其特点可以总结为“外桥外不便”，即：

（1）出线回路投入或切除时，操作复杂。如线路检修或故障时，需断开两台断路器，此时该侧变压器便需停止运行。若需恢复变压器运行，则需进行一系列倒闸操作，但该变压器必然会短时停电。

（2）变压器操作方便。如变压器发生故障时，仅故障变压器支路的断路器自动跳闸，其余支路可继续工作，这刚好与内桥接线相反。

2．单元接线

单元接线是将不同性质的电力元件（如发电机、变压器、线路等）串联形成一个单元，然后与其他单元并列。单元接线有以下几种形式。

1）发电机—变压器组单元接线

发电机出口，直接经变压器接入高压系统的接线，称为发电机—变压器组单元接线，如

图5－11（a）所示，断路器装于主变压器高压侧，作为该单元共同的操作和保护电器，在发电机和变压器之间一般不设断路器，可装一组隔离开关供试验和检修时隔离之用。实际工作中，这种单元接线往往只是电厂电气主接线中的一部分或一条回路。

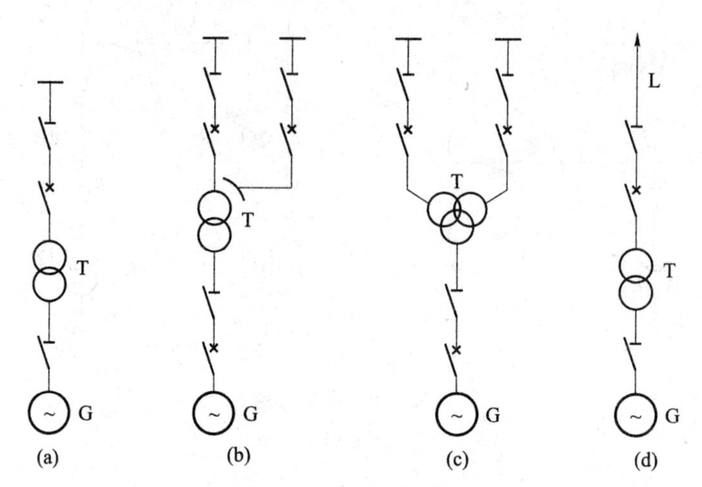

图5－11　单元接线

（a）发电机—双绕组变压器单元；（b）发电机—三绕组自耦变压器单元；
（c）发电机—三绕组变压器单元；（d）发电机—变压器线路单元

对于发电机出口是否装设断路器的问题，各厂应根据自身情况酌情选择。目前我国及许多国家的大容量机组（特别是300 MW以上的机组）的单元接线中，发电机出口一般不装设断路器，其理由是：大电流大容量断路器投资较大，而且在发电机出口至主变压器和厂用变压器之间采用封闭母线后，此段线路范围内的相间故障可能性亦已降低。甚至在发电机出口也不装隔离开关。

近几年随着发电机出口断路器（以下简称GCB）制造技术的迅速发展，包括神皖安庆电厂在内的一批新投产的大容量机组已广泛采用了GCB。其优点体现在三个方面。

（1）经济性优势。

根据《火力发电厂厂用电设计技术规定》（DL/T 5153—2002）4.5.3条中规定："容量为600 MW的机组……当发电机出口装有断路器或负荷开关时，4台及以下机组可设置一台高压厂用备用或启动/备用变压器，其容量可为1台高压厂用工作变压器的60%～100%……"。因此，在此设计中，一期#1机、#2机组和后期即将开建的#3机、#4机共用一台容量为事故停机/备用变压器（60%高厂变容量），这将无形中减少了一台启动/备用变压器的投资。具体经济性数据可参考2015年第19期《内蒙古科技与经济》期刊中卫翔等发表的《660 MW机组装设GCB的优势分析》一文。

（2）简化电厂厂用电系统操作。

在发电机组正常启动、停止时，不需要切换厂用电，运行人员只需操作发电机出口断路器，这便简化了操作，从根源上防止了误操作的发生；带有GCB的机组在做发电机的空载试验、短路试验、通流试验时，可以选择跳开GCB，方便了试验和调试。

（3）当厂用变压器与机组启动/备用变压器之间的电气功角δ相差较大（一般δ>15°）时，机组装设GCB的优势尤其明显。

2）扩大单元接线

采用多台发电机与一台变压器组成单元的接线称为扩大单元接线，如图 5－12 所示。在这种接线中，为了适应机组启停需要，每一台发电机出口都要装设断路器和隔离开关，以保证停机检修的安全。装设发电机出口断路器的目的是使各发电机可以分别投入或当任一台发电机需要停止运行或发生故障时，可以操作该断路器，而不影响另一台发电机与变压器的正常运行。

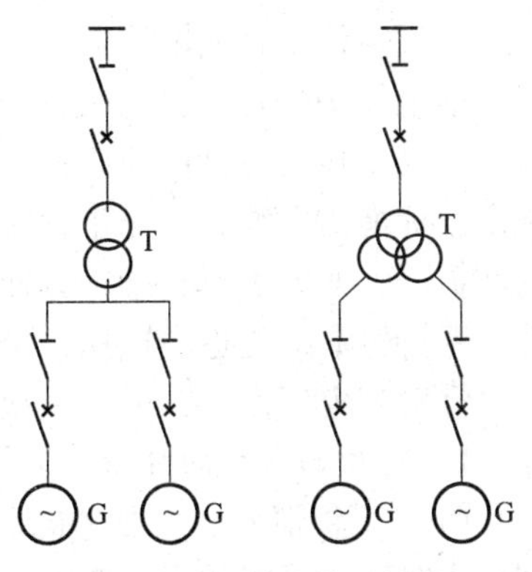

图 5－12　扩大单元接线

3. 角形接线

角形接线中各断路器经隔离开关互相连接，形成一个闭合的环形电路，且每角均有进、出线。如图 5－13 所示，（a）图为三角形接线图，（b）图为四角形接线图。

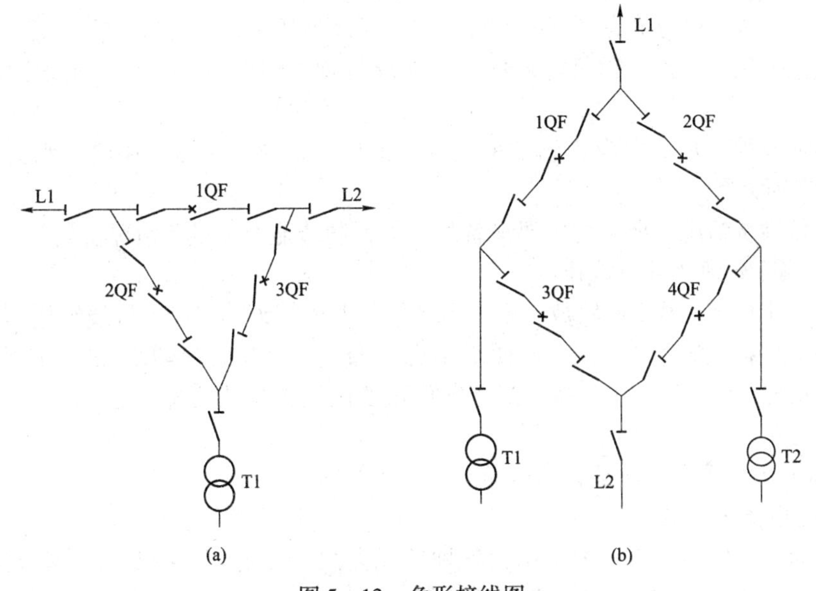

图 5－13　角形接线图

（a）三角形接线；（b）四角形接线

角形接线的特点有：

（1）正常运行时，所有断路器均闭合，任一进出线回路发生故障，仅断开与该支路相连的断路器，其余支路不受影响。

（2）每个回路均位于两台断路器之间，检修任一断路器都不会造成回路停电。

（3）所有隔离开关只作为隔离电器之用，不作为操作电器用，可以减小误操作的可能，同时容易实现设备自动化控制。

（4）在某一断路器故障或检修情况下，角形接线为开环运行，若此时再有某一设备故障，则可能引起大范围的停电。

（5）由于开、闭环运行时流过断路器的电流大小不同，这将给设备的选择和继电保护整定带来一定的困难。

（6）此接线方式不便于后期的扩建。

三、电气主接线方案的拟订

电气主接线是发电厂或变电站电气部分的主体，直接影响运行的可靠性、对配电装置布置、继电保护配置、自动装置及控制方式的拟定都有决定性的关系。

电气主接线设计的原则是：以设计任务书为依据，以国家经济建设的方针、政策、技术规定、标准为准绳，结合工程实际情况，在保证供电可靠性、调度灵活、满足各项技术要求的前提下，兼顾运行、维护方便，尽可能节省投资，就近取材，力争设备元件和设计的先进性，坚持可靠、先进、适用、经济、美观的原则。

针对某电厂而言，电气主接线的设计思路简单分以下几步。

1. 对原始资料的分析

（1）工程情况。主要考虑发电机类型和设计容量、发电机单机容量及台数、最大负荷利用小时数、可能的运行方式等。

（2）电力系统情况。主要考虑电力系统近远期规划、发电厂或变电所在电力系统中的位置和作用、本期工程与电力系统的连接方式及各级电压中性点的接地方式等。

（3）负荷情况。主要考虑负荷的性质、地理位置、输电电压等级、出线回路数、输送容量等。

（4）环境条件方面。要考虑当地的气温、湿度、覆冰、污秽、风向、水文、地质、海拔高度及地震因素等。

（5）设备供货情况。要考虑主要设备的性能、制造能力、供货情况价格等。

2. 主接线方案的比较与选择

首先根据对电源、出线回路数、变压器台数、电压等级、容量、母线结构等的考虑，拟定若干主接线方案，然后先淘汰一些明显不合理的方案，最终保留 2 ~ 3 个技术上相当的、满足要求的方案，再进行经济比较。对于地位重要的发电厂或变电站还要进行可靠性比较，最终确定最佳方案。

3. 短路电流计算和电气设备的选择

计算短路电流的目的在于：

（1）选择电气主接线时，为了比较各种接线方案，确定某接线是否需要采取限制短路电流的措施等，均需进行必要的短路电流计算。

（2）在选择电气设备时，为了保证各种电器设备和导体在正常运行和故障情况下都能保证安全、可靠地工作，同时又力求节约资金，这就需要用短路电流进行校验。

（3）在设计屋外高压配电装置时，需按短路条件校验软导线的相间和相对的安全距离。

（4）在选择继电保护方式和进行整定计算时，需以各种短路时短路电流为依据。

4. 编制工程概算

发电厂或变电所在编制工程概算时，应根据《电力基建工程管理概算编制办法》，贯彻“高质量、高素质、低造价”的基本建设方针，适当参考同容量机组的工程概算，应考虑主要设备器材费、安装工程费、人工费及其他费用。

下面以某火电厂电气一次主接线方案的设计为例，介绍如何进行电气主接线的拟定。

四、某火电厂电气一次主接线方案的拟定

根据《电力系统技术规程》中的有关规定：系统设计应在国家计划经济的指导下，在

审议后的中期、长期电力规划的基础上，从电力系统整体出发，进一步研究提出系统设计的具体方案；应合理利用能源，合理布局电源和网络，使发、输、变电及无功建设配套协调，并为系统的继电保护设计、系统自动装置设计及下一级电压的系统等创造条件。设计方案应技术先进、过渡方便、运行灵活、切实可行，以经济、可靠、质量合格和充足的电能来满足国民经济各部门与人民生活不断增长的需要。

（一）原始资料分析

1. 原始资料

本火力发电厂位于内蒙古锡林郭勒盟，本期工程建设 2 ×660 MW 超超临界、空冷燃煤发电机组，规划总容量为 4 ×660 MW 超超临界空冷发电机组，是“锡盟煤电基地”配套建设的 7 个火电项目之一。

发电机选用型号为 QFSN –660 –2，其额定容量均为 733.3 MVA，额定功率 660 MW，发电机出线电压：20 kV；为水氢氢冷却方式，励磁方式为自并激静态励磁。机组年利用小时数：Tmax =5 500 h，设计厂用电率带脱硫时 9.37% 。

年最高温度：38℃；年最低温度：–40℃；年平均温度：1.7℃。

海拔高度：1 000 m。

出线回路：

（1）500 kV 电压等级　本期工程 500 kV 出线两回，550 kV 经胜利开关站接入华北电网系统（见图 5 –14），接受该发电厂的剩余功率。

（2）110 kV 电压等级　电厂启备变电源为蒙西 110 kV 电网。

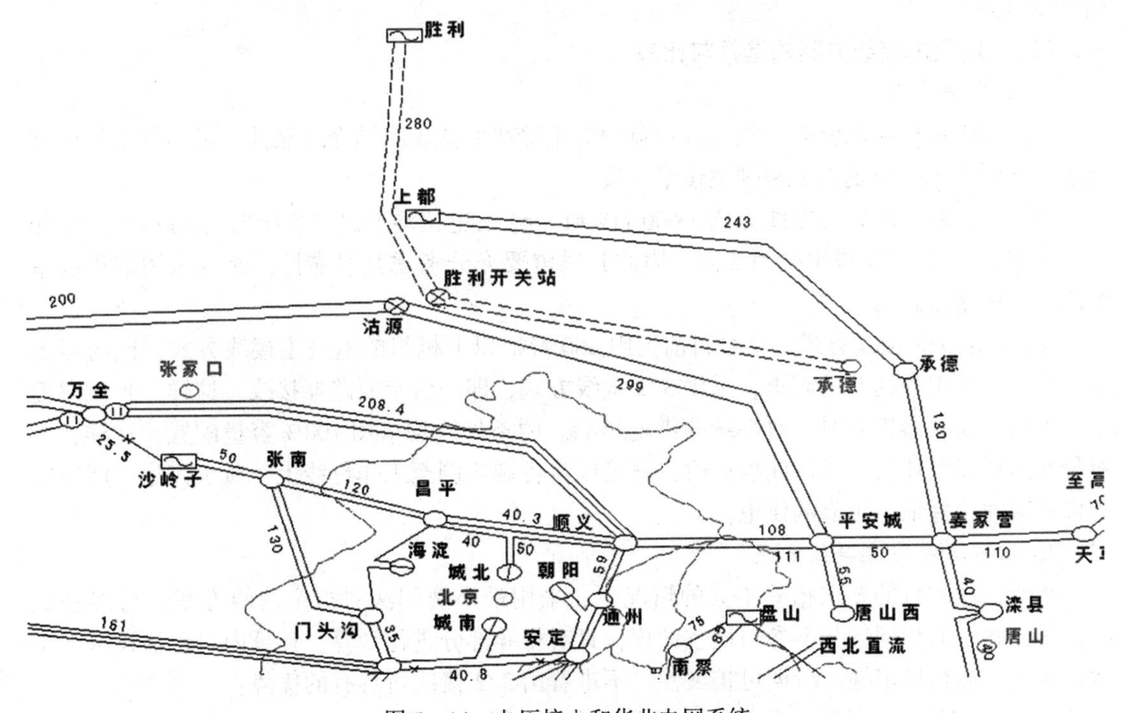

图 5 –14　电压接入和华北电网系统

2. 主接线设计原则及要求

对电气主接线的基本要求，包括可靠性、灵敏性、经济性三方面。

1）可靠性

主接线运行可靠性的具体要求：

（1）断路器检修时，不宜影响对系统的供电。

（2）断路器或母线故障，以及母线或母线隔离开关检修时，减少停电时间，并保证对Ⅰ、Ⅱ类负荷的供电。

（3）避免发电厂或变电所全部停运。

2）灵活性

（1）调度灵活，操作简便：应能灵活地投入或切除机组、变压器或线路，灵活地调配电源和负荷，满足系统在正常、事故、检修及特殊运行方式下的要求。

（2）检修安全：应能方便地停运线路、断路器、母线及其继电保护设备，进行安全检修而不影响系统的正常运行及用户的供电要求。

（3）扩建方便：随着电力事业的发展，往往需要对已投运的发电厂进行扩建，从发电机、变压器直至馈线数均有扩建的可能。

3）经济性

（1）投资省：主接线应简单清晰，控制、保护方式不复杂，适当限制断路器电流。

（2）占地面积小：电气主接线设计要为配电装置的布置创造条件。

（3）电能损耗少：经济合理地选择主变压器的型式、容量和台数，避免两次变压而增加电能损失。

（二）电气主接线方案的选择与比较

1. 初定方案

根据对原始资料的分析以及前面章节中对主接线的认识，结合可靠性、灵活性以及经济性多个层面考虑，拟定如下两种主接线方案。

方案一：双母带旁母接线方式。660 MW#1、#2 发电机均通过主变压器与 500 kV 母线相连，一期 500 kV 电压级出线为 2 回，因此其供电要充分考虑其可靠性，所以采用双母线带旁路母线接线方式。

方案二：3/2 接线方式。结合目前国内 660 MW 以上机组的电气主接线方式，同时考虑本厂未来二期工程的并网需求，采用 3/2 接线方式，即一台半断路器接线。这样一来就避免了主变出口断路器检修时，对系统的供电影响。两条母线均采用 100% 容量配置，这样，当单母线运行以及任何一条母线检修时，就可以将各用户倒至工作母线上，减少停运的回路数和停运时间，保证了可靠的供电。

2. 比较并确定主接线方案

在所实现的目的要求相差不大的情况下，采用最小费用法对拟定的两方案进行经济比较，两方案中的相同部分不参与比较计算，只对相异部分进行计算，计算内容包括投资，年运行费用，运行稳定性，后期可扩展性。不难看出 3/2 接线所具有的优势：

（1）稳定性高。任何一条母线或断路器检修，都不会影响对用户的连续供电。

（2）运行调度灵活。

（3）扩展性强。随着后期机组的并网发电，使得母线的运行更加灵活，可靠。

综上所述，取最优，故采用方案二。

如图5－15所示，发电机—变压器采用单元接线方式。660 MW发电机F1、F2与500 kV母线连接，考虑到500 kV电压级出线为2回，且T_{max}=5 500 h，因此其供电要充分考虑其可靠性，所以采用3/2接线方式。这样一来就避免了断路器检修时，对系统供电的影响，断路器或母线故障以及母线检修时，减少停运的回路数和停运时间，保证了可靠的供电。

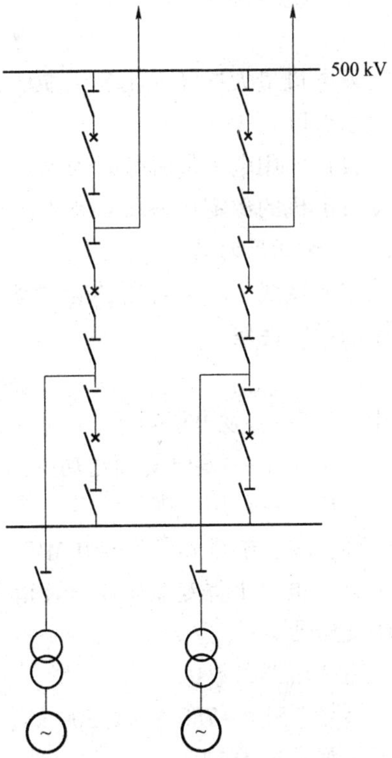

图5－15　单元接线的发电机—变压器

启备变连接在蒙西110 kV省网上，为电厂提供备用电源。

一台半断路器接线的特点：

① 运行可靠性高。

② 运行方式灵活。

③ 隔离操作简单方便。

④ 一般情况下，一台母线侧断路器故障或拒动，只影响一个支路工作。

⑤ 为提高可靠性，防止同名回路（指两个变压器或两回引出线路）同时停电，应将同名回路接到不同串上。

⑥ 一般采用“交替布置”原则，即重要的同名支路采用交替接入方法接入不同侧母线。

⑦ 一台半断路器接线二次线和继电保护比较复杂。使用设备较多，特别是断路器和电流互感器投资较大。

⑧ 采用一台半断路器接线，至少应有三个“串”（每“串”为三台断路器），才能形成多环连接，使其优点更突出；只有两个“串”时，则属于多角形接线。

（三）发电机及变压器的选择

1. 发电机的选择

由于所设计的发电厂容量为2×660 MW，结合《电气工程专业毕业设计指南——电力系统分册》和实际情况，选发电机参数如下。

型号：QFSN－660－2。

额定容量：733.3 MVA。

额定功率：660 MW。

额定电压：20 kV。

冷却方式：水氢氢。

励磁方式：为自并激静态励磁，励磁变压器采用单相式。

短路比：≥0.4 548。

效率：≥98.95%。

相数：3。

极数：2。

定子绕组接线方式：YY。

$$x''_d = 0.1456$$

发电机最大连续输出容量703 MW时，氢压为0.5 MPa，功率因数为0.9，氢气冷却器的进水温度是38℃。

设计厂用电率带脱硫时为$K_p = 9.37\%$。

发电机的额定功率取$COS\Phi_G = 0.9$。

2. 变压器的选择

单元接线中的主变压器容量S_N应按发电机额定容量扣除本机组的厂用负荷后，留有10%的裕度选择

$$S_N \approx 1.1 P_{NG}(1 - K_P)/\cos\varphi_G \tag{5-1}$$

式中，P_{NG}——发电机容量。

$\cos\varphi_G$——发电机额定功率因数。

K_p——厂用电率。

即：取发电机容量为660 MW，计算得$S_N = 731.08$。

查《电气工程专业毕业设计指南——电力系统分册》，选用SFP－780 MVA/500 kV型三绕组变压器。

主变压器参数：

型号　SFP－780 MVA/500 kV。

短路阻抗为14%。

变压器中性点均经接地电阻接地。

变压器的连接方式必须和系统电压相位一致，否则不能并列运行。电力系统采用的绕组连接方式只有Y型和△型，高、中、低三侧绕组如何组合要根据具体工程来确定。三相变压器的一组相绕组或连接成三相组的三相变压器的相同电压的绕组连接成星型、三角型、曲折型时，对高压绕组分别以字母Y、D或Z表示，对中压或低压绕组分别以字母y、d或z表示。如果星型连接或曲折型连接的中性点是引出的，则分别以YN、ZN表示，带有星三角变换绕组的变压器，应在两个变换间已“－”隔开。我国110 kV以上电压，变压器的绕组都采用Y连接。35 kV以下电压，变压器绕组都采用△连接。

（四）发电厂厂用电设计

1. 厂用负荷分类

1）Ⅰ类负荷

短时（手动切换恢复供电所需时间）的停电可能影响人身或设备安全，使生产停顿或发电量大量下降的负荷。如给水泵、凝结水泵等。对Ⅰ类负荷，必须保证自起动，并应由有2个独立电源的母线供电，当一个电源失去后，另一个电源应立即自动投入。

2）Ⅱ类负荷

允许短时停电，但停电时间过长，有可能损坏设备或影响正常生产的负荷。如工业水泵、输水泵等。对Ⅱ类负荷，应由两个独立电源的母线供电，一般采用手动切换。

3）Ⅲ类负荷

长时间停电不会直接影响生产的负荷。如中央修配厂、实验室等的用电设备。对Ⅲ类负荷，一般由一个电源供电。

4）事故保安负荷

在事故停机过程中及停机后的一段时间内，仍应保证供电，否则可能引起主要设备损坏、重要的自动装置控制失灵或危及人身安全的负荷，称为事故保安负荷。

2. 厂用电的设计原则

保证厂用电的可靠性和经济性，在很大的程度上取决于正确选择供电电压、供电电源和接线方式、厂用机械的拖动方式、电动机的类型和容量以及运行中的正确和管理等措施。

（1）厂用电接线的基本要求。

① 对厂用电设计的要求：

厂用电设计应按照运行、检修和施工的需要，考虑全厂发展规划，积极慎重地采用经过实验鉴定的新技术和新设备，使设计达到技术先进、经济合理。

② 厂用电电压：

高压厂用电采用10 kV。低压厂用电采用380/220 V的三相四线制系统。

③ 厂用母线接线方式：

高压厂用电和低压厂用电系统应采用单母线接线。当公用负荷较多、容量较大、采用集中供电方式合理时，可设立公用母线，但应保证重要公用负荷的供电可靠性。

④ 厂用工作电源：

当发电机与主变压器采用单元接线时，由主变压器低压侧引接，供给本机组的厂用负荷。大容量发电机组，当厂用分支采用分相封闭母线时，在该分支上不应装设断路器，但应有可拆连接点。

⑤ 厂用备用或起动电源：

高压厂用备用或起动电源采用的引接方式为发电机电压母线，应由该母线引接1个备用电源。

（2）高压厂用变压器的选择。

① 高压厂用电压选用10.5 kV一级电压方案，每台机组设一台分裂绕组高压厂用变和一台双绕组高压厂用公用变压器，分裂绕组高压厂用变压器容量为70/45－45 MVA$U_d\%=10\%$，双绕组高压厂用变压器容量为48 MVA，设计厂用电率带脱硫时9.37%。

② 每台机组设三段10.5 kV高压厂用母线。锅炉、汽机的双套辅机分别由（分裂绕组高压厂用变压器低压侧）A、B两段供电，公用负荷由（两台机组双绕组高压厂用变压器低压侧）公用段供电，3台电动给水泵分别接至10.5 kV高压厂用母线A、B段及公用段上。

③ 本工程每两台设置一台容量为70/45－45 MVA高压起动/备用变压器，起动/备用变压器采用有载调压双卷变压器。每台起动/备用变压器10 kV侧通过共箱母线连接到两段10 kV工作母线和一段10 kV公用母线上作为起动/备用电源。

④ 本工程设两段10 kV输煤段，两段母线由#1、#2机10 kV公用段各提供一路电源，并采用互为备用方式。

⑤ 本工程脱硫由于采用活性胶干法脱硫，目前设计方案没有敲定。

（3）低压厂用变压器的选择：

① 低压厂用电系统采用400 V和400/230 V系统，采用中性点直接接地方式，低压厂用母线为单母线分段接线。

② 每台机组在主厂房设汽机、锅炉动力配电中心，由2台2 000 kVA汽机变，2台

1 600 kVA 锅炉变、两台机组设置 2 台 2 000 kVA 低压公用变供电，供本机组 400 V 机炉辅机低压厂用负荷。

③ 每台机组在 A 排外空冷配电室设空冷动力配电中心，由 4 台 2 500 kVA 空冷变，供本机组 400 V 空冷风机和低压负荷。

④ 每台机组设照明动力中心，由 1 台 800 kVA 照明变压器供电，两台机照明变压器互为备用。

⑤ 两台机设一个公用动力中心，两台低压公用变压器分别接在两台机高压公用变压器上，两台变压互为备用。公用段供两台机公用负荷，如主厂房化水、暖通等主厂房内负荷。

⑥ 两台机组设一台 800 kVA 专用检修变压器。

⑦ 每台机组设 3 台 2 500 kVA 的除尘低压变，两台工作一台备用。

⑧ 2 台机组设 2 台 630 kVA 的除灰低压变，两台互为备用。

⑨ 两台机组设 2 台容量为 1 600 kVA 的化学低压变，两台互相备用。

⑩ 两台机组设 2 台容量为 2 000 kVA 的输煤低压变，两台互相备用。

⑪ 在厂内升压站、厂前区、化学水车间、综合给水泵房、辅机循环水泵房等均设置了低压变压器。

⑫ 辅助车间根据负荷分布情况设 400/230 V 动力中心，设有电除尘动力中心、灰库动力中心、污水动力中心、化学补给水动力中心、综合泵房动力中心、输煤动力中心、辅机冷却循环水泵房动力中心、厂前区动力中心。

综上所述，发电厂电气一次部分接线如图 5 – 16 所示。

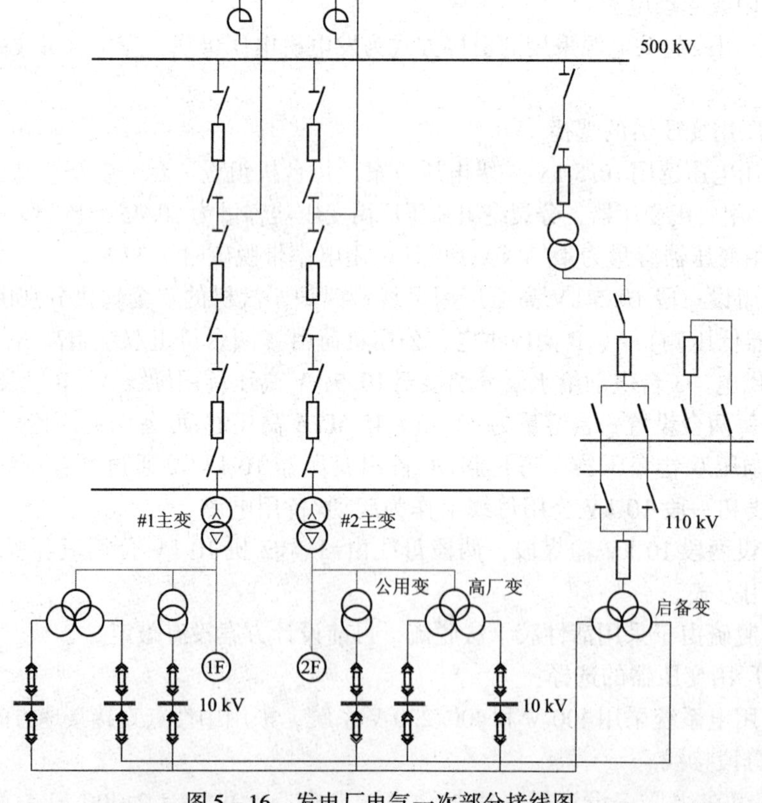

图 5 – 16　发电厂电气一次部分接线图

（五）短路电流计算

1．短路电流计算的目的

在发电厂和变电所的电气设计中，短路电流计算是其中的一个重要环节。其计算的目的主要有以下几个方面：

（1）在选择电气主接线时，为了比较各种方式接线方案，或确定某一接线是否需要采取限制短路电流的措施等，均需进行必要的短路电流计算。

（2）在选择电气设备时，为了保证设备在正常运行和故障情况下都能安全、可靠地工作，同时又力求节约资金，这就需要进行全面的短路电流计算。

（3）用以校验设备的热稳定；计算短路电流冲击值，用以校验设备动稳定。

（4）接地装置的设计，也需用短路电流。

（5）为继电保护的设计以及调整提供依据。

（6）评价并确定网络方案，研究限制短路电流的措施。

（7）分析计算送电线路对通信设施的影响。

2．主接线及厂高压短路电流的计算步骤

（1）选择所需要计算的短路点。

（2）绘制等值次暂态网络图，并将各元件电抗统一编号。

（3）化简等值网络，将等值网络化简为以短路点为中心的辐射型等值网络，并求出各电源与电路点之间的电抗，即转移电抗 X''_{fi}。

（4）求计算电抗 X_{js}：

$$X_{jsi}=X_{fi}\times\frac{S_{Ni}}{S_b} \tag{5-2}$$

其中 S_{Ni} 为各等值发电机或系统的额定容量。

（5）应用运算曲线查出各电源供给短路点的短路电流周期分量的标幺值。

（6）计算无限大容量电源供给的短路电流周期分量的标幺值。

（7）计算短路电流周期分量的有名值和短路容量。

① 第 i 台等值发电机提供的短路电流为：

$$I_{pt.i}=I_{pt.i*}\times\frac{S_{Ni\Sigma}}{\sqrt{3}V_{av}} \tag{5-3}$$

② 无限大功率电源提供的短路电流为：

$$I_{ps}=I_{ps*}\times I_B=I_{ps*}\times\frac{S_B}{\sqrt{3}V_{av}} \tag{5-4}$$

（8）计算短路电流的冲击值，计及负荷影响时短路点的冲击电流标幺值为：

$$i_{im}=k_{imG}\sqrt{2}I''_G+k_{im.LD}\sqrt{2}I''_{LD} \tag{5-5}$$

其中，I'' 为短路电流周期分量的幅值，对于小容量的电动机和综合负荷，取 $k_{im.LD}=1$，容量为 20～50 MW 的电动机，取 $k_{im.LD}=1.3\sim1.5$，容量为 50～100 MW 的异步电动机，$k_{im.LD}=1.5\sim1.7$，容量为 125 MW 以上的异步电机，$k_{im.LD}=1.7\sim1.8$。

（9）计算异步电机供给的短路电流，只在计算厂低压短路电流时考虑。

（10）绘制短路电流计算结果表。

3．主接线及厂高压短路电流计算

在此不作计算。

(六) 电气设备的选择与校验

1．电气设备选择的一般原则

各种电气设备的具体工作条件并不相同，所以，它们的具体选择方法也不完全相同，但基本要求是相同的。要保证电气设备可靠地工作，必须按正常工作条件选择，并按短路情况校验其热稳定和动稳定。

(1) 应满足正常运行、检修、短路和过电压情况下的要求，并考虑远景发展的需要。

(2) 应按当地环境条件校核。

(3) 应力求技术先进和经济合理。

(4) 选择导体时应尽量减少品种。

(5) 扩建工程应尽量使新老电器型号一致。

(6) 选用的新产品，均应具有可靠的试验数据，并经正式鉴定合格。

2．电气设备选择的有关规定

(1) 在正常运行条件下，各回路的持续工作电流，应按表5-2计算。

表5-2 最大持续工作电流

回路名称	计算公式
发电机或同相调相机回路	$I_{gmax}=1.05I_n=\dfrac{1.05P_n}{\sqrt{3}U_n\cos\varphi_n}$
三相变压器回路	$I_{gmax}=1.05I_n=\dfrac{1.05S_n}{\sqrt{3}U_n}$
母线及母联断路器回路	$I_{gmax}=1.05I_n=1.05\times\dfrac{S_n}{\sqrt{3}U_n}$
馈电回路	$I_{gmax}=\dfrac{P}{\sqrt{3}U_n\cos\varphi_n}$

注：① P_n、U_n、I_n 等均指设备本身的额定值。

② 各标量的单位为：I (a)、U (kv)、P (kw)、S (kva)。

(2) 验算导体和110 kV以下电缆短路热稳定时，所用的计算时间，一般采用主保护的动作时间加相应的断路器全分闸时间。断路器全分闸时间包括断路器固有分闸时间和电弧燃烧时间。选择的高压电器，应能在长期工作条件下和发生过电压和过电流的情况下保持正常运行。

思考题

1．根据GB 50052—2009《供配电系统设计规范》规定，将电力负荷按其性质及中断供电在政治、经济上造成的损失或影响的程度划分为哪几级？

2. 电气主接线的基本形式有哪些？
3. 简述单母线不分段接线的构成及优缺点。
4. 简述双母线接线的构成、运行方式及优缺点。
5. 简述一台半断路器接线的构成、运行方式及优缺点。
6. 针对某电厂而言，如何拟定电气主接线方案？

单元二　发电厂、变电所电气主接线的倒闸操作

教学目标

* 掌握电气设备的四种基本状态。
* 掌握电气主接线倒闸操作的主要内容及操作原则。
* 掌握电气主接线倒闸操作的步骤及注意事项。

重点

* 电气主接线倒闸操作的主要内容及操作原则。
* 电气主接线倒闸操作的步骤及注意事项。

难点

* 电气主接线倒闸操作的主要内容及操作原则。
* 电气主接线倒闸操作的步骤及注意事项。

一、发电厂、变电所电气主接线倒闸操作原则

电力系统中运行的电气设备，常常遇到检修、调试及消除缺陷的工作，这就需要改变电气设备的运行状态或改变电力系统的运行方式。

将电网中的电气设备（运行的，冷、热备用的，检修的）人为地进行有序的由一种状态转变到另一种状态的过程称为倒闸。围绕这一状态转换过程而进行的一系列操作称为倒闸操作。

倒闸操作可以通过就地操作、遥控操作、程序操作完成。遥控操作、程序操作的设备应满足有关技术条件。

（一）电气设备的四种基本状态

1. 运行状态

指电气设备的断路器和隔离开关都在合闸位置，将电源至受电端的电路接通（包括辅助设备如电压互感器、避雷器等）；所有的继电保护及自动装置均在投入位置（除调度有要求的除外），控制及操作回路正常。

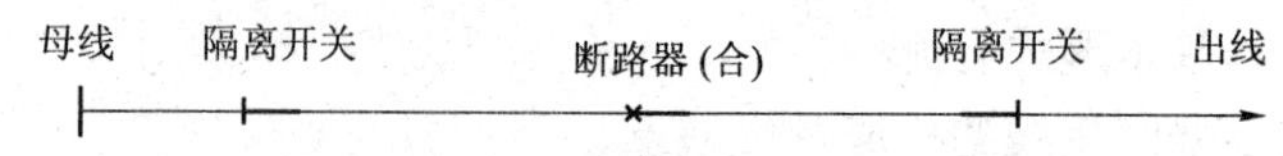

2. 热备用状态

热备用状态是指电气设备的隔离开关在合闸位置，只有断路器在分闸位置，其他同“运行状态”。电气设备处于热备用状态下，断路器一经合闸就转变为运行状态，随时有来电的可能性，应视为带电设备。

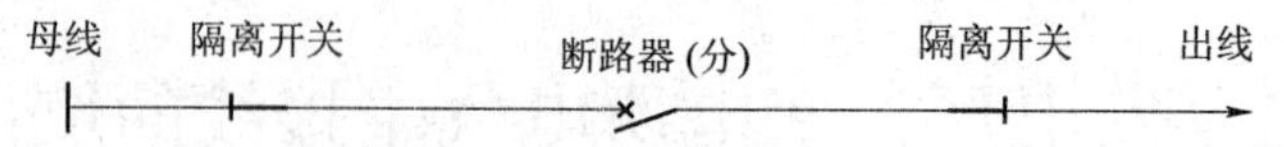

3. 冷备用状态

冷备用状态是指电气设备的隔离开关及断路器都在分闸位置。此状态下，未履行工作许可手续及未布置安全措施，不允许进行电气检修工作，但可以进行机械作业。

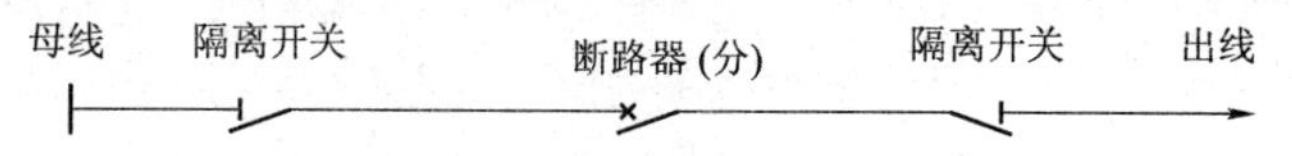

4. 检修状态

检修状态是指电气设备的所有隔离开关和断路器都在分闸位置，电气值班员按照《电业安全工作规程》及工作票要求挂上接地线或合上接地闸刀，并已悬挂标识牌和设有遮拦。“检修状态”根据不同的设备又分为“开关检修”、“线路检修”等。

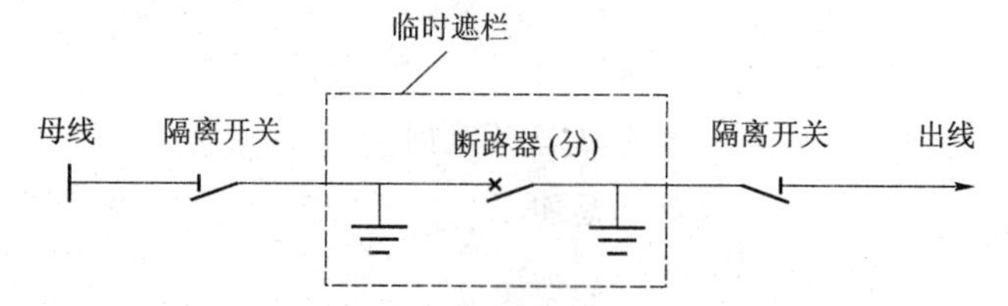

1）线路检修

线路检修指线路在冷备用状态的基础上，线路的接地闸刀合上或在线路闸刀线路侧装设接地线。

2）开关（断路器）检修

开关（断路器）检修指开关（断路器）两侧闸刀均拉开，取下开关操作回路熔丝，合上开关两侧接地闸刀或装设接地线。如图所示。检修过程中注意相关保护的投切与配合。

3）变压器检修

变压器检修指变压器各侧断路器和隔离开关都在分闸位置，并在变压器各侧挂上接地线（或合上接地闸刀）。

（二）倒闸操作的主要内容

倒闸操作的主要内容有：

（1）电力线路的停、送电操作。

（2）电力变压器的停、送电操作。

（3）发电机的起动、并列和解列操作；电网的合环与解环。

（4）母线接线方式的改变（倒母线操作）。

（5）中性点接地方式的改变。

（6）继电保护自动装置使用状态的改变。

（7）接地线的安装与拆除等。

上述绝大多数操作任务是靠拉/合某些断路器和隔离开关来完成的。

需要注意的是，为了保证操作任务的完成和检修人员的安全，操作中有时需取下、装上某些断路器的操作熔断器和合闸熔断器，这两种被称为保护电器的设备。

（三）倒闸操作的基本原则

(1) 在拉、合闸时，必须用断路器接通或断开负荷电流及短路电流，禁止用隔离开关切断负荷电流。

(2) 送电时，应先合电源侧隔离开关，后合负荷侧隔离开关，再合断路器的操作顺序。停电时应先检查断路器确在断开位置，然后再拉开负荷侧隔离开关，最后拉电源侧隔离开关。

(3) 所有隔离开关在分合闸后应认真检查，分闸操作应检查隔离开关三相均已断开，并有足够的安全距离。合闸操作后应逐相检查合闸到位、其触头接触良好。

(4) 设备送电前必须将有关继电保护加用。无保护或不能自动跳闸的开关不能送电。

(5) 油断路器不允许带电压手动合闸，运行中的小车开关不允许打开机械闭锁手动分闸。

(6) 操作过程中，发现误合隔离刀闸时，不允许将误合的刀闸再拉开。发现误拉刀闸时，不允许将误拉的刀闸再重新合上。

(7) 不得造成非同期合闸。

(8) 单极隔离开关及跌落式开关的操作顺序规定如下：停电时先拉开中相，后拉开两边相，送电时顺序与此相反。

(9) 变压器在充电状态下停、送电操作时，必须将其中性点接地隔离开关合上。

(10) 变压器两侧（或三侧）开关的操作顺序规定如下：停电时先拉开负荷侧开关，后拉开电源侧开关，送电时顺序与此相反（即不能带负载切断电源）。

(11) 在倒母线时，隔离开关的拉合步骤是：先逐一合上需要转换至一组母线上的隔离开关，然后逐一拉开在另一组母线上的运行隔离开关，这样可以避免因合某一隔离开关，拉另一隔离开关而容易造成的误操作事故。

(12) 在回路中未设置断路器时，需要用高压隔离开关和跌落开关拉、合电气设备时，应按照产品说明书和试验数据确定的操作范围进行操作。无资料时，可参照下列规定（指系统运行正常下的操作）：

① 可以分、合无故障的电压互感器和避雷器。

② 可以分、合 220 kV 及以下母线的充电电流。

③ 拉、合经开关或刀闸闭合的旁路电流。

④ 拉合变压器中性点的接地开关，当变压器中性点上接有消弧线圈时只有系统没有接地故障时才可进行。

⑤ 拉合励磁电流不超过 2 A 的空载变压器及电容电流不超过 5 A 的空载线路（10.5 kV 以下）。

⑥ 拉合 10 kV 以下，70 A 以下的环路均衡电流。

⑦ 利用等电位原理，可以拉合无阻抗的并联支路（断路器一定要在合闸位置，并将断路器直流操作电源保险取下，才可进行，否则万一在操作过程中断路器误跳闸，将会使隔离开关两端电压不相等，从而导致带负荷拉、合隔离开关事故）。

（四）倒闸操作的组织措施及技术措施

1. 组织措施

在全部停电或部分停电的电气设备上安全工作的组织措施为“两票三制”。

1）工作票制度

工作票制度是保证安全检修、安装工作等安全生产的一项重要的组织措施。它是在工作前，通过工作负责人，根据工作任务的要求事先进行现场调研，确定工作人员、停电范围、工作时间及所用的安全用具、器材和所采取的安全措施等制定工作票。这些工作都是在工作前做的，安排得周密完善，再加上层层审核，防止盲目性，临时性和错误操作，从而保证了工作的顺利进行提高了安全可靠性，保证了安全生产的重要组织措施。

工作票是准许在电气设备上工作的书面命令。工作票由工作负责人填好后，再由电气负责人签发。工作负责人不应签发工作票。工作票签发人应审查工作票的内容如下：

（1）工作票所划停电范围是否正确，有无其他电源返回的可能。

（2）工作票所填写的安全措施是否正确。

（3）所派工作负责人和工作人员是否满足工作需要，人数是否足够，能否在规定的停电时间内完成工作任务。

工作票所列的各种人员说明如下。

工作票签发人：指电气负责人，生产领导人以及指派有实践经验的技术人员。

工作负责人：指带领一个或几个小组进行工作的人。主要是负责填写工作票及做监护人，但不能签发工作票。

工作许可人：在变（配）电所内是当值值班员。在线路上，一个班组的是班组长，两个班组以上的是现场总负责人。

2）操作票制度

操作票是防止误操作（错拉，错合，带负荷拉隔离开关及带地线合闸等）的主要措施。变（配）电所的倒闸操作应填写操作票。

操作票的内容应包括操作任务、操作顺序、发令人、操作人、监护人及操作时间等。

操作票应进行编号，已操作过的应注明“已执行”，保存期限不宜少于三个月。

3）工作许可制度

工作许可制度是工作许可人根据工作票或安全措施票的内容在做设备停电安全技术措施后，向工作负责人发出工作许可的命令；工作负责人方可开始工作；在检修工作中，工作间断、转移，以及工作终结，必须有工作许可人的许可，所有这些组织程序规定都叫工作许可制度。

工作许可人在完成施工现场的安全措施后，还应完成以下手续，工作班方可开始工作：

（1）会同工作负责人到现场再次检查所做的安全措施，对具体的设备指明实际的隔离措施，证明检修设备确无电压。

（2）对工作负责人指明带电设备的位置和工作过程中的注意事项。

（3）和工作负责人在工作票上分别确认、签名。

运行人员不得变更有关检修设备的运行接线方式。工作负责人、工作许可人任何一方不得擅自变更安全措施，工作中如有特殊情况需要变更时，应先取得对方的同意。变更情况及时记录在值班日志内。

4）工作监护制度

工作监护制度是指检修工作负责人带领工作人员到施工现场，布置好工作后，对全班人员持续进行的安全、工作监护过程。监护人在工作中所必须履行的职责，以及必须遵循的规章制度称之为工作监护制度。

工作监护制度是保证人身安全及操作正确的主要措施。执行工作监护制度为的是使工作人员在工作过程中有人监护、指导，以便及时纠正一切不安全的动作和错误做法，特别是在靠近有电部位及工作转移时更为重要。监护人应熟悉现场的情况，应有电气工作的实际经验，其安全技术等级应高于操作人。

完成工作许可手续后，工作负责人，专责监护人应向工作人员交代现场安全措施，危险点及注意事项。专责监护人应始终在工作现场，对工作人员进行安全监护，及时制止和纠正不安全的行为。所有工作人员（包括工作负责人）不准单独进入、滞留在高压室内和室外变配电所高压设备区域内。专责监护人不得兼做其他工作。专责监护人临时离开时，应通知被监护人员停止工作或离开工作现场，待专责监护人回来后方可恢复工作。工作期间，工作负责人若因故暂时离开工作现场时，应指定能胜任的人员临时代替，离开前应将工作现场交代清楚，并告知工作班成员。原工作负责人返回工作现场时，也应履行同样的交接手续。

若工作负责人需长时间离开工作的现场时，应由原工作票签发人变更工作负责人，履行变更手续，并告知全体工作人员及工作许可人。原、现工作负责人应做好必要的交接。

5）工作间断、转移和终结制度

工作间断时，工作班人员应从工作现场撤出，所有安全措施保持不动，工作票仍由工作负责人执存，间断后继续工作，无须通过工作许可人。每日收工，应清扫工作地点，开放已封闭的通路，并将工作票交回运行人员。次日复工时，应得到工作许可人的许可，取回工作票，工作负责人应重新认真检查安全措施是否符合工作票的要求，并召开现场站班会后，方可工作。若无工作负责人或专责监护人带领，工作人员不得进入工作地点。

在未办理工作票终结手续以前，任何人员不准将停电设备合闸送电。

在工作间断期间，若有紧急需要，运行人员可在工作票未交回的情况下合闸送电，但应先通知工作负责人，在得到工作班全体人员已经离开工作地点、可以送电的答复后方可执行，并采取下列措施：

（1）拆除临时遮栏、接地线和标示牌，恢复常设遮栏，换挂“止步，高压危险!”的标示牌。

（2）在所有道路派专人守候，以便告诉工作班人员“设备已经合闸送电，不得继续工作”，守候人员在工作票未交回以前，不得离开守候地点。

2. 技术措施

电气设备上工作保证安全的技术措施包括：停电、验电、接地、悬挂标示牌和装设遮栏（围栏）。以上技术措施由运行人员或有权执行操作的人员执行。

1）停电

在电气设备上的工作，停电是一个很重要的环节，在工作地点，应停电的设备如下：

（1）检修的设备。

（2）与工作人员在进行工作中正常活动范围的距离小于表 5－3 规定的安全距离。

表 5－3　工作人员工作中正常活动范围与带电设备的安全距离

电压等级（kV）	10 及以下（13.8）	20、35	63（66）、110	220	330	500
安全距离（m）	0.35	0.60	1.50	3.00	4.00	5.00

（3）在 35 kV 及以下的设备处工作，安全距离虽大于表 5－3 规定，但小于表 5－4 规定，同时又无绝缘挡板、安全遮栏措施的设备。

表 5－4　设备不停电时的安全距离

电压等级（kV）	10 及以下（13.8）	20、35	63（66）、110	220	330	500
安全距离（m）	0.70	1.00	1.50	3.00	4.00	5.00

（4）带电部分在工作人员后面、两侧、上下，且无可靠安全措施的设备。

（5）其他需要停电的设备。

在检修过程中，对检修设备进行停电，应把所有的电源都完全断开（任何运用中的星型接线设备的中性点，应视为带电设备也应断开）。

禁止在只经断路器断开电源的设备上工作。

应拉开隔离开关，手车开关应拉至试验或检修位置，应使各方面有一个明显的断开点（对于有些设备无法观察到明显断开点的除外）。

与停电设备有关的变压器和电压互感器，应将设备各侧断开，防止向停电检修设备反送电。

严禁在开关的下口进行检修、清扫工作，必须断开前一级开关后进行。

与停电设备有关的变压器和电压互感器必须从高、低压两侧断开、以防止向停电检修的设备和线路反送电。

注意：严禁利用事故停电的机会进行检修工作。

2）验电

验电时，应使用相应电压等级而且合格的接触式验电器，在装设接地线或合接地刀闸处对各相分别验电。

验电前，应先在有电设备上进行试验，确证验电器良好；无法在有电设备上进行试验时可用高压发生器等确证验电器良好。

如果在木杆、木梯或木架上验电，不接地线不能指示者，可在验电器绝缘杆尾部接上接地线，但应经运行值班负责人或工作负责人许可。

高压验电应戴绝缘手套。验电器的伸缩式绝缘棒长度应拉足，验电时手应握在手柄处不得超过护环，人体应与验电设备保持安全距离。雨雪天气时不得进行室外直接验电。

对无法进行直接验电的设备，可以进行间接验电。即检查隔离开关的机械指示位置、电气指示、仪表及带电显示装置指示的变化，且至少应有两个及以上指示已同时发生对应变化；若进行遥控操作，则应同时检查隔离开关的状态指示、遥测、遥信信号及带电显示装置的指示进行间接验电。

表示设备断开和允许进入间隔的信号、经常接入的电压表等，如果指示有电，则禁止在设备上工作。

3）接地

在检修的设备或线路上，接地的作用是：保护工作人员在工作地点防止突然来电、消除邻近高压线路上的感应电压、放净线路或设备上可能残存的电荷、防止雷电电压的威胁。

装设接地线应由两人进行（经批准可以单人装设接地线的项目及运行人员除外）。

当验明设备确已无电压后，应立即将检修设备三相短路并接地。电缆及电容器接地前应逐相充分放电，星型接线电容器的中性点应接地，串联电容器及与整组电容器脱离的电容器应逐个放电，装在绝缘支架上的电容器外壳也应放电。

对于可能送电至停电设备的各方面都应装设接地线或合上接地刀闸，所装接地线与带电部分应考虑接地线摆动时仍符合安全距离的规定。

对于因平行或邻近带电设备导致检修设备可能产生感应电压时，应加装接地线或工作人员使用个人保安线，加装的接地线应登录在工作票上，个人保安接地线由工作人员自装自拆。

检修部分若分为几个在电气上不相连接的部分（如分段母线以隔离开关或断路器隔开分成几段），则各段应分别验电后再接地短路。降压变电站全部停电时，应将各个可能来电侧的部分接地短路，其余部分不必每段都装设接地线或合上接地刀闸。

接地线、接地刀闸与检修设备之间不得连有断路器或熔断器。若由于设备原因，接地刀闸与检修设备之间连有断路器，在接地刀闸和断路器合上后，应有保证断路器不会分闸的措施。

在配电装置上，接地线应装在该装置导电部分的规定地点，这些地点的油漆应刮去，并划有黑色标记。所有配电装置的适当地点，均应设有与接地网相连的接地端，接地电阻应合格。接地线应采用三相短路式接地线，若使用分相式接地线时，应设置三相合一的接地端。

装设接地线应先接接地端，后接导体端，接地线应接触良好，连接应可靠。拆接地线的顺序与此相反。装、拆接地线均应使用绝缘棒和戴绝缘手套。人体不得碰触接地线或未接地的导线，以防止感应电触电。

成套接地线应用有透明护套的多股软铜线组成，其截面不得小于 25 mm^2，同时应满足装设地点短路电流的要求。禁止使用其他导线作接地线或短路线。

接地线应使用专用的线夹固定在导体上，严禁用缠绕的方法进行接地或短路。

严禁工作人员擅自移动或拆除接地线。高压回路上的工作（如测量母线和电缆的绝缘电阻，测量线路参数，检查断路器触头是否同时接触），需要拆除全部或一部分接地线后始能进行工作（如：拆除一相接地线；拆除接地线，保留短路线；将接地线全部拆除或拉开接地刀闸），应征得运行人员的许可（根据调度员指令装设的接地线，应征得调度员的许可），方可进行。工作完毕后立即恢复。

4）悬挂标示牌和装设遮栏（围栏）

标示牌的悬挂应牢固正确，位置准确。正面朝向工作人员。标示牌的悬挂与拆除，应按工作票的要求进行。

在以下地点应该装设的遮拦和悬挂的标示牌：

（1）在一经合闸即可送电到工作地点的断路器和隔离开关的操作把手上，均应悬挂“禁止合闸，有人工作！”的标示牌。如果线路上有人工作，应在线路断路器和隔离开关操作把手上悬挂“禁止合闸，线路有人工作！”的标示牌。

（2）对由于设备原因，接地刀闸与检修设备之间连有断路器，在接地刀闸和断路器合上后，在断路器操作把手上，应悬挂“禁止分闸！”的标示牌。

（3）在显示屏上进行操作的断路器和隔离开关的操作处均应相应设置“禁止合闸，有人工作！”或“禁止合闸，线路有人工作！”以及“禁止分闸！”的标记。

（4）部分停电的工作，安全距离小于表5－4规定距离以内的未停电设备，应装设临时遮栏，临时遮栏与带电部分的距离，不得小于表5－3的规定数值，临时遮栏可用干燥木材、橡胶或其他坚韧绝缘材料制成，装设应牢固，并悬挂“止步，高压危险！”的标示牌。

（5）35 kV及以下设备的临时遮栏，如因工作特殊需要，可用绝缘挡板与带电部分直接接触。但此种挡板应具有高度的绝缘性能。

（6）在室内高压设备上工作，应在工作地点两旁及对面运行设备间隔的遮栏（围栏）上和禁止通行的过道遮栏（围栏）上悬挂“止步，高压危险！”的标示牌。

（7）高压开关柜内手车开关拉出后，隔离带电部位的挡板封闭后禁止开启，并设置“止步，高压危险！”的标示牌。

（8）在室外高压设备上工作，应在工作地点四周装设围栏，其出入口要围至临近道路旁边，并设有“从此进出！”的标示牌。工作地点四周围栏上悬挂适当数量的“止步，高压危险！”标示牌，标示牌应朝向围栏里面。若室外配电装置的大部分设备停电，只有个别地点保留有带电设备而其他设备无触及带电导体的可能时，可以在带电设备四周装设全封闭围栏，围栏上悬挂适当数量的“止步，高压危险！”标示牌，标示牌应朝向围栏外面。

（9）在工作地点设置“在此工作！”的标示牌。

（10）在室外构架上工作，则应在工作地点邻近带电部分的横梁上，悬挂“止步，高压危险！”的标示牌。在工作人员上下铁架或梯子上，应悬挂“从此上下！”的标示牌。在邻近其他可能误登的带电架构上，应悬挂“禁止攀登，高压危险！”的标示牌。

部分停电的工作，安全距离小于规定距离以内的未停电设备，应装设遮栏或围栏，将施工部分与其他带电部分明显隔离开。

禁止工作人员在工作中移动、越过或拆除遮栏进行工作。

二、发电厂、变电所电气主接线倒闸操作步骤、注意事项

（一）操作步骤

为了保证倒闸操作的正确性，操作时必须按照一定的顺序进行。

1. 预发命令和接收任务、明确操作目的

（1）调度预发指令，应由副值及以上人员受令，发令人、受令人先互通单位姓名。发、受操作指令应正确、清晰，并一律使用录音电话、普通话和正规的调度术语。受令人应将调度指令内容用钢笔或圆珠笔填写在运行记事簿内，在调度令预发结束后，受令者必须复诵一

遍，双方认为无误后，预发令即告结束。

通过传真和计算机网络远传的调度操作任务票也应进行复诵、核对，且受令人须在操作任务票上亲笔签名保存。

(2) 倒闸操作票任务及顺序栏均应填写双重名称，即设备名称和编号。旁路、母联、分段断路器应标注电压等级。

(3) 发令人对其发布的操作任务的安全性、正确性负责，受令人对操作任务的正确性负有审核把关责任，发现疑问应及时向发令人提出。对直接威胁设备或人身安全的调度指令，值班员有权拒绝执行，并应把拒绝执行指令的理由向发令人指出，由其决定调度指令的执行或者撤销。必要时可向发令人上一级领导报告。

2. 填写操作票

(1) 受令后，当值正、副值班员一起核对实际运行方式、一次系统模拟接线图，明确操作任务和操作目的，核对操作任务的安全性、必要性、可行性及正确性，确认无误后，即可开始填写操作票。

(2) 填票人应根据操作任务对照一次系统模拟图及二次保护及设备等方面的资料，认真细心、全面周到、逐项填写操作步骤，填写完毕应自行对照审核，在填票人栏内亲笔签名后交正值审核。

(3) 倒闸操作票票面字迹应清楚、整洁。签名栏必须由值班员本人亲自签名，不得代签或漏签。

(4) 下列各项应作为单独的项目填入操作票内。

① 拉、合断路器。

② 拉、合隔离开关。

③ 为了防止误操作，在操作前对有关设备的运行位置必须进行的检查项目，应做到在检查后立即进行操作。

④ 为了防止误操作，在操作前对有关设备的运行位置必须进行的检查项目，应做到在检查后立即进行操作。

对于其他操作项目，操作后检查操作情况是否良好，可不作为单独的项目填写，而只要在该项操作项目的后面注明，但检查后必须打“√”。

⑤ 验电及装设、拆除接地线的明确地点及接地线的编号（拉、合接地开关的编号），其中每处验电及装接地线（合接地开关）应作为一个操作项目填写。填写接地线编号只要在该项的最后注明即可，如“在××验明三相确无电压后装设接地线一组”。

⑥ 检修结束后恢复送电前，对送电范围内有无遗留接地线（含接地开关）等进行的检查。

⑦ 两个并列运行的回路当需停下其中一回路而将负荷移至另一回路时，操作前对另一回路所带负荷及回路情况进行检查。

⑧ 拉开、合上控制回路、电压互感器回路熔断器。

⑨ 切除保护回路连接片和用专用高内阻的电压表检验出口连接片两端无电压后投入保护连接片。同时切除和投入多块连接片可作为一个操作项目填写，但每投、切一块连接片时应分别打“√”。

⑩ 投入、切除同期开关。

⑪ 设备二次转（切）换开关、方式选择开关的操作。

⑫ 一次设备故障，相应电压回路的切换操作。

⑬ 微机保护定值更改后，核对定值是否正确。

（5）操作票中下列三项不得涂改。

① 设备名称编号和状态。

② 有关参数（包括保护定值参数、调度正令时间、操作开始时间）。

③ 操作“动词”。

（6）在一项操作任务中，如同时需拉开几个断路器时，允许在先行拉开几个断路器后再分别拉开隔离开关，但拉开隔离开关时必须在每检查一个断路器的相应位置后，随即分别拉开对应的两侧隔离开关。

3．审核操作票

（1）当值正值对操作票应进行全面审核，对照模拟图板对一次设备的操作步骤进行逐项审核，看是否符合操作任务的目的。审核二次回路设备的相应切换是否正确、是否满足运行要求。

（2）审核发现有误，应由填票人立即重新填写，并将原票加盖“作废”章。

（3）审核结束，票面正确无误，审核人在操作票审核栏亲笔签名。

（4）填票人、审核人不得为同一人。

（5）交接班时，交班人员应将本值未执行操作票主动移交，并交代有关操作注意事项；接班负责人对上一值移交的操作票重新进行审核和签名，并对操作票的正确性负责。

4．考问和预想

监护人与操作人将填写好的操作票到模拟图上进行核对，提出操作中可能碰到的问题（如设备操作不到位、拒动、连锁发生问题等），做好必要的思想准备，查找一些主观上的因素（如操作技能、掌握设备性能、设备的具体位置等）。

5．接受命令

（1）当值调度发令操作，必须由正值受令。调度发令时，双方先互通单位姓名，受令人分别将发令调度员及受令值班员填写在操作票相应栏目内。发令调度员将操作任务的编号、操作任务。发令时间一并发给受令人，受令人填写受令时间，并向调度复诵一遍，经双方核对确认无误后，调度员发出“对，执行”的操作指令，即告发令结束，值班员方可开始操作。

（2）操作人、监护人在操作票中签名，监护人填写操作开始时间，准确模拟预演。

（3）值班调度员预发的操作票有错误或需要更改，或因运方式变化不能使用时，应通知运行单位作废，不得在原操作票上更改或增加操作任务项。调度作废的票应加盖“调度作废”章，并在备注栏内注明调度作废时间、通知作废的调度员姓名和受令人姓名。

6．模拟操作

（1）监护人手持操作票与操作人一起进行模拟预演。监护人根据操作票的步骤，手指模拟图上具体设备位置，发令模拟操作，操作人则根据监护人指令核对无误后，复诵一遍。当监护人再次确认无误后即发出“对，执行”的指令，操作人即对模拟图上的设备进行变位操作。

（2）模拟操作步骤结束后，监护人、操作人应共同核对模拟操作后系统的运行方式、系统接线是否符合调度操作任务的操作目的。

（3）模拟操作必须根据操作票的步骤逐项进行到结束，严禁不模拟预演就进行现场操作。

7．操作前准备

（1）检查操作所需使用的有关钥匙、红绿牌，并由监护人掌管，操作人携带好工具、安全用具等。

（2）对操作中所需使用的安全用具进行检查，检查试验周期及电压等级是否合格且符合规定，另外还应检查外观有无损坏，如手套是否漏气、验电器试验声光是否正常。

（3）检查操作录音设备良好。

8．核对设备并唱票、复诵

（1）操作人携带好必要的工器具、安全用具等走在前面，监护人手持操作票及有关钥匙等走在后面。

（2）监护人、操作人到这具体设备操作地点后，首先根据操作任务进行操作前的站位核对，核对设备名称、编号、间隔位置及设备实际状况是否与操作任务相符。

（3）核对无误后，监护人根据操作步骤，手指设备名称编号高声发令，操作人听清监护人指令后，手指设备名称牌核对名称编号无误后高声复诵，监护人再次核对正确无误后，即发“对，执行”的命令。

9．实施操作

（1）在操作过程中，必须按操作顺序逐项操作、逐项打勾，不得漏项操作，严禁跳项操作。

（2）操作人得到监护人许可操作的指令后，监护人将钥匙交给操作人，操作人方可开锁将设备一次操作到位，然后重新将锁锁好后，将钥匙交回监护人手中。监护人应严格监护操作人的整个操作动作。每项操作完毕后，监护人须及时在该项操作步骤前空格内打勾。

（3）每项操作结束后都应按规定的项目进行检查，如检查一次设备操作是否到位，三相位置是否一致，操作后是否留下缺陷，检查二次回路电流端子投入或退出是否一致、与一次方式是否相符，连接片是否拧紧，灯光、信号指示是否正常，电流、电压指示是否正常等。

（4）没有监护人的指令，操作人不得擅自操作。监护人不得放弃监护工作，而自行操作设备。

10．监护人逐项勾票（勾项）

（1）操作全部结束后，对所操作的设备进行一次全面检查，以确认操作完整无遗漏，设备处于正常状态。

（2）在检查操作票全部操作项目结束后，再次与一次系统模拟图核对运行方式，检查被操作设备的状态是否已达到操作的目的。

（3）监护人在倒闸操作票结束时间栏内填写操作结束时间。

11．作好记录，锁票

（1）检查完毕，监护人应立即向调度员或集控中心站值班员、发电厂值长汇报：××

时××分已完成××操作任务，得到认可后在操作顺序最后一项的下一行顶格盖“已执行”章，即告本张操作票操作已全部执行结束。

（2）操作票操作结束，由操作人负责做好运行日志、操作任务等相关的运行记录，并按规定保存。

12. 复查、评价、总结

操作工作全部结束后，监护人、操作人应对操作的全过程进行审核评价，总结操作中的经验和不足，不断提高操作水平。

（二）填写操作票及调度命令术语

（1）操作 QF、QS 时用“拉开”“合上”，填写在操作项目之前。例如：拉开#2 变压器高压侧 201 开关。

（2）检查 QF、QS 位置用“检查在开位”“检查在合位”。例如：检查#2 变压器高压侧 201 开关在开位。

（3）验电用“验电确无电压”。例如：在#2 变压器高压侧 201 开关至甲刀闸间三相验电确无电压。

（4）装设、拆除接地线用“装设”“拆除”。例如：在#2 变压器高压侧 201 开关母线刀闸侧装设 1 号接地线。

（5）检查接地线拆除用“检查确已拆除”。

（6）检查负荷分配用“指示正确”。例如：检查×电压表指示正确××伏。

（7）取下、装上控制回路和 TV 的保险用“拉开”“取下”“合上”“装上”，对用转换开关切换用“切至”。

（8）启、停某种继保跳闸压板用“投入、退出”。例如：取下#2 变压器高压侧 201 开关的速断出口保护压板 1 LP。退出#2 变压器高压侧 201 开关的过流保护压板 2 LP。

设备检修后，合闸送电前，检查送电范围内多组接地线是否拆除，可列一总的检查项目，写明全部接地线编号，并写明“共 N”组，可不写设备名称和装设地点。每检查完一组接地线，在其接电线编号上打“√”。例如：“检查 2011 号、2012 号、2013 号共三组接地线确已拆除”。

（三）倒闸操作注意事项

（1）倒闸操作时，不允许将设备的电气和机械防误闭锁装置解除，特殊情况下如需解除，必须经值长或值班负责人同意。

（2）操作时，应戴绝缘手套和穿绝缘靴。

（3）雷电天气时，禁止倒闸操作。雨天操作室外高压设备时，绝缘杆应有防雨罩。

（4）装卸高压熔断器时，应戴护目镜和绝缘手套，必要时使用绝缘夹钳，并站在绝缘垫或绝缘台上。

（5）装设接地线或合接地刀闸前，应先验电。

（6）电气设备停电后，即使是事故停电，在未拉开有关隔离开关和做好安全措施前，不得触及设备进入遮拦，以防突然来电。

三、发电厂、变电所电气主接线倒闸操作案例

如图 5－17 为某火力发电厂升压站电气主接线图。

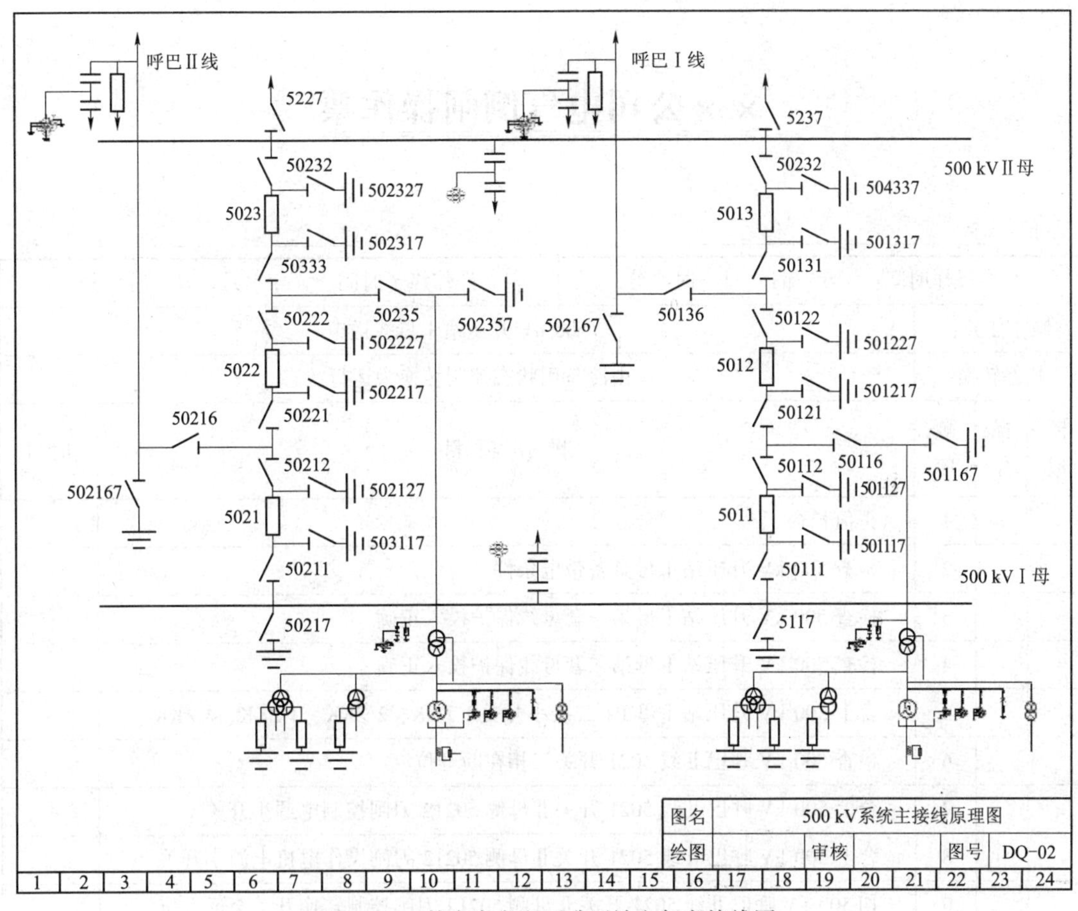

图 5－17　某火力发电厂升压站电气主接线图

1. 500 kVⅠ母线送电（冷备用转运行）

附①：操作票

2. 500 kVⅠ母线停电（运行转冷备用）

附②：操作票

3. 500 kV 呼巴Ⅰ线送电（冷备用转运行）

附③：操作票

思考题

1. 电气设备的四种基本状态是什么？各自有什么特点？
2. 倒闸操作的主要内容有哪些？
3. 简述倒闸操作的基本原则。
4. 什么是“两票三制”？
5. 电气主接线倒闸操作有什么操作步骤？

××公司电气倒闸操作票

值：　　　　　　　　　　　　　　　　　　　　　　No：

<table>
<tr><td colspan="3">命令操作时间：　年　月　日　时　分</td><td colspan="2">操作终了时间：　年　月　日　时　分</td></tr>
<tr><td colspan="3">操作任务：</td><td colspan="2">500 kV 升压站Ⅰ母线送电</td></tr>
<tr><td colspan="3">状态转换</td><td colspan="2">由冷备用状态控制转换为运行状态</td></tr>
<tr><td>模拟</td><td>操作</td><td>顺序</td><td>操 作 项 目</td><td>时间</td></tr>
<tr><td></td><td></td><td>1</td><td>得值长令</td><td></td></tr>
<tr><td></td><td></td><td>2</td><td>检查 500 kV 升压站Ⅰ母具备带电条件</td><td></td></tr>
<tr><td></td><td></td><td>3</td><td>检查 500 kV 升压站Ⅰ母第一套母线保护投入正确</td><td></td></tr>
<tr><td></td><td></td><td>4</td><td>检查 500 kV 升压站Ⅰ母第二套母线保护投入正确</td><td></td></tr>
<tr><td></td><td></td><td>5</td><td>合上 500 kV 升压站Ⅰ母 PT 二次小开关 1 ZKK、2 ZKK、3 ZKK、4 ZKK</td><td></td></tr>
<tr><td></td><td></td><td>6</td><td>检查 500 kV 呼巴Ⅱ线 5021 开关三相在断开位</td><td></td></tr>
<tr><td></td><td></td><td>7</td><td>合上 500 kV 呼巴Ⅱ线 5021 开关Ⅱ母侧 50212 刀闸控制电源小开关</td><td></td></tr>
<tr><td></td><td></td><td>8</td><td>合上 500 kV 呼巴Ⅱ线 5021 开关Ⅱ母侧 50212 刀闸操作电机电源小开关</td><td></td></tr>
<tr><td></td><td></td><td>9</td><td>切 500 kV 呼巴Ⅱ线 5021 开关Ⅱ母侧 50212 刀闸控制转换开关至远方位</td><td></td></tr>
<tr><td></td><td></td><td>10</td><td>合上 500 kV 呼巴Ⅱ线 5021 开关Ⅱ母侧 50212 刀闸</td><td></td></tr>
<tr><td></td><td></td><td>11</td><td>检查 500 kV 呼巴Ⅱ线 5021 开关Ⅱ母侧 50212 刀闸三相合好</td><td></td></tr>
<tr><td></td><td></td><td>12</td><td>切 500 kV 呼巴Ⅱ线 5021 开关Ⅱ母侧 50212 刀闸控制转换开关至就地位</td><td></td></tr>
<tr><td></td><td></td><td>13</td><td>拉开 500 kV 呼巴Ⅱ线 5021 开关Ⅱ母侧 50212 刀闸控制电源小开关</td><td></td></tr>
<tr><td></td><td></td><td>14</td><td>拉开 500 kV 呼巴Ⅱ线 5021 开关Ⅱ母侧 50212 刀闸操作电机电源小开关</td><td></td></tr>
<tr><td></td><td></td><td>15</td><td>合上 500 kV 呼巴Ⅱ线 5021 开关Ⅰ母侧 50211 刀闸控制电源小开关</td><td></td></tr>
<tr><td></td><td></td><td>16</td><td>合上 500 kV 呼巴Ⅱ线 5021 开关Ⅰ母侧 50211 刀闸操作电机电源小开关</td><td></td></tr>
<tr><td></td><td></td><td>17</td><td>切 500 kV 呼巴Ⅱ线 5021 开关Ⅰ母侧 50211 刀闸控制转换开关至远方位</td><td></td></tr>
<tr><td></td><td></td><td>18</td><td>合上 500 kV 呼巴Ⅱ线 5021 开关Ⅰ母侧 50211 刀闸</td><td></td></tr>
<tr><td></td><td></td><td>19</td><td>检查 500 kV 呼巴Ⅱ线 5021 开关Ⅰ母侧 50211 刀闸三相合好</td><td></td></tr>
<tr><td></td><td></td><td>20</td><td>切 500 kV 呼巴Ⅱ线 5021 开关Ⅰ母侧 50211 刀闸控制转换开关至就地位</td><td></td></tr>
<tr><td></td><td></td><td>21</td><td>拉开 500 kV 呼巴Ⅱ线 5021 开关Ⅰ母侧 50211 刀闸控制电源小开关</td><td></td></tr>
<tr><td colspan="5">备注：下转第　　　页</td></tr>
</table>

操作人：　　　　　监护人：　　　　　值班负责人：　　　　　值长：

××公司电气倒闸操作票

值：________________　　　　No：________________

命令操作时间：　年　月　日　时　分			操作终了时间：　年　月　日　时　分	
操作任务：上接第　　页 由________状态控制转换为________状态				
模拟	操作	顺序	操作项目	时间
		22	拉开 500 kV 呼巴Ⅱ线 5021 开关Ⅰ母侧 50211 刀闸操作电机电源小开关	
		23	检查 500 kV#1 主变 5011 开关三相在断开位	
		24	合上 500 kV#1 主变 5011 开关Ⅱ母侧 50112 刀闸控制电源小开关	
		25	合上 500 kV#1 主变 5011 开关Ⅱ母侧 50112 刀闸操作电机电源小开关	
		26	切 500 kV#1 主变 5011 开关Ⅱ母侧 50112 刀闸控制转换开关至远方位	
		27	合上 500 kV#1 主变 5011 开关Ⅱ母侧 50112 刀闸	
		28	检查 500 kV#1 主变 5011 开关Ⅱ母侧 50112 刀闸三相合好	
		29	切 500 kV#1 主变 5011 开关Ⅱ母侧 50112 刀闸控制转换开关至就地位	
		30	拉开 500 kV#1 主变 5011 开关Ⅱ母侧 50112 刀闸控制电源小开关	
		31	拉开 500 kV#1 主变 5011 开关Ⅱ母侧 50112 刀闸操作电机电源小开关	
		32	合上 500 kV#1 主变 5011 开关Ⅰ母侧 50111 刀闸控制电源小开关	
		33	合上 500 kV#1 主变 5011 开关Ⅰ母侧 50111 刀闸操作电机电源小开关	
		34	切 500 kV#1 主变 5011 开关Ⅰ母侧 50111 刀闸控制转换开关至远方位	
		35	合上 500 kV#1 主变 5011 开关Ⅰ母侧 50111 刀闸	
		36	检查 500 kV#1 主变 5011 开关Ⅰ母侧 50111 刀闸三相合好	
		37	切 500 kV#1 主变 5011 开关Ⅰ母侧 50111 刀闸控制转换开关至就地位	
		38	拉开 500 kV#1 主变 5011 开关Ⅰ母侧 50111 刀闸控制电源小开关	
		39	拉开 500 kV#1 主变 5011 开关Ⅰ母侧 50111 刀闸操作电机电源小开关	
		40	合上 500 kV 呼巴Ⅱ线 5021 开关操作、储能 Q23、Q33、Q43 小开关	
		41	切 500 kV 呼巴Ⅱ线 5021 开关控制转换开关至“远方”位	
备注：下转第　　页				

操作人：__________监护人：__________值班负责人：__________值长：__________

××公司电气倒闸操作票

值：__________ No：__________

命令操作时间： 年 月 日 时 分，操作终了汇报时间： 日 时 分

操作任务：上接第 页

由______状态控制转换为______状态

模拟	操作	顺序	操作项目	时间
		42	投入500 kV呼巴Ⅱ线5021开关充电保护	
		43	合上500 kV呼巴Ⅱ线5021开关	
		44	检查500 kV呼巴Ⅱ线5021开关三相在合位	
		45	检查500 kV升压站Ⅰ母线电压正常	
		46	退出500 kV呼巴Ⅱ线5021开关充电保护	
		47	合上500 kV#1主变5011开关操作、储能Q23、Q33、Q43小开关	
		48	切500 kV#1主变5011开关控制转换开关至“远方”位	
		49	合上500 kV#1主变5011开关	
		50	检查500 kV#1主变5011开关三相在合位	
		51	汇报值长	

备注：

操作人：______ 监护人：______ 值班负责人：______ 值长：______

××公司电气倒闸操作票

值：____________　　　　　　　　　　　　No：____________

命令操作时间：　年　月　日　时　分，操作终了汇报时间：　日　时　分				
操作任务：　500 kV 升压站Ⅰ母停电 由运行状态转换为冷备用状态				
模拟	操作	顺序	操 作 项 目	时间
		1	得值长令	
		2	拉开 500 kV#1 主变 5011 开关	
		3	检查 500 kV#1 主变 5011 开关三相确已分闸	
		4	退出 500 kV 呼巴Ⅱ线 5021 开关重合闸出口压板	
		5	将 500 kV 呼巴Ⅱ线 5021 开关重合闸切至停用位	
		6	拉开 500 kV 呼巴Ⅱ线 5021 开关	
		7	检查 500 kV 呼巴Ⅱ线 5021 开关三相确已分闸	
		8	500 kV 升压站Ⅰ母线电压确无指示	
		9	切 500 kV#1 主变 5011 开关转换开关至“就地”位	
		10	切 500 kV 呼巴Ⅱ线 5021 开关转换开关至“就地”位	
		11	合上 500 kV 呼巴Ⅱ线 5021 开关Ⅰ母侧 50211 刀闸控制电源小开关	
		12	合上 500 kV 呼巴Ⅱ线 5021 开关Ⅰ母侧 50211 刀闸操作电机电源小开关	
		13	切 500 kV 呼巴Ⅱ线 5021 开关Ⅰ母侧 50211 刀闸转换开关至“远方”位	
		14	拉开 500 kV 呼巴Ⅱ线 5021 开关Ⅰ母侧 50211 刀闸	
		15	检查 500 kV 呼巴Ⅱ线 5021 开关Ⅰ母侧 50211 刀闸三相确已分闸	
		16	切 500 kV 呼巴Ⅱ线 5021 开关Ⅰ母侧 50211 刀闸转换开关至“就地”位	
		17	拉开 500 kV 呼巴Ⅱ线 5021 开关Ⅰ母侧 50211 刀闸控制电源小开关	
		18	拉开 500 kV 呼巴Ⅱ线 5021 开关Ⅰ母侧 50211 刀闸操作电机电源小开关	
		19	合上 500 kV 呼巴Ⅱ线 5021 开关Ⅱ母侧 50212 刀闸控制电源小开关	
		20	合上 500 kV 呼巴Ⅱ线 5021 开关Ⅱ母侧 50212 刀闸操作电机电源小开关	
		21	切 500 kV 呼巴Ⅱ线 5021 开关Ⅱ母侧 50212 刀闸转换开关至“远方”位	
备注：下转第　　页				

操作人：__________监护人：__________值班负责人：__________值长：__________

××公司电气倒闸操作票

值：________________ No：________________

<table>
<tr><td colspan="5">命令操作时间： 年 月 日 时 分，操作终了汇报时间： 日 时 分</td></tr>
<tr><td colspan="5">操作任务：上接第 页

由________状态转换为________状态</td></tr>
<tr><td>模拟</td><td>操作</td><td>顺序</td><td>操 作 项 目</td><td>时间</td></tr>
<tr><td></td><td></td><td>22</td><td>拉开 500 kV 呼巴Ⅱ线 5021 开关Ⅱ母侧 50212 刀闸</td><td></td></tr>
<tr><td></td><td></td><td>23</td><td>检查 500 kV 呼巴Ⅱ线 5021 开关Ⅱ母侧 50212 刀闸三相确已分闸</td><td></td></tr>
<tr><td></td><td></td><td>24</td><td>切 500 kV 呼巴Ⅱ线 5021 开关Ⅱ母侧 50212 刀闸转换开关至“就地”位</td><td></td></tr>
<tr><td></td><td></td><td>25</td><td>拉开 500 kV 呼巴Ⅱ线 5021 开关Ⅱ母侧 50212 刀闸控制电源小开关</td><td></td></tr>
<tr><td></td><td></td><td>26</td><td>拉开 500 kV 呼巴Ⅱ线 5021 开关Ⅱ母侧 50212 刀闸操作电机电源小开关</td><td></td></tr>
<tr><td></td><td></td><td>27</td><td>合上 500 kV#1 主变 5011 开关Ⅰ母侧 50111 刀闸控制电源小开关</td><td></td></tr>
<tr><td></td><td></td><td>28</td><td>合上 500 kV#1 主变 5011 开关Ⅰ母侧 50111 刀闸操作电机电源小开关</td><td></td></tr>
<tr><td></td><td></td><td>29</td><td>切 500 kV#1 主变 5011 开关Ⅰ母侧 50111 刀闸转换开关至“远方”位</td><td></td></tr>
<tr><td></td><td></td><td>30</td><td>拉开 500 kV#1 主变 5011 开关Ⅰ母侧 50111 刀闸</td><td></td></tr>
<tr><td></td><td></td><td>31</td><td>检查 500 kV#1 主变 5011 开关Ⅰ母侧 50111 刀闸三相确已分闸</td><td></td></tr>
<tr><td></td><td></td><td>32</td><td>切 500 kV#1 主变 5011 开关Ⅰ母侧 50111 刀闸转换开关至“就地”位</td><td></td></tr>
<tr><td></td><td></td><td>33</td><td>拉开 500 kV#1 主变 5011 开关Ⅰ母侧 50111 刀闸控制电源小开关</td><td></td></tr>
<tr><td></td><td></td><td>34</td><td>拉开 500 kV#1 主变 5011 开关Ⅰ母侧 50111 刀闸操作电机电源小开关</td><td></td></tr>
<tr><td></td><td></td><td>35</td><td>合上 500 kV#1 主变 5011 开关Ⅱ母侧 50112 刀闸控制电源小开关</td><td></td></tr>
<tr><td></td><td></td><td>36</td><td>合上 500 kV#1 主变 5011 开关Ⅱ母侧 50112 刀闸操作电机电源小开关</td><td></td></tr>
<tr><td></td><td></td><td>37</td><td>切 500 kV#1 主变 5011 开关Ⅱ母侧 50112 刀闸转换开关至“远方”位</td><td></td></tr>
<tr><td></td><td></td><td>38</td><td>拉开 500 kV#1 主变 5011 开关Ⅱ母侧 50112 刀闸</td><td></td></tr>
<tr><td></td><td></td><td>39</td><td>检查 500 kV#1 主变 5011 开关Ⅱ母侧 50112 刀闸三相确已分闸</td><td></td></tr>
<tr><td></td><td></td><td>40</td><td>切 500 kV#1 主变 5011 开关Ⅱ母侧 50112 刀闸转换开关至“就地”位</td><td></td></tr>
<tr><td></td><td></td><td>41</td><td>拉开 500 kV#1 主变 5011 开关Ⅱ母侧 50112 刀闸控制电源小开关</td><td></td></tr>
<tr><td></td><td></td><td>42</td><td>拉开 500 kV#1 主变 5011 开关Ⅱ母侧 50112 刀闸操作电机电源小开关</td><td></td></tr>
<tr><td colspan="5">备注：下转第 页</td></tr>
</table>

操作人：________ 监护人：________ 值班负责人：________ 值长：________

××公司电气倒闸操作票

值：＿＿＿＿＿＿＿＿＿＿　　　　　　　　No：＿＿＿＿＿＿＿＿＿＿

命令操作时间：　年　月　日　时　分，操作终了汇报时间：　日　时　分

操作任务：上接第　　页

由＿＿＿＿状态转换为＿＿＿＿状态

模拟	操作	顺序	操作项目	时间
		43	拉开 500 kV#1 主变 5011 开关操作、储能 Q23、Q33、Q43 小开关	
		44	拉开 500 kV 呼巴Ⅱ线 5021 开关控制、储能 Q23、Q33、Q43 小开关	
		45	拉开 500 kVⅠ母 PT 二次小开关 1 ZKK、2 ZKK、3 ZKK、4 ZKK	
		46	回检无异常	
		47	汇报值长	

备注：

操作人：＿＿＿＿监护人：＿＿＿＿值班负责人：＿＿＿＿值长：＿＿＿＿